高等学校计算机专业系列教材

面向大数据的Java程序设计基础（微课版）

吴正江　毋东　王海涛　翟海霞　编著

清华大学出版社
北京

内 容 简 介

本书根据大数据专业教学需要，以反转课堂的教学形式，从数据处理的角度，对于 Java 中涉及的基础知识进行了优化整理，所选内容充分衔接大数据处理相关基础内容，为大数据专业后续的并行编程、分布式数据库管理提供语言和思想基础。全书共 7 章和 1 个附录，包括 Java 概述及其 Linux 环境下 IDEA 开发工具的使用、Java 语言基础、类与对象、Java 中常用类、异常处理、Java I/O、容器类、Linux 环境下伪分布式 Hadoop 的简单部署等内容。本书内容基本覆盖了 Java 基础中与数据处理相关的知识点，程序代码给出了详细的注释和解释，能够使初学者轻松领会 Java 技术精髓，快速掌握 Java 开发技能。在教学实践中也可利用本书提供的七个主题内容，开展反转课堂教学。反转课堂主题内容紧扣章节内容，立足于 Java 基础知识，精选大数据处理过程涉及的内容，提出一些略高于基础的问题供学生分组讨论发言。本书配套有丰富的教学资源，包括微视频、教学 PPT、源代码等，方便读者更高效地学习 Java 程序设计相关知识内容。

本书设计符合目前数据科学方向的研究生、本科、大专、高职院校大数据专业的课时及教学大纲，非常适合高校相关专业教学使用，也适合有志于大数据领域学习的 Java 初学者自学使用。

图书在版编目（CIP）数据

面向大数据的 Java 程序设计基础：微课版/吴正江等编著. —北京：清华大学出版社，2023.8
高等学校计算机专业系列教材
ISBN 978-7-302-64132-2

Ⅰ.①面… Ⅱ.①吴… Ⅲ.①JAVA 语言－程序设计－高等学校－教材 Ⅳ.①TP312.8

中国国家版本馆 CIP 数据核字（2023）第 131335 号

责任编辑：龙启铭　薛　阳
封面设计：何凤霞
责任校对：胡伟民
责任印制：沈　露

出版发行：清华大学出版社
网　　址：http://www.tup.com.cn，http://www.wqbook.com
地　　址：北京清华大学学研大厦 A 座　　**邮　　编**：100084
社 总 机：010-83470000　　**邮　　购**：010-62786544
投稿与读者服务：010-62776969，c-service@tup.tsinghua.edu.cn
质量反馈：010-62772015，zhiliang@tup.tsinghua.edu.cn
课件下载：http://www.tup.com.cn，010-83470236
印 装 者：三河市君旺印务有限公司
经　　销：全国新华书店
开　　本：185mm×260mm　　**印　　张**：21　　**字　　数**：525 千字
版　　次：2023 年 10 月第 1 版　　**印　　次**：2023 年 10 月第1 次印刷
定　　价：59.00 元

产品编号：097728-01

前言

大数据专业作为近几年我国高校新兴建设专业，面临着教师迁移和课程再造的问题，原先通用知识体系需要针对大数据的框架进行重新构建，方能在有限的教学时间内，帮助学生有条理地开展相关学习和研究，减少课程学习的撕裂感，提升学生的学习兴趣，铸造学习成就感。

Java 作为一种面向对象的编程语言，其优异的跨平台性和内存管理机制在大数据平台上得以大量应用。现阶段大数据生态圈基本都是建立在 JVM 这个基础平台上的，这意味着学习 Java 语言是学习大数据行之有效的敲门砖，Java 程序设计的学习也成为大数据专业人才培养中重要的一环。

本书特色

本书根据大数据专业教学实际需要，从数据处理的角度，对 Java 中涉及的基础知识进行了优化整理。所选内容充分衔接大数据处理技术，为大数据专业后续并行编程、分布式数据管理提供语言和思想基础。另外，本书延续了河南省研究生教育优质课程研究生精品课程——“面向对象技术及应用”的建设成果，设计了以章节为知识单位的反转课堂。教师可以根据学生的学习能力、学时长短和教学内容的难易程度有针对性地构建自己的教学体系，丰富教学手段，提高学生学习的积极性和课堂参与感。

全书理论结合实践，配以趣味性的程序实例，安排有精心设计的主题讨论问题。立足 Java 基础，面向大数据未来，在精选的知识的基础上尽可能地穿插大数据处理的相关知识，在潜移默化中将大数据技术的一些重要思想和思路植入本课程的学习过程中，争取在教与学的过程中锤炼大数据思维。当然，为了帮助学生在自主学习过程中突破难点，本书在重要章节都配备了课堂讲解视频，视频内容简明扼要、信息丰富，既方便了反转课堂设计，又降低了读者学习难度。

本书设计符合目前数据科学方向的研究生、本科、大专、高职院校大数据专业的课时及教学大纲，非常适合高校相关专业教学使用，也适合有志于大数据领域学习的 Java 初学者自学使用。这里根据众多大数据专业教学特点、课程教学体系设置以及学生学习进度，假设本书的读者有过 C 语言的学习经历并且具有一定的 Linux 系统的操作经验。

内容设置

本书主要内容是 Java SE 的基础程序设计，语言版本选用了广泛应用于大数据平台的 Java 8 为基准。全书内容包含 7 章内容和 7 个反转教学主题，1 个附录。

全书知识体系如下。

第1章涉及面向对象的程序设计思想概述、Java程序设计语言概述及历史、大数据与Java之间的关系、开发环境搭建、IntelliJ IDEA开发工具使用方法等内容。通过本章内容的学习，读者可以了解Java语言的历史和现状，Java中重要组件JDK、JRE和JVM之间的关系，理解Java程序设计与大数据专业的关系，熟悉Linux环境下JDK 8的安装配置方法以及集成开发环境的搭建，为后续的Java学习打下理论和实践基础。

第2章是Java语言基础。本章内容主要涵盖Java语言基础语法：数据类型及转换、运算符、逻辑控制、枚举、数组等内容。对本章内容，学生可以与其他编程语言进行对比性学习，加速学习流程。

第3章涉及类、对象、继承、多态、抽象类、接口、内部类和Lambda表达式等内容。本章是面向对象的核心内容，读者需要适应以数据为核心的程序设计思想，理解多态在构建面向对象的程序中的用途和作用，理解并掌握Lambda表达式与内部类之间的关系。

第4章主要介绍了包的概念和制作方法、Object类等基本概念，并围绕基础类型数据与字符串的转换、字符串处理和计算机中的时间三个问题，介绍了Java中的常用类以及Java 8中的函数式接口。

第5章是Java中的异常处理。这一章介绍了异常的定义和分类，捕获和处理异常对象的方法，以及自定义异常的一些规范。

第6章是Java中的I/O文件处理。这一章介绍了Java中I/O管道的基本设计概念，I/O流对象构造及使用方法，围绕着数据的读写和文件系统管理展开。

第7章是Java中的容器类。这一章主要介绍List、Set和Map容器的具体特征和使用方法，其中包括服务于容器的迭代器、泛型以及Collections工具类的相关内容，以及基于Stream的流式编程理念。

反转课堂设置对齐章节内容。

主题1可在第2章教学内容完成后实施。旨在锻炼学生计算思维，展示程序设计与生产实践之间的关系，对于学生的创新性思维的培养有一定的作用。

主题2可在第3章教学内容完成后实施。通过讨论与实践的过程，加深学生对于面向对象程序思想的理解，并从中体会面向对象程序设计模式的特点和优势。

主题3可在第5章教学内容完成后实施。通过简单的字符串与数字的转换处理，让学生了解数据预处理过程中的一些技术手段，并体会面向对象的异常处理思想的重要性和优势。

主题4可在第6章教学内容完成后实施。HDFS是现阶段最成熟、最常用的大数据分布式存储的文件系统，但其本质仍然是外部数据源。通过引导学生快速学习少量API文档，将其嫁接于现有知识体系之上，打破大数据的神秘感。

主题5可在第6章教学内容完成后实施。这个主题主要讨论了程序设计中缓存的使用对于程序运行效率的影响，让学生理解程序设计中合理利用高速设备的重要性，对于日后对大数据处理过程优化可以起到积极作用。

主题6可在第7章教学内容完成后实施。单词统计(WordCount)是各种大数据平台的开篇程序，这里立足于Java SE知识体系，逐步将程序思维从串行的数组思维提升到容器思维，再到键值对思维，最后落实到并行的MapReduce框架，引导学生了解串行程序与并行程

序之间的联系和区别，明白并行程序设计的一些基本问题。

主题7可在第7章教学内容完成后实施。本主题从熟悉的学生成绩管理系统入手，讨论了大数据存储中常用的列式数据表的存储方法和查询运算方案，从Java的角度引入了分布式数据库的查询原理和工作机制。

为了帮助读者更好地满足主题讨论中的分布式文件系统和MapReduce框架的使用，我们将Linux环境下伪分布式Hadoop的简单部署加入附录中。

创作与致谢

本书由河南理工大学软件学院组织，吴正江、毋东、王海涛负责编写，其中，毋东负责前三章内容的编写工作；王海涛负责主题5、6、7的设计和编写工作；吴正江负责其余部分内容的编写和主题设计工作；翟海霞负责统稿和技术把控、大纲划定等工作。特别感谢高岩教授在本书写作期间提出的宝贵意见和建议。

本书的出版受到河南省研究生教育优质课程研究生精品课程——"面向对象技术及应用"项目和河南理工大学创新团队支持计划的鼎立支持。

本书初次出版，如有宝贵意见和建议，恳请同行专家学者和读者朋友不吝指正，我们将不胜感激，并在重印时及时予以更正。您在使用本书时，发现任何问题或需要帮助，都可以与编者联系，期待与您的交流。

编　者

2023年9月

目录

第3章 类、对象与接口 /65

第 4 章 常用基础类与函数式接口 /111

第 5 章 异常处理 /156

第 1 章 面向对象程序设计语言 Java

本章内容

本章主要介绍面向对象(Object-Oriented,OO)的程序设计思想、Java 语言历史及特点、Java 与大数据学习之间的关系,以及 Java 开发环境搭建和 Java 的集成开发工具 IDEA。

学习目标

- 理解面向对象程序设计思想。
- 了解 Java 发展历史及特点。
- 理解 Java 语言与大数据学习的关系。
- 掌握 Linux 环境下 Java 开发环境的搭建。
- 掌握 Linux 环境下 IDEA 的安装及配置。

1.1 面向对象编程概述

1.1.1 面向对象的程序设计思想

面向对象程序设计是一种程序设计的模式。在此种模式下,计算机程序可以视为能够起到子程序作用的单元或对象的组合。面向对象程序的核心概念是类和对象。程序设计阶段的主体是类,程序运行阶段的主体则是通过类实例化出来的对象。对象按照指定方式的交互完成程序流程。面向对象程序设计的整个开发过程就像拍电影一样,设计类就是写剧本、设计场景。实例化对象则是按剧本要求找演员和制造道具。整部电影通过这些演员、道具之间的交互在场景中表现出来。

面向对象程序设计中"类"是对现实世界的抽象,如学生和学生类、文件与文件类。学生和文件是现实中的对象,学生类和文件类则是现实对象在程序中的抽象描述。直观地讲,类的设计就是使用代码的方式描述对象的过程。然而,现实对象的属性众多,在设计类时需要根据程序的要求对于对象特征进行筛选,这种筛选就是"抽象"。抽象意味着我们会选择一些与程序设计关联的功能与属性封装到类当中。在类中,对象具有的"功能"通过方法表现,"属性"则主要记录在对象的一些变量中。类的抽象就如同小说中建立一个人物一样,以满足系统设计要求为最基本的要求。对于与系统无关的属性和方法,则采取一种可加可不加的开放式态度。例如,小说中抽象出来的大侠应具有高强的武功(功能)及侠义心肠(属性)即可满足情节设定的要求,一些与故事主线无关的细节属性和功能(大侠是喜欢甜粽子还是咸粽子,吃豆腐脑是放糖还是放卤)等则可以被"抽象"掉,排除在大侠类之外。

面向对象程序设计的核心是设计各种各样的类。类将一些属性和功能封装在对象中，这不仅加强了属性与相应方法的联系，而且界定了方法使用变量的范围，对于软件升级维护及阻止异常扩散有着重要作用。同时这种封装可以为对象中的所有成员（包括属性和方法）设定访问权限。这种做法既保证了模块对外服务的便捷性、安全性，又保证了模块内部功能实现的完整性。如同大侠（对象）武功高强（对象可以对外提供功能服务接口）、侠义心肠（对象对外展示某些属性），在被邪门歪道蛊惑时，非但不忘初心（保护了对象内部属性不受侵扰），还增强了他维护正义的决心（隐藏了内部实现）。这一切都因为设计是基于大侠类的封装实现的——大侠类的成员变量都被设定了特定的读写权限。

类的第一个作用是实例化对象。面向对象程序设计中的“对象”是类实例化的结果，它们具有“类”（模板）中所设定的功能和属性。从生命周期来看，“类”是长久的，存于外存当中；“对象”是短暂的，存于内存当中。“类”产生于设计阶段，先于“对象”（产生于程序运行阶段）。例如，大侠形象的刻画就是写“类”的过程，而实例化“对象”的过程就是利用类模板找到一个具体的大侠演员或生成一个动画角色。程序按流程运行（找到大侠的演员，演绎大侠的江湖生涯）直至结束，内存被回收（大侠谢幕，演出场景回收）。而程序本身仍存储在计算机中（剧本还在），等待着下一次被唤醒（下一次翻拍）。

类的第二个作用就是声明引用变量，约定对象服务接口的功能。类被赋予一个生成对象的功能的同时，也约定了对象对外服务接口，即所有满足类（大侠）中定义接口（武功高强、侠义心肠）要求的对象（江湖人士）都可以由这个类（大侠类引用）来管理，并被组装到面向对象的程序（影视剧）当中。其中使用的运行时绑定技术——多态技术是面向对象程序设计中的一大特色。多态技术的应用使得引用变量可以操作满足“类”定义的多种对象，实现“同一命令，对象不同，响应不同”的效果。如规定大侠“武功高强、侠义心肠”，则在影视作品中，只要是“武功高强、侠义心肠”的角色都可以认定是大侠的实例化。因此，通过加载不同的对象，同一故事可有各具特色的不同版本。多态技术的引入不仅丰富了程序运行的功能，而且方便了软件升级改造。从软件设计角度来看，多态技术的应用也有利于提高软件的兼容性能，促进软件设计工作的分工。例如，Java 官方定义文件系统的 I/O 接口，程序设计人员只要加载不同的文件系统驱动类，就可以将同一功能程序部署于不同的文件系统中，极大地提高了软件的适用性。同时，在多态设计理念下，实现上层设计的工作类和实现操作逻辑的操作类的设计工作可以被有效分解，也可以快速整合。编写工作类的设计人员仅需要提供符合“规范”要求的类，编写操作类的设计人员则可以基于上层设计的模板进行编程（见 3.5 和 3.6 节），而不需要关心接口实现类的细节。现阶段，经常提及的软件生态环境就是这种软件设计模式下的产物。

1.1.2 面向对象编程的主要特征

面向对象编程模式出现以前，面向过程的程序设计是软件设计思路的主流。在面向过程程序设计中，问题被看作一系列需要完成的任务，函数被设计出来用以完成这些任务。整个问题被解读为若干函数复合的结果。面向对象编程方法有所不同，其主要注意力从过程转移到了数据。这两个方案都是程序结构化设计的产物，主要区别是前者落脚于函数，而后者落脚于类——一个包含数据及其相关操作的复合体。面向过程的编程方法具有很多优点，但是它把数据和处理数据的过程分离为相互独立的实体，从数据角度来看安全性不足、

处理逻辑不够整合。相对于面向过程的程序设计方法，面向对象程序设计方法具有以下特征和优势。

1. 封装

封装让软件模块更易用，更易于维护。在面向对象程序设计中，数据以及与数据相关的操作代码被封装到类当中。封装将数据和加工该数据的方法封装为一个整体，以实现独立性很强的模块。用户只能通过封装对外的通道，对封装的对象进行相关操作。而封装内部的运行、实现等细节对封装以外的世界是屏蔽的。类的封装明显界定了数据的边界，在类内实现了数据处理流程，使得软件结构的相关部件向着"高内聚、低耦合"的"最佳状态"前进了一大步。同时，这种方法与变量的统一封装，也有效避免了外部程序对内部数据的影响，实现了程序运行环境更有效的管理。同时，一个对象的内部结构或实现方法在升级改造时，由于只要保持对象的接口不改变，即可实现模块化替换，而不需要改变程序的其他部分，也不需要重新编译整个程序，从而提高了程序的可维护性。

2. 继承

继承性在面向对象技术中主要描述的是两种或者两种以上的类之间的联系与区别。在面向对象技术中，子类继承父类，子类可以无条件地使用并替换父类当中"开放"的数据和方法。这时的子类拥有与父类相同的接口，子类可以选择直接使用父类中现有方法的声明和方法体，也可以选择只继承父类的方法声明，并将其嫁接到自己的方法之上，给出更有特色的子类方法实现。

在面向对象程序设计中，继承按继承源进行划分，可以分为单继承与多继承。直观的表现就是一个子类只能有一个父类，还是允许有多个父类？单继承类之间的拓扑关系是一个根在上方的倒置树，多继承的拓扑关系则是一张网。继承不仅提高了代码的重用性，而且促进了代码编写工作的分工。Java 中的类之间只能实现单继承，而接口却可以实现多继承。

3. 动态绑定

把一个方法与其所在的类/对象关联起来的操作叫作方法的绑定。绑定分为静态绑定和动态绑定。静态绑定发生于程序执行之前的编译期，因此不能利用任何运行期的信息。动态绑定则是指在程序执行期间判断所引用对象的实际类型，并根据其实际的类型调用其相应方法的行为。在面向对象的代码中，动态绑定意味在设定访问接口后，实际执行效果取决于绑定对象对于接口的实现。设计人员可以在统一的接口下设计统一的过程，用于匹配不同的目标，例如，USB 接口可以匹配多种满足 USB 接口定义的设备、司机可以开动多种类型品牌的车辆。在面向对象程序设计中，动态绑定的出现极大地提高了软件的适用性和可扩展性。

4. 多态

在面向对象技术中，程序可以在子类中重新定义父类方法的实现。在运行时，通过多态技术加载绑定不同子类对象表现为"同一消息被不同的对象接收时可产生完全不同的行动"的效果。在面向对象技术中，多态实现的前提是若干子类都有一个共同的父类，它们都通过继承实现了父类定义的接口。用户在使用时，只需要按父类提供统一接口的规范发送消息，系统根据运行时绑定的对象展现出多种不同效果。多态性的实现得益于继承性的支持，利用类继承的层次关系，把具有通用功能的协议存放在类层次中尽可能高的地方，而将实现这一功能的不同方法的子类置于较低层次。在程序运行时，这些低层次类生成的对象就能对通用消息给予不同的响应。利用多态，面向对象程序设计中实现了“方法定义与实现的分离”，它的出现从逻辑上促进了接口和抽象类的出现，更进一步地强化了软件的模块设计。多态是面向过程中函数定义与函数实现分离的更高阶的版本。

综上可知，在面向对象的程序设计方法中，类是适应人们一般思维方式的描述范式。通过继承，程序可以大幅减少冗余的代码，方便地扩展现有代码，提高编码效率，降低出错概率，降低软件维护的难度；通过封装，程序可以更好地保护数据，减少暴露的风险；通过多态，可以为系统扩展，软件构建、更新和维护提供新的框架。与面向过程的设计思路截然不同的是，面向对象的程序设计采用的是一种面向数据的、设计实现分离的设计思路。在这种设计思路指导下，程序的模块化更好，扩展性更强，且软件的可维护性大幅度提高。

1.2 Java 程序设计语言概述

Java 是由 Sun 公司于 1995 年 5 月推出的 Java 程序设计语言和 Java 平台的总称。《Java 白皮书》中对 Java 是这样定义的：Java 是一种简单的、面向对象的、分布式的、解释型的、健壮的、安全的、结构中立的、可移植的、高性能的、多线程的动态语言。Java 平台由 Java 虚拟机（Java Virtual Machine，JVM）和 Java 应用编程接口（Application Programming Interface，API）构成。Java 语言具有优秀的跨平台特性，在 JVM 的基础上实现了“Write Once，Run Anywhere”的目标。

Java 可以分为三个部分：标准版（Java Standard Edition，Java SE）、企业版（Java Enterprise Edition，Java EE）、微型版（Java Micro Edition，Java ME）。Java SE 主要用于开发一些通用的 Java 桌面级应用及服务。大数据平台结点上运行的程序，大多数也是基于 Java SE 规范进行编写的。Java SE 拥有丰富的接口，良好的性能，具有较好的通用性、可移植性和安全性。现阶段最新的版本为 Java 20，但今天在大数据平台中主流仍然是 JDK 8，并有向 Java 11 过渡的迹象，对于 Java 9、10、12 等其他版本仍不支持。Java EE 是一款社区主导型企业级软件，它的发展与构建主要是得益于 Java 社区中工业及商业界的专家、开源组织、Java 用户群体及数以百万计个人的共同努力。因此，它里面包含众多的与工商业需求紧密联系的包及 API。现阶段其主要应用方向基于网络的应用程序，特别是网站。它们大多都是基于 Java EE 中相关框架进行构建的。现阶段最新版本为 Java EE 8，它开始提供具有 HTTP/2 功能的 Java Servlet 4.0 API，强化了对 JSON 的支持，并内建了新 JSON 绑定 API。Java ME 主要针对物联网的可移动电子设备，如微控制器、传感器、阀门、移动电话、PDA、电视机顶盒、打印机等设备。最新版本为 Java ME 8。它可以支持 Cortex 等 ARM 系列的树莓派，及 Galileo 系列英特尔架构的开发板。

1.2.1 Java 发展历史

20 世纪 90 年代，单片式计算机系统诞生。单片式计算机系统不仅廉价，而且功能强大，使用它可以大幅度提升消费性电子产品的智能化程度。Sun 公司为了抢占市场先机，在 1991 年成立了一个由 James Gosling 领导的名为“Green”的项目小组，其目的是开发一种能够在各种消费性电子产品上运行的程序架构。选用何种编程语言来设计是项目小组头疼的事。项目小组首先考虑的是采用 C++ 来编写程序，但 C++ 过于复杂和庞大，再加上消费电

子产品所采用的嵌入式处理器芯片的种类繁杂,且考虑到需要让编写的程序跨平台运行的需求,最后项目小组决定对 C++ 进行改造,去除了 C++ 复杂的指针和内存管理,并结合嵌入式系统的实时性要求,在 1992 年开发成功了一种名为 OaK 的面向对象语言。1994 年,项目小组看到了浏览器在未来的发展前景,于是决定将 OaK 应用于万维网。1995 年,他们用 OaK 语言研发了一种能将小程序嵌入到网页中执行的技术——Applet。由于 Applet 不仅能嵌入网页,还可随同网页在网络上进行传输,这让无数的程序员认识了 OaK 这门语言。与此同时,OaK 正式更名为 Java。

1996 年 1 月,Java 1.0 的发布,标志着 Java 成为一种独立的开发工具。主要功能包括虚拟机、Applet 小应用程序、AWT 图形组件。

1997 年 2 月,Sun 公司紧接着推出了 Java 1.1,其代表性技术有 JDBC、JavaBeans、RMI、Jar 文件格式、Java 语法中的内部类和反射。

1998 年 12 月 8 日,Java 1.2——第二代 Java 平台的企业版 J2EE 发布。Java 1.2 平台的发布,是 Java 发展过程中最重要的一个里程碑。Java 官方摒弃了 Java 1.2 的称谓,直接使用了 Java 2 或 J2 的名称。它的出现也标志着 Java 应用开始普及。Java 2 的代表性技术有 Swing、Java IDL、EJB、Java Plug-in 等,在 API 文档中,添加了 strictfp 关键字和 Collections 集合类。

1999 年 6 月,Sun 公司把 Java 体系分为 J2SE、J2ME、J2EE 三个方向。

2002 年 2 月 26 日,J2SE 1.4 发布。与 J2SE 1.3 相比,多了近 62%的类和接口。在这些新特性当中,还提供了广泛的 XML 支持、安全套接字(Socket)支持(通过 SSL 与 TLS 协议)、全新的 I/O API、正则表达式、日志与断言。

2004 年 9 月 30 日,J2SE 1.5 发布,成为 Java 语言发展史上的又一里程碑。为了表示该版本的重要性,J2SE 1.5 更名为 Java SE 5.0(内部版本号 1.5.0)。Java SE 5.0 是从 1996 年发布 1.0 版本以来的最重大的更新,其中包括泛型支持、基本类型的自动装箱、增强的 for 循环、枚举类型、格式化 I/O 及可变参数。

2005 年 6 月,在 Java One 大会上,Sun 公司发布了 Java SE 6。此时,Java 的各种版本已经更名,取消了其中的数字 2,如 J2EE 更名为 Java EE,J2SE 更名为 Java SE,J2ME 更名为 Java ME。

2011 年 7 月 28 日,收购 Sun 公司的 Oracle 发布了 Java SE 7,引入了二进制整数、支持字符串的 switch 语句、菱形语法、多异常捕捉、自动关闭资源的 try 语句等新特性。

2014 年 3 月 18 日,Oracle 公司发布 Java 8,这次版本升级为 Java 带来了全新的 Lambda 表达式、流式编程等大量新特性,这些新特性使得 Java 变得更加强大。现阶段很多大数据平台都是基于这个版本的 Java 进行构建的。Java 8 是目前官方公开支持时间(至 2030 年 12 月)最长的版本,其结束时间甚至晚于后续的 Java 11 和 Java 17。时至今日,Java 8 的子版本仍在不断更新中。

2018 年 9 月 26 日,Java 11 发布。这是 Java 大版本周期变化后的第一个长期支持版本(LTS 版本持续支持到 2026 年 9 月)。Java 11 带来了 ZGC、HTTP Client 等重要特性,一共包含 17 个 JEP(JDK Enhancement Proposals,JDK 增强提案)。

2019 年 9 月 23 日,Java 13 发布,此版本中添加了"文本块"。文本块是一个多行字符串文字,避免对大多数转义序列的需要。并且,它以可预测的方式自动格式化字符串,并在需

要时让开发人员控制格式。

2020 年 3 月 17 日，Java 14 发布，此版本中新的 switch 表达式带来的不仅是编码上的简洁、流畅，也精简了 switch 语句的使用方式，同时也兼容之前的 switch 语句的使用。同时，该版本还引入了改进 POJO 类——Record 类的预览版。

2021 年 9 月 14 日，Java 17 发布，它是 Oracle 发布的第二个长期支持版本（支持到 2029 年 9 月）。新的特性包括 switch 的模式匹配、密封类、新的 MacOS 渲染管道等。

1.2.2 Java 语言特点

Java 语言具有鲜明的面向对象的特点，使得它在分布式网络应用、多平台应用、图形用户界面、Web 应用、多线程应用等软件的开发中成为方便高效的工具。

1. 开发和使用的简单性

Java 的语法风格非常接近于 C++ 语言，但删改了 C++ 中的指针、操作符重载等一些易混淆的地方。在内存管理方面又提供了垃圾收集机制。这使程序员可以在实现程序功能方面投入更多的精力，而无须考虑诸如内存释放等枝节问题。此外，JVM 能在运行时为 Java 程序链接本地甚至远程的类库，方便了 Java 程序的部署与调试。

2. 面向对象性

Java 对面向对象的要求十分严格，不允许定义独立于类外的变量和方法。Java 以类和对象为基础，任何变量和方法都只能包含于某个类的内部。这使得程序的结构更为清晰，为继承和重用带来便利。在 Java 中，类的继承关系是单继承的，一个子类只有一个父类。Java 提供的类通过继承关系组成一棵倒立的树。根类为 Object 类。Object 类功能强大，它的出现规范了 Java 中所有类的定义和实现。

3. 平台独立性和可移植性

Java 的 API 和 JRE 是 Java 程序可移植的关键。Java 在 JVM 的基础上为支持它的各种操作系统提供了一致的 API。在 API 层面上，Java 程序仅依赖于 JVM，而不依赖于硬件平台。Java 运行时使用 JRE 解释为 JVM 上的执行程序，再由 JVM 将字节码转换为当前机器的机器码。JVM 层屏蔽了计算机硬件和操作系统的差异，因此，构建在 JVM 层上的 Java 程序具有平台独立性，非常容易实现程序的移植。

4. 多线程

Java 提供了内置的多线程支持，程序中可以方便地创建多个线程，各个线程执行不同的工作，这使程序执行更为高效。编程时，只要分别安排各线程的工作，不必关心它们的合作。这也大大促进了程序的动态交互性和实时性。为了控制各线程的动作，Java 还提供了线程同步机制。这一机制使不同线程在访问共享资源时能够相互配合，保证数据的一致性，避免出错。Java SE 中有很多线程安全的类，调用这些类可以有效地避免线程冲突。

这种将硬件底层管理与设计核心的剥离设计理念也出现在现阶段大数据平台当中，出现了诸如 Hadoop Yarn、Apache Mesos 及 Spark 这样的集群管理器。这些集群管理器负责资源调度以及结点运行状态跟踪，为应用的执行提供需要的文件和资源。大数据的编程人员只需在框架内编写程序即可完成并行程序的开发，极大地降低了并行程序的开发难度，增大了并行程序运行的稳定性，这与多线程的设计思路是一脉相承的。

5. 解释执行

Java 程序经过编译形成字节码,然后在 JVM 上解释执行。这是 Java 程序能够独立于平台运行的基础。

6. 健壮性

Java 的强类型机制、异常处理、垃圾的自动收集等是 Java 程序健壮性的重要保证。

1.2.3　JVM、JRE 与 JDK

Java 的一大优势是跨平台,而 Java 的跨平台性就是基于 JVM 实现的。JVM 是一台在实际的计算机上仿真模拟各种计算机功能来实现的虚拟计算机。不同平台通过 JVM 转换为统一标准。在 JVM 层面之上,Java 程序调用的系统资源是面向 JVM 的,与 JVM 之下的具体平台无关的。同一段字节码,通过 JVM 映射解释到不同平台之上,从而实现 Java 语言编译后的目标代码(.class 字节码文件)在多种平台上不加修改地运行。可以把 JVM 比喻为一个翻译官,对于一段 Java 代码,Windows 版的 JVM 把它翻译成 Windows 操作系统能执行的语言,Linux 版的 JVM 就能把它翻译成 Linux 操作系统能执行的语言。在不同的操作系统上安装 JVM,屏蔽了各个操作系统的差异,为 Java 程序运行提供了统一计算资源,为"一次编译,多次运行"提供了基础条件,让 Java 程序具有了跨平台性。

Java 的运行环境(Java Runtime Environment,JRE)除了包括 JVM 以外,还包含 Java 的一些基本类库,如基础类库 rt.jar 等。JRE 类库为 Java 程序运行提供了很多功能强大的类。这些类以 Jar 包(一种 class 字节码文件的压缩包)的形式封装在类库当中。工程通过将 Jar 包路径列入工程环境变量 classpath 的方式加载 Jar 包。Java 程序在运行时,JRE 会到 rt.jar 中自动加载基础类库,并按环境变量 classpath 指定的路径,按照先来先到的原则搜索加载的第三方类库。

Java 的开发工具包(Java Development Kit,JDK)在 JRE 的基础上,增加了编译器、调试器用以完成 Java 源文件的编译调试工作。同时,它还提供了 Runtime 辅助包等其他工具。不同平台下 JDK 也有其相应版本。需要注意的是:除去一些基础功能外,JDK 的大量工具(bin 目录)都是用 Java 语言编写,其运行也需要 JRE 环境的支持。因此,在 JDK 的安装部署过程中,JRE 环境也会一同安装部署到 JDK 目录下的 JRE 子目录当中。也就是说,安装了 JDK 就不需要额外安装 JRE 了。

JVM、JRE 和 JDK 的含义和它们之间的关系简单来说就是:JDK 用于开发,JRE 用于运行 Java 程序;如果只是运行 Java 程序,安装 JRE 即可。JDK 包含 JRE,JDK 和 JRE 中都包含 JVM。JVM 是 Java 编程语言的核心,保证了 Java 程序的平台无关性。

1.3　大数据与 Java

"大数据"作为一种概念和思潮,由计算领域发端,之后逐渐延伸到科学和商业领域。大多数学者认为,"大数据"这一概念最早公开出现于 1998 年。美国高性能计算公司 SGI 的首席科学家 John Mashey 在一个国际会议报告中指出:随着数据量的快速增长,必将出现数据难理解、难获取、难处理和难组织四个难题,并用"BigData"(大数据)来描述这一挑战。2007 年,数据库领域的先驱人物吉姆·格雷(Jim·Gray)指出大数据将成为人类触摸、理解和逼近现实复杂系统的有效途径。并认为在实验观测、理论推导和计算仿真三种科学研究范式后,将迎来第四范式——"数据探索"。后来,同行学者将其总结为"数据密集型科学发现",从而开启了从科研视角审视大数据的热潮。2012 年,牛津大学教授 ViktorMayer-Schnberger 在其畅销著作 *BigData : A Revolution That Will Transform How We Live, Work, and Think* 中指出,数据分析将从"随机采样""精确求解"和"强调因果"的传统模式演变为大数据时代的"全体数据""近似求解"和"只看关联不问因果"的新模式,从而引发商业应用领域对大数据方法的广泛思考与探讨。

大数据概念体系于 2014 年前后逐渐成形,对其认知亦趋于理性。大数据相关技术、产品、应用和标准不断发展,逐渐形成了包括数据资源与 API、开源平台与工具、数据基础设施、数据分析、数据应用等板块构成的大数据生态系统,并持续发展和不断完善,其发展热点呈现了从技术向应用、再向治理的逐渐迁移。经过多年的发展和沉淀,人们对大数据已经形成基本共识:大数据现象源于互联网及其延伸所带来的无处不在的信息技术应用以及信息技术的不断低成本化。大数据泛指无法在可容忍的时间内用传统信息技术和软硬件工具对其进行获取、管理和处理的巨量数据集合。其具有海量性、多样性、时效性及可变性等特征,需要可伸缩的计算体系结构以支持其存储、处理和分析。

大数据处理方法是大数据领域发展的主要分支,形成了 Hadoop、Spark、Storm、Flink 等技术生态圈。此外,还有如 Flume、Kafka、Sqoop 等各种中间件可以与大数据处理平台插接使用。Java 作为一门编程语言,是一种工具,是实现同一个需求的上百种编程语言之一,但与大数据环境下的各个组件都有着千丝万缕的联系。当前环境下,大量的大数据处理框架以及工具都是用 Java 编写而成,这些产品基本都原生支持 Java 语言,但为了让更多的用户使用大数据平台,这些软件还提供诸如 Scala、Python、R 等各种语言 API。在 Spark 平台中被广泛使用的 Scala,是一种面向函数的流式编程语言。Scala 开发的源程序在编译后生成的仍然是 class 字节码文件,运行在 JVM 上。因此,在 Spark 环境下,Scala 与 Java 可以代码混用,就像 C++ 与 C 的关系一样。很多证据显示:从 Java 7 到 Java 8 的跨越,大数据的推动作用是不容忽视的。在 Java 8 中新增的 Lambda 表达式、流式编程理念有很多大数据编程的痕迹,而且其发展历程也有时间上的重合。学习 Java 会成为你学习大数据的敲门砖,通过学习 Java 编程技术特别是流式编程技术,可以让我们更平滑地过渡到并行编程的道路之上。

1.4 Linux 环境下 Java 开发环境搭建

现阶段,大数据主流软件,如 Hadoop、Spark,仍然在使用 Java 8/11 版本的 JVM。对于开发者而言,目前的主流仍然是 Java 8。Java 的开发环境在 Windows 和 Linux 系统中都可搭建。为了日后大数据编程的方便,本节将介绍 Linux 系统(CentOS 8)中 JDK(JDK8u333)的安装方法。

1.4.1 下载 JDK

官方下载链接为 https://www.oracle.com/java/technologies/downloads/,其默认是最新版的 JDK,目前是 Java 17。在页面下方是现阶段仍然被大量使用的 Java 8 与 Java 11

的下载链接，如图1-1所示。使用者可以根据自身使用的操作系统（Linux、MacOS、Solaris、Windows等）和CPU类型选择相应的JDK版本。建议使用者选择最简单的Compressed Archive的产品进行下载，因为此产品为JDK可部署形态的压缩包，解压即可使用，后续只需要在系统中注册相关环境变量就可以完成安装。针对搭载64位Intel/AMD CPU、安装有CentOS 8的PC而言，选择x64 Compressed Archive对应的jdk-8u333-linux-x64.tar.gz即可。

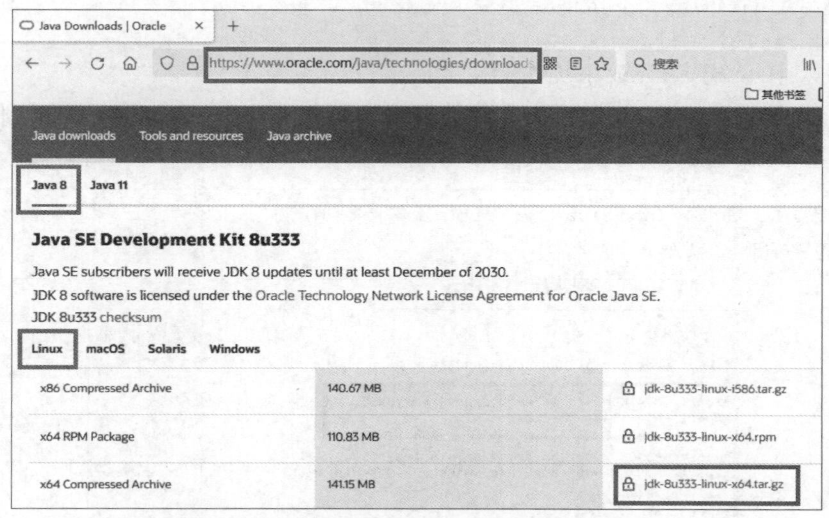

图1-1 Oracle公司的Java SE下载页面（局部）

1.4.2 在CentOS 8中安装JDK

Linux系统选择CentOS 8，安装时采用“带GUI的服务器”模式进行安装，主机名为master，系统注册有两个账户root、hadoop。其中，hadoop账户为一般用户，root为管理员账户，未做特殊设定。对于JDK，需要确定JDK软件的使用需求，即单个用户使用，还是系统中所有用户共同使用。若是前者，只需要将JDK安装在该用户可操作的目录中，并将配置写入个人用户中的~/.bashrc文件中即可；若是后者，则需要使用root权限，并将配置写入/etc/profile文件当中。本节展示的是hadoop用户单独使用JDK条件下的安装过程。

> **提示**
>
> Linux中，“~”表示用户的home目录，对于hadoop用户而言，~目录为/home/hadoop/。~常用于非正式路径的表示，在配置文件中还是推荐使用全路径。

(1) 解压jdk-8u333-linux-x64.tar.gz文件。

将下载的jdk-8u333-linux-x64.tar.gz解压后的目录，移动到~/program目录当中并重名为jdk-8，使用命令行，输入如下命令。

```
$tar -xvf jdk-8u333-linux-x64.tar.gz
$mv jdk1.8.0_333 jdk-8
```

或在图形界面下右击选择“提取到此处”命令后，重命名jdk-8u333-linux-x64为jdk-8。

这时/home/hadoop/program/jdk-8 即为 JAVA_HOME 目录。为了方便起见，需要在个人用户配置文件(～/.bashrc)中用 export 语句写入这个值。

> **补充知识：为什么要配置 JAVA_HOME 这个环境变量？**
>
> 现阶段，绝大部分的分布式的大数据平台，如 Hadoop、Spark、Flink 等都是基于 JVM 运行的，还有广泛使用于大数据平台的编程语言 Scala 也是 JVM 的簇拥。这些软件和语言的编译执行都离不开 Java 平台的支持，作为快速找到 JDK 的重要参数，JAVA_HOME 这个环境变量被大量使用。

(2) 写入 JDK 配置，完成系统注册。

使用 vim 编辑器或 gedit 图形文本编辑器编辑隐藏文件 ～/.bashrc，并在文件中输入如下内容(如图 1-2 所示)。

```
export JAVA_HOME=/home/hadoop/program/jdk-8
export PATH=.:$JAVA_HOME/bin:$PATH
```

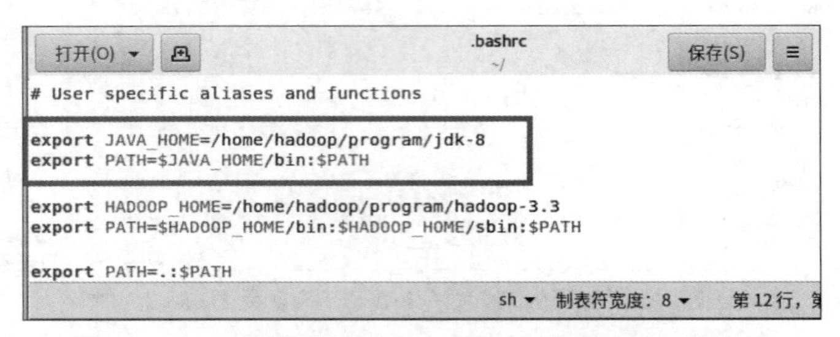

图 1-2　JDK 的配置过程中.bashrc 文件需要添加的内容

保存退出后，在命令行中使用 source 命令激活新配置的环境变量。

```
[hadoop@master ~] source /home/hadoop/.bashrc
```

最后使用 java -version 命令测试配置是否正确，若出现部署的 JDK 版本号，则表示环境变量注册成功，JDK 已成功安装到 CentOS 8 系统中并成为当前用户可用的应用程序。

```
[hadoop@master ~]$java -version
java version "1.8.0_333"
Java(TM) SE Runtime Environment (build 1.8.0_333-b02)
Java HotSpot(TM) 64-Bit Server VM (build 25.333-b02, mixed mode)
```

Java 开发工具分为基础开发工具和集成开发环境(Integrated Development Environment，IDE)。官方提供的 JDK 中已经包含 Java 语言的基础开发工具，它提供了开发中需要的一些基本功能，如编译、运行等。然而在实际开发中，为了提高程序开发的效率，一般情况下编程人员会使用 IDE。IDE 是包括代码编辑器、编译器、调试器和图形用户界面工具，集成了代码编写功能、分析功能、编译功能、调试功能等一体化的开发软件服务套件。Java 语言的集成开发环境很多，常见的有 IntelliJ IDEA、Eclipse、NetBeans 等。总的来说，集成开发环境的使用都很类似。只要熟练掌握了其中一个的使用，其他的工具迁移学习起

来也很容易。下面以 IDEA 为例来介绍 Java 集成开发环境的基本使用。

1.4.3 IDEA 简介

IDEA 全称为 IntelliJ IDEA，是一种流行的、被业界公认的 Java 集成开发工具，尤其在智能代码助手、代码自动提示、重构、Java EE 支持、各类版本工具(Git、SVN 等)、JUnit、CVS 整合、代码分析、创新的 GUI 设计等方面的功能表现令人印象深刻。IDEA 是 JetBrains 公司的产品，这家公司总部位于捷克共和国的首都布拉格，开发人员以东欧程序员为主。它的旗舰版本还支持 HTML、CSS、PHP、MySQL、Python 等。免费版只支持 Java、Scala 等少数语言。

2001 年 1 月，JetBrains 发布 IntelliJ IDEA 1.0 版本，接下来基本每年发布一个大版本(2003 除外)、三个小版本。现阶段较新的是 IDEA 2021.3。IDEA 屡获大奖，其中又以 2003 年赢得的"Jolt Productivity Award"和"JavaWorld Editors's Choice Award"为标志，奠定了 IDEA 在集成开发环境中的地位。另外，在 Python 开发中被广泛使用的 PyCharm 也是该公司的产品。

IDEA 所提倡的是智能编码，可大量减少程序员的工作，相信这也是 IDEA 之所以这么受欢迎的原因之一。IDEA 的特色功能还有很多，读者可以在使用过程中加以体会。

1.4.4 IntelliJ IDEA 安装配置

本节介绍如何在 Linux 下安装 IntelliJ IDEA(之后简称为 IDEA)，这里以 IDEA2022.1 版本为例介绍 IDEA 的安装、简单配置和使用方法。

1. 下载 IDEA

如图 1-3 所示，在下载页面(https://www.jetbrains.com/idea/download/#section=linux)，选择 Linux 系统中的相应版本。其中，Ultimate 是旗舰版，免费试用 30 天，提供了用于 Web 和企业开发的其他工具和功能；而 Community 是社区版，免费，功能有所缩减，提供基于 JVM 和 Android 平台开发的所有基本功能。对于 Java SE 的学习，选择社区版本即可满足要求。这里下载了 ideaIC-2022.1.3.tar.gz。

2. 安装 IDEA

首先需要安装 JDK(见 1.4.2 节)。

接下来，将 ideaIC-2022.1.3.tar.gz 解压到 ~/program/目录当中，重命名为 ideaIC2022，这时 IDEA 就被安装到 ~/program/ideaIC2022 当中。用户需要进入安装目录的 bin 子目录当中，在命令行中执行 idea.sh 命令方能打开图形界面。

```
[hadoop@master ~]$cd program/
[hadoop@master program]$cd ideaIC2021/
[hadoop@master ideaIC2021]$cd bin/
[hadoop@master bin]$sh ./idea.sh
```

第一次打开，有声明文件，用户同意后出现欢迎界面。

最后，建议读者在桌面上建立一个 CentOS 的快捷方式 idea.desktop 链接到 ~/program/ideaIC2022/bin/idea.sh，方便日后快速启动 IDEA。

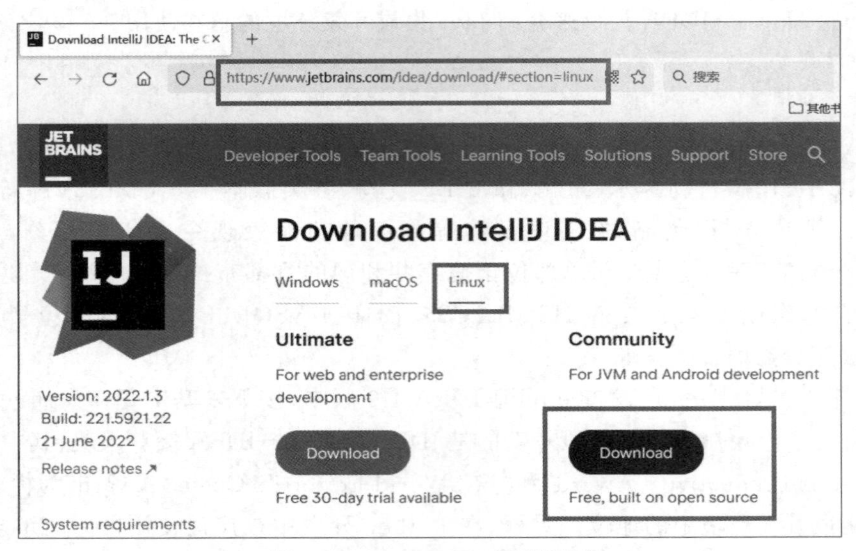

图 1-3　IntelliJ IDEA 下载页面

使用 vi 编辑器或 gedit 编辑器在桌面上新建 idea.desktop 文件，输入内容如下。

```
[Desktop Entry]
Type=Application
Name=IDEA-IC
Exec=/home/hadoop/program/ideaIC2022/bin/idea.sh
Icon=/home/hadoop/program/ideaIC2022/bin/idea.png
Terminal=false
```

保存退出，右击选择 Allow Launching 命令后，图标及快捷方式名将自动更新为 desktop 文件中设定的 Name 和 Icon 样式。完成之后，就可以像使用 Windows 的快捷方式一样方便，“双击”即可启动 IDEA。

1.5　IntelliJ IDEA Java 开发快速入门

首次启动 IDEA 时，都会出现如图 1-4 所示的初始界面。在这个界面中有四个选项：Projects、Customize、Plugins 与 Learn IntelliJ IDEA。在 Projects 选项卡中，可以选择新建或打开已有的工程；在 Customize 选项卡中，可以设置 IDEA 的常用环境参数变量，并在 Keymap 中，可以按用户快捷键使用习惯加载不同的配置，如图 1-4(a)所示；在 Plugins 选项卡中主要包含可选装的插件，如 Scala 语言的插件，如图 1-4(b)所示；在 Learn IntelliJ IDEA 选项卡中主要包含一些学习的链接。在 IDEA 的主工程界面中，Projects 中相关内容可以在 IDEA 界面的 File 菜单的 New/Open 中相应完成，而 Customize 选项卡与 Plugins 选项卡统一归于 File 菜单的 Settings 选项中。

利用 IDEA 编写 Java 程序包括新建 Java 工程、新建 Java 类、编写 Java 代码以及运行 Java 程序 4 个步骤。

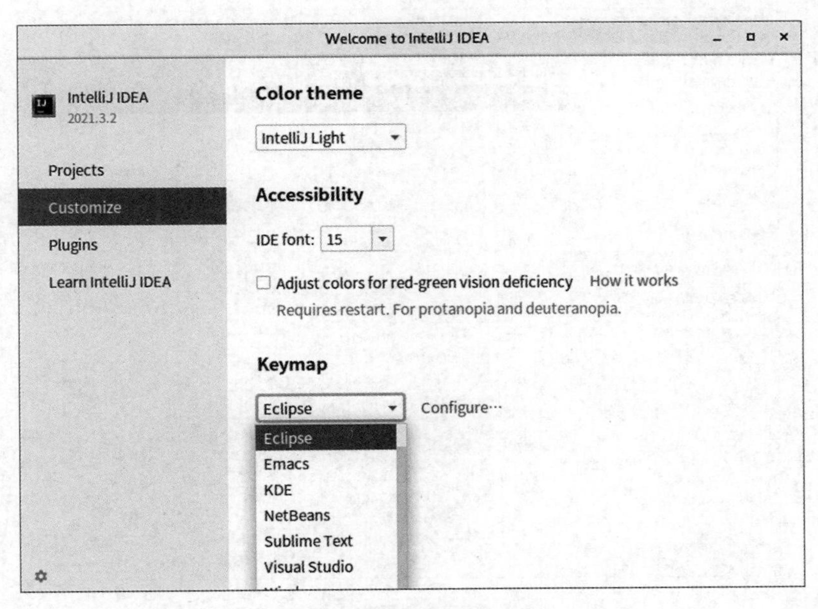

(a) 欢迎界面中的设置界面

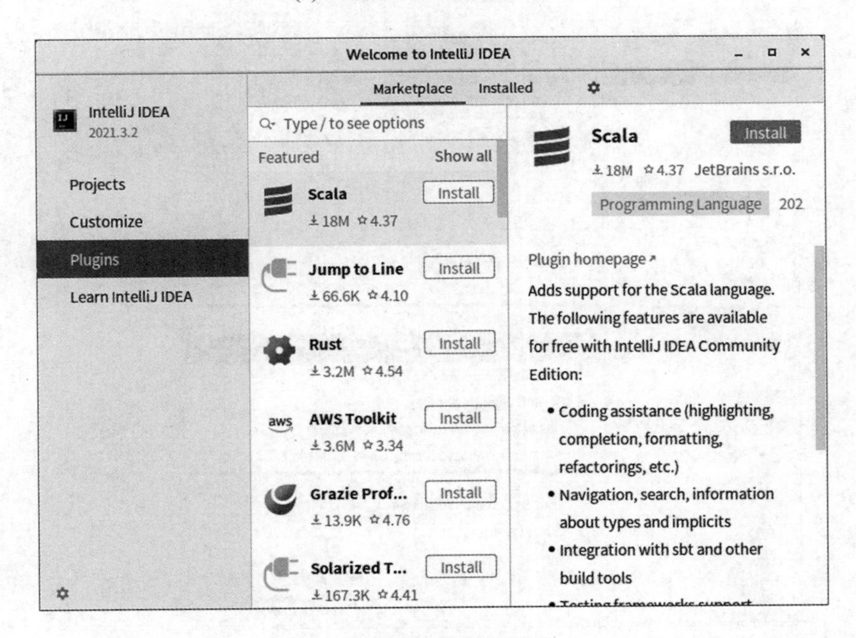

(b) 主界面中的设置界面

图 1-4　IntelliJ IDEA 在欢迎界面中的一些简单设置

1. 新建 Java 工程

(1) 在 IDEA 中选择 File→New→Project 命令，弹出如图 1-5(a)所示的 Java 对话框，因为之前配置当前用户的环境变量 JAVA_HOME，这里 IDEA 会自动加载该值。当然用户也可以从下拉框中选择其他的 JDK 版本，为了匹配本书，建议读者选择 Java 8 版本。

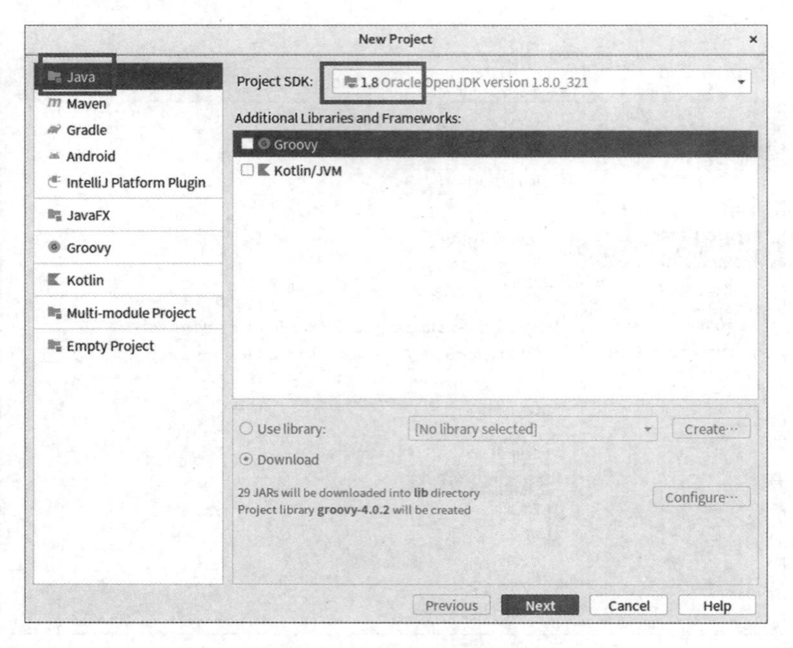

(a) 创建Java项目并选择项目依赖的JDK

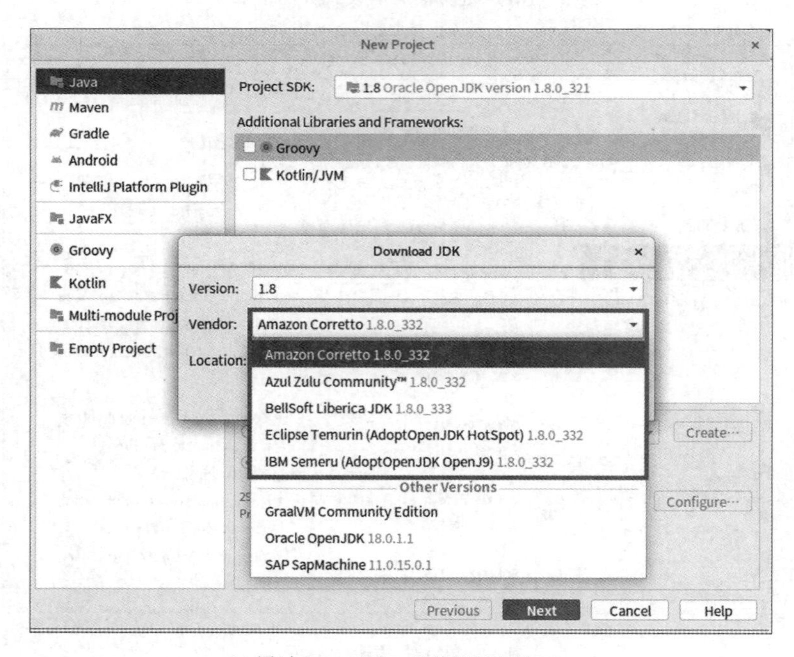

(b) 通过IDEA下载一些其他版本的JDK

图 1-5　新建 Java 工程中 Java 版本的选择

补充知识：OpenJDK 与 JDK

①Java 8 显示的版本为 Java 1.8 是 Java 命名的历史问题，其在 Java 11 后得以解决。

② 我们一般说的 JDK，它的全名是 Oracle JDK。OpenJDK 是一个参考模型并且是完全开源的，而 Oracle JDK 是 OpenJDK 的一个实现，它是 Oracle 公司的，不能用于商业用途的企业开发，只能用于学习、教学或其他非营利使用。在 IDEA 的选项中也提供了一些 OpenJDK 版本的下载，如图 1-5(b)所示，在实际工程中可以选择使用，或者直接在 OpenJDK 官网下载完全开源的版本。

③ 在大数据平台中，OpenJDK 占了很大比重。Oracle JDK 和 OpenJDK 的代码几乎相同。目前，OpenJDK 由 Red Hat 公司进行管理。

(2) 下一步至 New Project 对话框，在 Project name 文本框中输入本工程的工程名"MyProject"，然后单击 Finish 按钮，完成 Java 工程的构建。

2. 新建 Java 类

从 Project Explorer(项目资源管理器)中已经建立的工程 MyProject 的目录树上选中 src，右击，然后从弹出的快捷菜单中选择 New→Java Class 命令(如图 1-6(a)所示)，弹出如图 1-6(b)所示对话框，选择 Class，并填写 Class 的名称"HelloWorld"，即为所创建的类名。回车完成设定，进入编辑器，开始编写第一个程序。

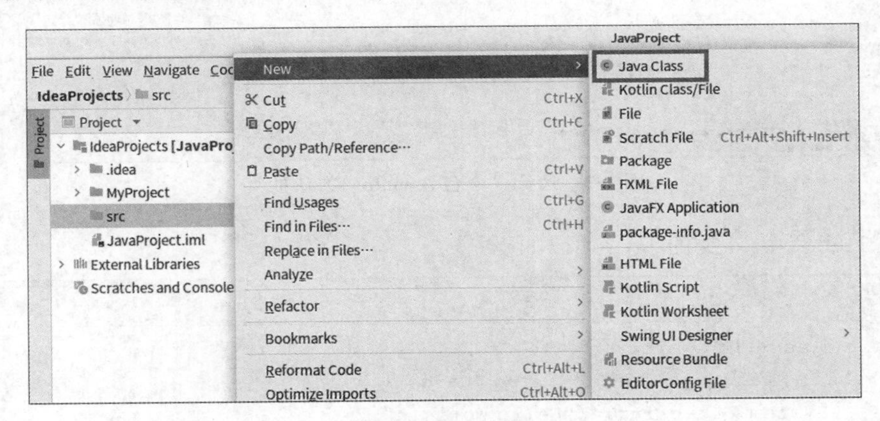

(a) 新建类的命令位置

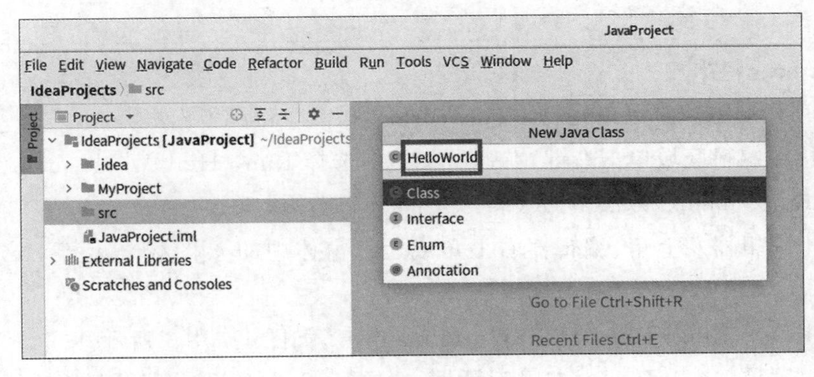

(b) 为新建的类命名

图 1-6　创建 Java 类

3. 编写 Java 代码

在建立 HelloWorld 类之后，IDEA 会自动打开该类的源代码编辑器，用户就可以在编辑器中输入源代码了。假如有多个类，那么用户可以在 Project Explorer 中双击要编写源代码的类，然后输入相应的源代码，如图 1-7 所示。

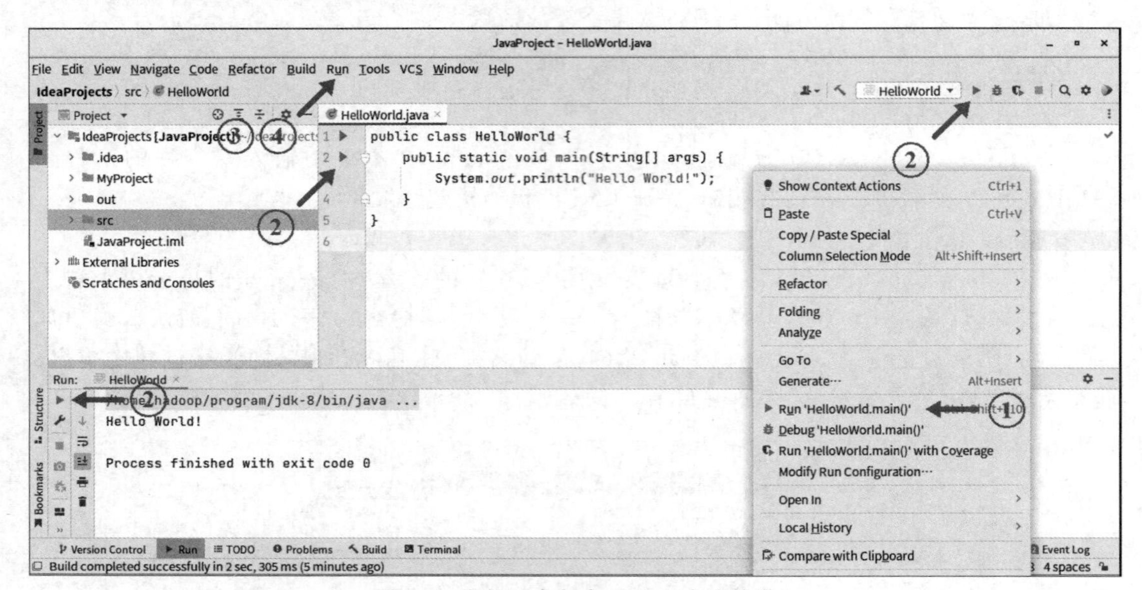

图 1-7 运行一个包含 main()方法的类

编写 HelloWorld 类的 Java 代码如下。

```
//代码 1-1  HelloWorld 类

public class HelloWorld {
    public static void main(String[] args) {
        System.out.println("Hello World!");
    }
}
```

4. 运行 Java 程序

使用下列任一方法都可以运行 HelloWorld 类中的 main()方法。

（1）直接在编辑区域单击右键，在弹出菜单中选择 Run 'HelloWorld.main()'命令，运行 HelloWorld 类 main()方法中的代码，如图 1-7 中①所示。

（2）单击编辑器左上角、编辑器右上角或运行窗体中的 ▶ 图标来运行 HelloWorld 类 main()方法中的代码，如图 1-7 中②所示。

（3）单击菜单 Run→Run 'HelloWorld.main()'，如图 1-7 中③所示。

（4）通过菜单 Run→Run …打开对话框，选择“1 HelloWorld”即可开始运行程序。

5. 运行带参数的 Java 程序

有时在运行 Java 程序时需要输入参数，如代码 1-2 中 TestParam 类里面的 main()方法。

//代码 1-2　TestParam 类

```
public class TestParam {
    public static void main(String[] args) {
        String t =args[0];
        System.out.println(t);
    }
}
```

在 IDEA 中选择 Run→Run …命令后出现的对话框中，选择“0 Edit Configure”命令或直接通过 Run→Edit Configurations…命令，在打开的 Create Run Configureation 对话框中的 Program arguments 文本框中输入参数，如图 1-8 所示。完成后关闭对话框。之后，运行 TestParam 类中的 main()方法时系统就会自动加载之前配置的参数。若在 Program arguments 文本框处输入 Java 程序运行时参数“你好，中国！”，则在运行结果中会显示“你好，中国！”。

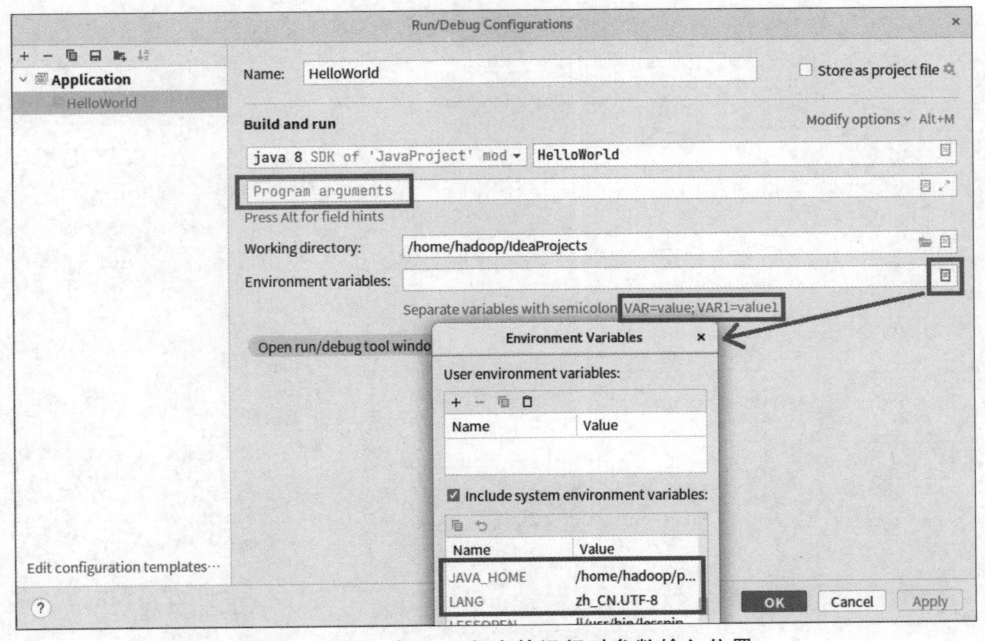

图 1-8　IDEA 中 Java 程序的运行时参数输入位置

另外，如需配置 Environment Variables，可以按提示自行输入或使用图形化界面输入。

小　　结

本章首先介绍了面向对象程序设计的思想及主要特征，Java 语言的发展历史及语言特点，Java 学习与大数据之间的关系。之后，介绍了在 CentOS 8 图形环境中，Java 8 的部署及配置方法，及 Java 集成开发环境 IDEA 部署方法，并举例说明了利用 IDEA 编写 Java 程序的基本步骤。

通过本章的学习，读者应该能够掌握 Java 语言的特点、JDK 开发环境的搭建以及

IDEA 集成开发环境的基本操作。

习 题

1. 面向对象的程序设计最重要的基本单位是什么？对象有什么特点？
2. 面向对象程序设计的特点是什么？它与面向过程程序设计思想有什么区别？
3. JDK、JRE 和 JVM 有什么区别？
4. 简述 Java 语言的发展历史及特点。
5. 简述 JDK 开发环境搭建时所需设置的系统变量及变量值。
6. 简述利用 IDEA 集成开发环境编写 Java 程序的步骤。

第2章

Java 基础语法

本章内容

本章主要介绍 Java 中的变量、常量、数据类型、运算符、表达式等编程语言的基本元素，以及基本控制结构，并阐述了数据类型转换的一般思路和 Java 中方法的相关知识。本章最后还给出两种引用变量——枚举和数组的定义和使用方法。

学习目标

- 了解 Java 的标识符、关键字和注释。
- 熟练掌握 Java 的数据类型。
- 掌握 Java 的运算符与表达式。
- 熟练掌握 Java 的控制结构。
- 熟练掌握 Java 的静态方法的声明和使用。
- 了解枚举的定义和使用方法。
- 熟练掌握 Java 中数组的定义、特点和使用方法。

2.1 Java 的第一个程序

一个最简单的、可运行的 Java 程序需要包含两个因素：类(public class)和写在类中的 public static void main (String[] args)方法。代码 2-1 展示的是一个输出字符串“Hello, World!”的程序。

```
//代码 2-1 输出字符串“Hello,World!”的程序
1  public class HelloWorld {
2    public static void main(String[] args) {
3        System.out.println("Hello,World!");
4    }
5  }
```

输入代码时需要注意。

(1) Java 是大小写敏感的语言。

(2) Java 代码中的符号(字符串内的符号除外)都为英文标点。

(3) 每行代码以“;”结束。

1. 代码释义

第 1 行是注释行，对程序进行解释说明，不是程序所必需的，但加上它有助于他人解读。如果条件允许，建议写上较为详细的注释。

第 2 行声明了一个可以被其他任何程序访问的、名为 HelloWorld 的类。这里的类名 HelloWorld 必须与源文件 HelloWorld.java 的文件名字严格保持一致（大小写也一致），否则就会出现编译错误。建议为每一个类新建一个源文件，以方便项目管理。

第 3 行定义的 main()方法是 Java 程序执行的入口。每个 Java 类都有且只能有一个 main()方法。public static void main(String[] args)是一个固定用法。"{"表示方法体的开始，第 5 行的"}"表示方法体的结束。

第 4 行是 main()方法体内的语句。其中，System.out.println() 是一个标准输出的方法，将字符串"Hello，World!"输出到 JVM 指定的标准输出设备之上。

2. 标准输出

传统的计算机输入/输出分为两大类：标准输入/输出和文件输入/输出。一般来说，键盘是一个计算机的标准输入设备，显示器是一个计算机的标准输出设备。因此用键盘输入信息和在显示器上输出信息称为标准输入/输出。JVM 中标准输出方法是 System.out 对象提供的 println()及 print()方法。它们的功能是将参数转换为字符串输出到标准输出设备上。println()方法在完成输出后，再输出一个换行。而 print()方法只是按参数原样输出，每次输出都是紧接着上次输出的位置，没有分隔符进行分隔。例如：

```
System.out.println("I");
System.out.println("love");
System.out.println("China!");
System.out.print("I");
System.out.print("love");
System.out.print("China!");
```

执行上述代码的结果是：

```
I
love
China!
IloveChina!
```

对于表达式"运算数 a＋运算数 b"，只要两个运算数有一个是字符串，运算符"＋"就会自动调整为拼接的工作模式，而不是数字的加法运算符。例如：

```
int a =1;
int b =2;
System.out.println(a+b);                    //加法模式
System.out.println("a +b =" +a +b);         //拼接模式
```

执行上述代码的结果是：

```
3
a+b=12
```

这里的 12 不是整数 12，而是变量 a 与 b 的值变成字符后拼接的结果字符串"12"。与 C/C++ 不同，在 Java 语言中可以将几乎所有类型的值和对象不加任何修饰或限定地使用 System.out 对象的 println/print 方法进行输出操作。

2.2 标识符、关键字与注释

2.2.1 标识符

标识符是一个有效的字符序列。在Java语言中,标识符用来赋予用户自定义的变量、方法、类等的名称。

标识符的命名遵循以下原则。

(1) 标识符只能由大小写字母、数字、下画线或"$"符号组成,且不能以数字开头。

(2) 标识符应该是连续的字符串,不能被空格等分隔符隔开。

(3) 标识符不能与Java语言提供的关键字重复。

(4) Java语言严格区分字符的大小写。例如,A与a、Ball与ball都是完全不同的两个标识符。

例如,A2、name、_user、$Color 就是一些正确的标识符,而 3b、110、my name、Student&id 则是一些错误的标识符。

> **补充知识:标识符可以不局限于英文字符**
>
> 一般标识符均为英文字符。在Java中,标识符还支持中文字符和"¥"符号。在使用集成开发环境编程时,编辑器会自动检测标识符是否合法。

标识符是一个名字,仅起到标示Java元素的作用。理论上,程序员可以为Java中的元素定义任何一个名字,只要它符合标识符的命名规则即可。但是在实际开发中,建议用户遵守约定俗成的标识符命名方式。

(1) 标识符的命名最好能"见名知意",极致的目标就是代码自解释(不需要多余的注释)。例如,student要比s好,因为含义清晰,易于理解。

(2) 类的标识符的第一个字母最好大写,而变量、方法的标识符的第一个字母最好小写,以方便快速区分标识符的类型。

2.2.2 关键字

关键字是Java预先定义的、具有特殊含义与用法的标识符。在很多编译器中,关键字都被自动标记为特殊字体,以提醒程序员注意。Java中的关键字如表2-1所示。

表2-1 Java语言中的关键字

关键字	关键字	关键字	关键字
abstract	long	case	protected
byte	private	const	static
class	short	double	synchronized
do	switch	final	transient
extends	throws	goto	while
for	volatile	instanceof	boolean
import	assert	native	catch

续表

关键字	关键字	关键字	关键字
continue	public	default	package
else	strictfp	enum	return
finally	this	float	super
if	try	implements	throw
int	break	interface	void
new	char		

注意：Java 语言中的关键字全部为小写字母，在任何情况下，用户不能把表中的关键字作为自定义的标识符使用。

2.2.3 注释

注释就是对程序代码的标注或解释。在程序中合理地添加注释是一个合格程序员所必须掌握的技巧。Java 中的注释有以下三种不同的方法。

1. 单行注释

单行注释用符号“//”实现，放在需要注释的地方。可以单独放一行，也可以放到要注释程序的右边。

例如：

```
//下面是对学生成绩的声明
int grade;
```

也可以采用如下的注释方式。

```
int grade;            //这是对学生成绩的声明
```

2. 多行注释

/＊…＊/用来标记跨越多行的注释。例如：

```
/*
这里是
一段注释,
它跨越了多行
*/
```

Java 在进行编译的时候，/＊和＊/之间的所有内容都会被忽略。

3. 文档注释

在程序设计中，文档的处理是非常重要的一个方面。如果程序与文档分属两个文件，每当修改代码时，都必须修改相应的文档，维护起来十分麻烦。将程序代码和文档放在一个文件中无疑是一个良好的选择。在 Java 语言中，文档注释工具 javadoc 能够识别文档注释中用@标记的特殊变量，并把结果生成相应的 HTML 文件。例如：

```
/**
  * This class implements a calculator
  * @see java.lang.Math
  * @author SC.HPU
  * @version 1.2
  * /
```

此处@see表示关联类,@author表示作者,@version表示程序版本。在Java源代码中“@+Annotation”是一种注解(不是注释)。从Java 5开始,Java增加了对元数据(注解、描述数据属性的信息)的支持。如4.7节中所示的特殊标志@FunctionalInterface,它用来标示函数式接口。这些标志可以在编译、类加载、运行时被读取,并执行相应的处理,以便于其他工具补充信息或者进行部署。

2.3 Java语言中的数据基本表达方式

2.3.1 基础数据类型

Java是强类型的编程语言,JVM根据变量的类型,为变量值分配存储空间和定义存储格式。Java的数据类型分为两大类,一类是基础数据类型,另一类是引用数据类型。基础数据类型分为逻辑类型、字符类型、整数类型和浮点类型。

注意

所有的基础变量类型都是Java语言中的关键字,都是小写字母的单词。

表2-2列出了Java中基础数据类型的关键字及其取值范围。

表2-2 Java中的基础数据类型

基本分类	详细分类	关键字	占用字节/B	取值范围
逻辑类型	逻辑型	boolean	1	true或false
字符类型	字符型	char	2	'\u0000'~'\uFFFF'
整数类型	字节型	byte	1	−128~127
	短整型	short	2	−32 768~32 767
	整型	int	4	−2 147 483 648~2 147 483 647
	长整型	long	8	−9 223 372 036 854 775 808~9 223 372 036 854 775 807
浮点类型	单精度	float	4	−3.4E38~3.4E38
	双精度	double	8	−1.7E308~1.7E308

Java的引用数据类型主要有枚举、数组、类和接口等。它们相当于C语言中的指针——指向对象的引用。引用类型变量不仅是访问对象的重要通道,也是JVM中对象是否为active的重要检查点。一旦内存中对象没有任何引用变量指向它,JVM就会将该对象标定为inactive。在垃圾回收机制启动时,JVM会将所有的inactive对象进行回收销毁。

2.3.2 变量

程序中表示数据有两种方法，一种是直接用具体值来表示，另一种是用变量间接表示。变量名必须是合法的标识符。变量按其声明的数据类型分为：字符型变量、整数型变量、浮点型变量等。每个变量都有三要素——变量类型、变量名以及变量的值。在使用变量前，这三个要素必须同时具备，缺一不可。变量类型可以帮助 JVM 确定需要分配的内存容量和存储格式；变量名是 JVM 对变量的引用，JVM 可以通过变量名读取或写入变量值；变量值是内存状态值。

1. 变量声明

Java 语言声明变量的语法如下。

```
[修饰符] 类型变量名 1 [,变量名 2,…];
```

例如：

```
int a;                    //声明了一个整型变量
boolean b;                //声明了一个逻辑型变量
double c1,c2;             //声明了两个双精度浮点型变量
char ch1,ch2,ch3;         //声明了三个字符型变量
```

明确变量类型，不仅是 JVM 对于程序运行的要求，还有助于源代码的错误检查。在变量明确了类型后，编译器就可以更加容易检查运算的合法性。

> **注意**
>
> Java 是强类型的程序设计语言，所有的变量必须遵守“先声明后使用”的原则。在 Java 中，如果在一段未报错的代码中发现变量未赋值就使用的情况，那么这些变量很可能是被赋予了默认值(见 2.9 节和 3.2.1 节)。

2. 变量赋值

当使用变量时，变量必须有值。给变量赋初值的方法有如下两种。

(1) 在声明变量的同时，直接赋初值。例如：

```
int a=1;              //声明了一个整型变量,并设定初始值为 1
boolean b=true;       //声明了一个逻辑型变量,并设定初始值为 true
```

下面的错误是由赋值引发的。

```
char ch='ab';               //单引号里面只能包含一个字符;值错误
char ch="a";                //双引号定义的是字符串,而不是字符;类型不匹配
short s=40000;              //变量值超出变量取值范围,造成存储错误;值错误
boolean flag=10;            //逻辑型变量的值只能为 true 或 false;类型不匹配
```

(2) 先声明变量，再用赋值语句赋初值。例如：

```
double area;
area=3.2;
```

注意：代码中的等号“＝”是赋值符。它的意思是把等号右边的值，赋值到等号左边。

右边的值可以是任何常数、变量或者表达式，只要最终可追溯或计算出一个确定的值即可；但等号左边必须是明确了类型的变量。

2.3.3　常量

在程序执行过程中，其值不会发生变化的量，称为常量。常量是一种特殊的变量，它是不可变的变量、一次性写入变量或只读变量。因此，常量也有数据类型，也有生命周期，会出现如逻辑型常量、字符型常量、整型常量、浮点型常量等。常量的数据类型多为基础数据类型。引用类型的常量本质上是一个不可变的指针，如String的底层就是一个final修饰的数组(见3.3.4节)、异常处理中捕获的异常对象e(见5.2节)。它只对该变量引用的对象进行约束，对于对象内部的值可以自由修改，也就是说，这种只读性的要求只能覆盖自身，而无法覆盖引用变量引用的对象。在使用常量时，需要注意以下几点。

(1) 作为常量使用的标识符也必须符合Java标识符的命名规则。

(2) 一旦常量的值被初始化以后，其值就不能发生变化了。如果重新给它赋值，Java编译器将提示发现一个错误。

(3) 常量尽量使用大写字母，单词之间用下画线连接。

常量的优势在于稳定、一旦初始化成功就不会被修改。在小型程序中常量多用于保存一些程序中公用的、不可变的信息，使用频率并不太高。对于一般程序而言，变量的使用还是占程序的统治地位。与之相反的是，在现阶段大数据环境下的分布式计算模型当中，这种一次写入的变量被大量使用。只读型的变量有助于快速恢复中断的计算过程，以提高分布式计算系统的可靠性，如Spark编程中常用的数据对象RDD就是一种一次性注入的常量。在大量数据一次性写出新的RDD的过程中，当一部分数据计算失败后，管理者可以从最近的现场收集数据，重新启动失败的局部计算过程，而不需要从头开始冗长的计算，从而加快了计算恢复速度，简化了多结点协同计算程序设计。

2.3.4　语句与变量的生命周期

1. 语句

在Java语言中，一条用分号“;”(英文半角符号)终止的代码就是一条语句，例如，将变量a和变量b的和赋予变量c的代码如下。

```
c=a+b;
```

即使不写在一行代码，只要没有分号出现，它们仍然是一行语句，如3.7.2节和7.8.3节中就有很多分为多行的语句。

2. 语句块

语句块是从“{”开始，到“}”终止的语句集合，也称为复合语句。一个语句块由一条或多条语句组成，用来实现一个相对完整的功能。

```
//求两个数的和
{   //语句块开始
    int a=1,b=2;                                              //定义两个变量
    int c=a+b;                                                //求两个数的和
    System.out.println("Sum is"+c);                           //输出结果
```

```
} //语句块结束
```

语句块在 Java 源程序中随处可见，如类声明中的{}，方法声明后的{}，条件、循环语句后面的{}、static{}静态代码块以及一个独立的代码段等。示例如代码 2-2 所示。

3. 变量的生命周期

每个事物都有从诞生到消亡的过程，这就是其生命周期，变量亦然。当一个变量声明后，它的生命周期开始；当其所在的语句块执行结束，它便归于消亡。在其生命周期内使用变量是合乎 Java 语法的（简称合法的），在其未诞生或其消亡后使用变量都是不合法的。从语句块的角度来看，语句块内声明的变量，始于语句块当中的变量初始化，终在语句块结束。简言之，语句块内的变量只能在语句块内访问，不能在语句块外部访问。代码 2-2 展示了变量的生命周期。

```
//代码 2-2  Test 类
1   public class Test{
2   public static void main(String[] args) {
3       int a=1;
4       {
5           int b=2;
6           System.out.println(b);         //生命周期内、语句块内访问变量 b, 合法
7       }
8         //System.out.println(b);         //生命周期外、语句块外访问变量 b, 不合法
9          System.out.println(a);         //生命周期内、语句块内访问变量 a, 合法
10    }
11  }
```

在代码 2-2 中，按照变量生命周期的定义，变量 a 的生命周期从第 3 行语句变量声明开始，到第 10 行变量 a 所处的语句块结束处终止。变量 b 的生命周期从第 5 行语句变量声明开始，到第 7 行变量 b 所处的语句块结束处终止。用户只能在变量的生命周期内访问它，如果在生命周期之外访问变量，编译器将报告一个错误。

2.3.5 转义字符

JVM 内的字符都使用 Unicode 编码，它为每种语言中的每个字符都设定了统一且唯一的二进制编码。Unicode 编码的出现使得在一台计算机甚至一个界面上显示多国多民族文字变成现实。Unicode 编码采用双字节的字符集，即使是英文字符与标点也使用两个字节表示，因此它与 ASCⅡ 码是不兼容的。Unicode 编码中字符取值范围从\u0000 到\uffff。例如，\u005B 表示“[”，而\u005D 表示“]”。除了使用转义序列符\u 表示 Unicode 代码单元的编码外，还有一些用于表示特殊字符的转义序列符，包括控制字符和键盘上无法直接输入的字符，如常见的\b、\n、\t、\r 等。所有的转义字符以反斜线“\”开头，后跟一个或多个字符，用来表示特殊的含义。由于与字符的原义不同，故称为“转义字符”。表 2-3 中列出了 Java 中常见的转义字符。

这里“\udddd”表示该十六进制码代表的 Unicode 字符（字符集相关知识见 4.4.1 节）。

表 2-3 转义字符

转义字符	名 称	功能或用途	编 码	int 值
\\	反斜杠字符	用于表示一个反斜杠字符	\u005C	
\f	换页符	输出时光标跳至下一页	\u000C	
\n	换行符	用于输出	\u000A	10
\r	回车符	用于输出	\u000D	13
\t	水平制表符	输出时横向跳格(Tab 键)	\u0009	
\b	退格符	输出时后退一格	\u0008	
\”	双引号	用于表示一个双引号字符	\u0022	
\’	单引号	用于表示一个单引号字符	\u0027	

2.4 运算符与表达式

运算符就是执行某种运算的符号，如常见的加减乘除的符号。表达式是由运算数和运算符组成的式子。

> **提示**
>
> 在 Java 语言中，运算符前后的空格并不影响运算符的运算结果，用户可以根据用户习惯自动选择。很多集成开发环境带有智能调整源代码格式的功能，结果多为“前空格＋运算符＋后空格”的形式。

2.4.1 运算符的优先级与结合性

每个运算符都需要和一定数量的运算数结合起来才能组成表达式，以完成某种运算。例如，加法运算符需要两个运算数方能完成。根据运算符完成运算所需运算数的不同，Java 把运算符分为一元运算符、二元运算符和三元运算符。表达式求值过程会按照运算符的优先级和结合性规定的顺序进行。

1. 运算符的优先级——不同级运算符的执行顺序

运算符的优先级是决定运算先后顺序的主要依据。例如，“先乘除后加减”这句话告诉我们：乘除的优先级高于加减。在 Java 语言中，运算符的优先级共分为 14 级，其中，1 级最高，14 级最低。所有运算符的优先级如表 2-4 所示。

表 2-4 运算符的优先级和结合性

运算符类别	优先级	结合性	运 算 符
特殊运算符	1	无	[]、()
一元运算符	2	从右到左	＋＋、－－、＋、～、!
算术运算符	3	从左到右	*、/、%

续表

运算符类别	优先级	结合性	运　算　符
算术运算符	4	从左到右	＋、－
移位运算符	5	从左到右	<<、>>、>>>
关系运算符	6	从左到右	<>、<=、>=
关系运算符	7	从左到右	==、！==
按位运算符	8	从左到右	&
按位运算符	9	从左到右	^
按位运算符	10	从左到右	|
逻辑运算符	11	从左到右	&&
逻辑运算符	12	从左到右	||
条件运算符	13	从右到左	?:
赋值运算符	14	从右到左	=、*=、/=、%=、+=、-= <<=、>>=、>>>=、&=、^=、|=

2. 运算符的结合性——同级运算符的执行顺序

Java 语言中所有运算符的结合性分为两种：左结合性（从左到右）和右结合性（从右到左）。

从左到右的运算方式称为“左结合性”。大多数的运算符都是左结合的。算术运行符就是左结合的，如有表达式 1＋2－3，按照左结合率，先执行 1 与 2 的加法运算，其结果再与 3 进行减法运算。

从右到左的运算方式则称为“右结合性”。最典型的右结合性运算符是赋值运算符和一元运算符。如表达式 m＝n＝3，由于“＝”的右结合性，应先执行 n＝3 的赋值运算，再执行 m＝n 赋值运算。

2.4.2 算术运算符

算术运算符是最基本的运算符，Java 语言中的算术运算符如表 2-5 所示。

表 2-5　算术运算符

运算符	名称	用　法	具体功能
＋	加法	op1＋op2	求 op1 与 op2 的和
－	减法	op1－op2	求 op1 与 op2 的差
*	乘法	op1 * op2	求 op1 与 op2 的积
/	除法	op1/op2	求 op1 与 op2 的商
%	求余数	op1%op2	求 op1 除以 op2 后的余数
＋＋	自增	op＋＋或者＋＋op	op 的值加 1
－－	自减	op－－或者－－op	op 的值减 1

续表

运算符	名称	用法	具体功能
+	正号	+op	求 op 值本身
-	负号	-op	求 op 值的相反数

```
//代码 2-3  Java 中四则运算符的用法
public class ArithmeticOperator1 {
    public static void main(String[] args) {
        int a=7,b=2;
        double x=7.0,y=2.0;
        //加、减法示例
        System.out.println("加、减法示例: ");
        System.out.println("a+b="+(a+b));
        System.out.println("x-y="+(x-y));
        //乘、除法示例
        System.out.println("乘、除法示例: ");
        System.out.println("a/b="+(a/b));           //int/int
        System.out.println("x*y="+(x*y));           //double * double
        //模运算示例
        System.out.println("模运算示例: ");
        System.out.println("a%b="+(a%b));           //int %int
        //System.out.println("x%y="+(x%y));         //double %double 不合法
    }
}
```

程序输出结果为：

```
加、减法示例:
a+b=9
x-y=5.0
乘、除法示例:
a/b=3
x*y=14.0
模运算示例:
a%b=1
```

在代码 2-3 中，需要注意以下两个知识点。

(1) 表达式有确定的值和确定的类型。算术运算符会保持原有数据类型，除非触发自动类型转换机制或出现显式强制类型转换。举例来说，算术表达式的两个运算数 op1 与 op2 都是整数的时候，表达式的值也是整数。如上例中 a=7，b=2，表达式 a/b 的值是 int 类型的 3，而不是 double 类型的值 3.5。

(2) "%"是求余数，又叫作"求模运算"。它只在整数除法中才有意义。

自增、自减运算符都是一元运算符，自增运算符是"++"，其功能是使变量的值自加 1；自减运算符是"--"(两个英文的"-"符号)，其功能是使变量的值自减 1。

自增、自减运算符可有以下几种形式，如代码 2-4 所示。自增或自减运算符在与赋值符联合使用时,要注意:“a++,变量在前,先取后加;++a,变量在后,先加后取。a--与--a同理”。

```
//代码 2-4  Java中自加,自减运算符的用法
public class ArithmeticOperator2 {
    public static void main(String[] args) {
        int c1=5,c2=5,c3=5,c4=5,t=0;
        //自增运算示例
        System.out.println("自增运算示例: ");
        System.out.print("t="+(t=c1++)+",");          //先取,后加
        System.out.println("c1="+c1);
        System.out.print("t="+(t=++c2)+",");          //先加,后取
        System.out.println("c2="+c2);
        //自减运算示例
        System.out.println("自减运算示例: ");
        System.out.print("t="+(t=c3--)+",");          //先取,后减
        System.out.println("c3="+c3);
        System.out.print("t="+(t=--c4)+",");          //先减,后取
        System.out.println("c4="+c4);
    }
}
```

程序输出结果为:

```
自增运算示例:
t=5,c1=6
t=6,c2=6
自减运算示例:
t=5,c3=4
t=4,c4=4
```

2.4.3 关系运算符

在程序设计中,经常需要对两个变量的值进行比较。对两个值进行比较的运算符称为关系运算符。用关系运算符与运算数组成的表达式称为关系表达式。关系表达式的结果是一个逻辑型的值,即true或false。true与false是Java关键字,其所有字母小写。

在Java语言中有以下关系运算符:>(大于)、<(小于)、>=(大于或等于)、<=(小于或等于)、==(等于)、!=(不等于)。

Java语言中关系运算符全部为二元运算符,其结合性均为从左到右。在六个关系运算符中,>、<、>=、<=的优先级为6级,==和!=的优先级为7级,低于前者。

代码2-5展示了一些关系运算表达式。

```
//代码 2-5  RelationOperator类
1. public class RelationOperator {
2.     public static void main(String[] args) {
3.         int a=1,b=2,c=3,d=4;
```

```
4.        System.out.println(a >b);             //false
5.        System.out.println(a+b <c+d);         //true
6.        System.out.println(a<d ==b<c);        //true
7.        //System.out.println(a<d !=b+c);      //boolean 与 int,无法进行比较运算
8.    }
9. }
```

代码 2-5 的结果已经用注释的形式表示出来，需要注意以下知识点。

(1) 所有关系表达式值的类型都应该是 boolean 值，只有 true 或 false 两种。

(2) 逻辑运算符的优先级均低于算术运算符。代码 2-5 第 5 行的关系表达式中，首先计算 a＋b 的值为 3，再计算 c＋d 的值为 7，最后执行 3＜7，得到结果 true。

(3) 在 Java 中，关系运算符“＞、＜、＞＝、＜＝”的优先级要高于“＝＝，!＝”的优先级。代码 2-5 第 6 行的关系表达式中，首先计算 a＜d 的值为 true，再计算 b＜c 的值为 true，最后执行 true＝＝true，得到结果 true。

(4) 关系运算符中等于和不等于两端进行比较的运算数必须为相同类型，如果两个运算数的类型不同且无法自动转型(见 2.5.1 节)为一致的数值类型，Java 编译器将提示发现一个错误。代码 2-5 第 7 行的关系表达式中，!＝ 左侧 a＜d 是一个逻辑型的值，右侧 b＋c 是一个整数值。在 Java 中，逻辑类型值是一类独立的数值类型，它不能转换为整数值，这点需要注意，所以这个关系表达式不能执行。

(5) 逻辑型的值只能与逻辑型的值进行运算，不能与其他类型的值进行混合运算，原因同上。

2.4.4 逻辑运算符

Java 语言中有三种逻辑运算符：“&&”(逻辑与运算)、“||”(逻辑或运算)、“!”(逻辑非运算)。逻辑与运算符“&&”和逻辑或运算符“||”是二元运算符，具有左结合性。逻辑非运算符“!”为一元运算符，具有右结合性。三个逻辑运算符的优先级各不相同，非运算符“!”的优先级为 2 级，远高于其他两个。与运算符“&&”、或运算符“||”的优先级分别为 11 级和 12 级，优先级相对较低。

逻辑与运算的含义是：当参与运算的两个运算数都为真时，结果才为真，否则为假。逻辑或运算的含义是：当参与运算的两个运算数都为假时，结果才为假，否则为真。逻辑非运算的含义是：当参与运算的运算数为真时，结果为假；参与运算的运算数为假时，结果为真。

根据上面的功能说明以及运算符的优先级和结合性可以得到：

```
2>1 && 5>3      等价于    (2>1)&&(5>3)     结果为 true
3<2 && 7<9      等价于    (3<2)&&(7<9)     结果为 false
3<2 || 7<9      等价于    (3<2)||(7<9)     结果为 true
4<2 || 8>10     等价于    (4<2)||(8>10)    结果为 false
!(3>1)                                     结果为 false
```

Java 语言中，逻辑表达式中参与运算的运算数都必须是 boolean 类型的，如果不是，Java 编译器将提示发现语法错误。

2.4.5 条件运算符

条件运算符是 Java 语言中唯一的三元运算符。也就是说，条件运算符有三个参与运算的运算数。条件运算符的 Java 语法为：

```
运算数一？运算数二：运算数三
```

条件运算符的运算规则为：如果运算数一的值为真，则把运算数二的值作为整个条件表达式的值，否则把运算数三的值作为整个条件表达式的值。

在条件运算符的使用中，应注意以下几点。

(1) 条件运算符是一个整体，必须写在一条语句内。

(2) 条件运算符功能的实现需要判断运算数一是 true 还是 false，因此，运算数一的值必须是一个逻辑值，否则，Java 编译器将提示发现一个错误。

(3) 条件运算符中的运算数二和运算数三最好具有相同的类型，否则会影响整个条件表达式的返回值类型的判断。

2.4.6 按位运算符

整型变量的值在计算机内是以二进制的形式存储的，如 Java 语言中的 int 型数值由 32 位二进制数组成。按位运算符的操作对象是基本数据类型中的单个二进制位(bit)。Java 语言提供了四种按位运算符："&"(按位与运算符)、"|"(按位或运算符)、"^"(按位异或运算符)和"～"(按位非运算符)。按位运算符的功能如表 2-6 所示。

表 2-6 按位运算表

运算符	运算数一	运算数二	结果	运算符	运算数一	运算数二	结果
&	0	0	0	^	0	0	0
	0	1	0		0	1	1
	1	0	0		1	0	1
	1	1	1		1	1	0
|	0	0	0	～	0		1
	0	1	1		1		0
	1	0	1				
	1	1	1				

按位与、按位或、按位异或这三个运算符都是二元运算符，按位非是一元运算符。按位运算符是一种面向计算机底层的运算符，灵活使用可以极大地提高代码运算效率。

2.4.7 移位运算符

移位运算符的操作对象也是二进制位 bit。正因为如此，移位运算符的运算数只能是整数类型才有意义。移位运算符的功能是将"运算数一"的二进制表示 bit 序列按照指定规则移动"运算数二"(int 型变量)个位置。

1. 左移运算符

左移运算符"<<"是二元运算符。Java 语法为:

```
a<<b
```

它的规则是把 a 的二进制的表示值(正值为原码,负值为反码),除符号位外,所有数字左移 b 位,高位丢弃,低位补 0。对于数字 a 而言,如果结果不越界,左移 n 位的功能是把运算数二乘以 2 的 n 次幂,n 的值由 b 指定。如下面的代码是将 5 向左移动 2 位,其运行结果是 $5\times2^2=20$。

```
byte b =5 <<2;
System.out.println("b="+b);
```

整数值 5 使用 8 位二进制表示形式,及执行左移 2 位操作以后的结果如下。

```
0000 0101 左移前(其值为 5)
0001 0100 左移后(其值为 20)
```

2. 有符号右移运算符

有符号右移运算符">>"是二元运算符。Java 语法为:

```
a>>b
```

它的功能是把 a 的二进制的表示值(正值为原码,负值为反码),除符号位外,右移 b 位,高位使用符号位进行填充。将数字有符号右移 n 位相当于把该数字除以 2 的 n 次幂。如下面的代码是将 16 向右移动 2 位,其运行结果是 $16\div2^2=4$。

```
byte b =16 >>2;
System.out.println("b="+b);
```

整数值 16 使用 8 位二进制表示形式,及执行带符号右移 2 位操作以后的结果如下。

```
0001 0000        有符号右移前(其值为 16)
0000 0100        有符号右移后(其值为 4)
```

3. 无符号右移运算符

无符号右移运算符">>>"是 Java 特有的运算符。Java 语法为:

```
a>>>b
```

它的功能是将 a 的二进制的表示值(正值为原码,负值为反码),所有位置的数字右移 b 位,高位补 0。因此无符号右移运算会改变数值的正负,在使用时需要慎重。例如:

```
1111 0000      无符号右移前(其值为-16)        //最高位为 1 解读为负数
0011 1100      无符号右移 2 位后(其值为 60)    //最高位为 0 解读为正数
```

2.4.8 赋值运算符

简单的赋值运算符是"=",它表示将等号右边运算数的值赋给等号左边的变量,如"a

= 1”。此外，Java语言还提供了复合赋值运算符，如+=、-=、*=、/=、%=、<<=、>>=、>>>=、&=、^=、|=。复合赋值运算符均为二元运算符。Java语言规范中讲到，复合赋值E1 op= E2等价于简单赋值E1=(T)(E1 op E2)，其中，“(T)”表示将“E1 op E2”的值强制转型为E1的类型T。

```
a+=2      几乎等价于    a=a+2
i*=j-3    几乎等价于    i=i*(j-3)
x<<=3     几乎等价于    x=x<<3
```

复合赋值表达式自动地将它们所执行的计算结果“强制”转型为其左侧变量的类型。如果结果的类型与该变量的类型相同，那么这个转型不会造成任何影响。然而，倘若结果的类型比该变量的类型要宽，那么复合赋值操作符将悄悄地执行一个窄化类型转换。例如：

```
short x =1;
int x1 =1;
x +=123456;    //x =-7615,强制类型转换,截取低16位后,重新解读后的整数,见2.5.2节
x1 +=123456;  //x1 =123457
```

2.5 数据类型转换

Java中的类型转换(Type Casting)主要分为三种类型：①数值类型变量之间转换；②引用类型变量之间的转换；③包装类和基础数据类型之间打包与解包转换，其中关于引用变量之间的转换(见3.3.5节)和包装类的转换(见4.3节)将在后续章节中讲解。本节主要介绍数值类型变量之间的转换方法和规则。

总的来讲，变量转换可以分为强制类型转换和自动类型转换两种方式。对于数值类型和引用类型的转换都适用于“向宽自动，向窄强制”这一原则。对于引用变量而言，父类类型为宽，子类类型为窄。对于数值而言，变量类型容纳数据范围大为宽，范围小为窄。在Java的数据类型当中，byte为最窄，double为最宽。

```
byte<char或short<int<long<float<double
```

2.5.1 数值的自动类型转换

(向)宽转换，顾名思义，是将“窄”类型的数据类型转换为“宽”类型的数据类型。就像将小件物品可以放入大箱子一样理所当然，这个过程是自动的、不需要用户介入且不会丢失任何信息。因此宽转换也被称为自动转换、隐式转换。如short类型整数可以认为是int、long、float或double类型数字一样。需要注意的是，在Java中boolean类型是一种独立的类型，它不能转换为任何类型。在赋值、混合运算及方法返回值时经常会用到自动类型转换。

注意

自动类型转换规则只适用于一般赋值符，不适用于复合赋值符。复合赋值符会默认进行强制类型转换(见2.4.8节)。

1. 数值赋值

若赋值运算符两端的类型不一致，则判断赋值符两端的变量类型。如果右侧数据类型“窄”，而左侧数据类型“宽”，那么右侧变量将自动转换为左侧的数据类型。简言之就是，若“大类型＝小类型”，则出现自动转型。

```
int a =3;
long b =5;
b=a;            //合法,long>int

float a =3.5;
double b =5.1;
b=a;            //合法,double>float

int a =3;
double b =5.1;
b=a;            //合法,double>int
```

2. 混合运算

当一个“窄”类型的运算数和一个“宽”类型的运算数进行运算时，Java 会将整个表达式中的运算数都转换为“宽”类型的运算数后再进行运算。例如：

```
int a =3;
long b =5;
double c =3.2;
b =a +b;          //将变量 a 转换为 long 型,再执行 a+b,最后赋值
c =b -c;          //将变量 b 转换为 double 型,再执行 b-c,最后赋值
```

具体的使用过程中还应注意以下两点。

(1) 自动类型转换发生在整数范围内时，数值不会发生任何变化。自动类型转换发生在整数类型值向浮点数类型值转换时，由于存储方式不同，可能会发生数据精度的损失。

(2) 在混合运算中如果有 byte、char 和 short 类型的数据，不管运算中还有没有其他范围更大的数据类型，Java 语言都会将它们自动转为 int 型参与的运算。这是自动类型转换规则中比较特殊的一点。例如：

```
byte b =5;
short s =10;
//s =b +s;                //出现错误,b+s 的值类型为 int,但由于强制转换,s+=b 是正确的
```

3. 方法返回值

在利用方法的 return 语句返回值时，也经常出现自动类型转换。如返回值类型为 double 类型值，程序给出一个 int 值就是合法，其自动转型规则与赋值时的规则一致。

2.5.2 数值的强制类型转换

(向)窄转换，将“宽”类型的数据类型转换为“窄”类型的数据类型，需要强制进行且可能会丢失信息，因此窄转换也被称为强制类型转换。Java 语法为：

```
(类型名)(表达式)              //若表达式为一个变量,其括号可以省略
```

需要注意的是,强制类型转换会产生内存截断。

内存截断对于数值影响是不确定的,当宽类型的数值在不超过窄类型变量容量范围时,内存截断不影响数值的表示。如 int 型占用 4B,byte 型占用 1B,若 int 类型值在－128～127,强制类型转换(窄转换)到 byte 类型值时,内存截断不会影响数值。对于超过范围的 int 类型值,如 128,会因为内存截断而产生一些不合日常逻辑的变化。如表 2-7 所示为一些 int 值在内存截断前后的数据对比。

表 2-7　整数强制类型转换实例

int 值	低 8 位	补　码	byte 值(截断低 8 位)
127	0111 1111	0111 1111	127
128	1000 0000	1 1000 0000	－128(－0)
129	1000 0001	1111 1111	－127
255	1111 1111	1000 0001	－1
301	0010 1101	0010 1101	45

究其原因在于带有符号位的数字在内存中是使用补码的方式进行存储的。对于最高位为 0 的正数,补码就是原码。而对于最高位为 1 的负数,符号位不变,按位取反后加 1。例如:

```
int num =128;
byte b =(byte) (num) //b =-128
```

低 8 位截断后,按照补码规则解读为－128。

补充知识:数值的存储方式

(1) 原码:就是二进制码,最高位为符号位,0 表示正数,1 表示负数,剩余部分表示真值。

(2) 反码:在原码的基础上,正数反码就是它本身,负数除符号位之外全部按位取反。

(3) 补码:正数的补码就是自己本身,负数的补码是在自身反码的基础上加 1。

浮点类型的数据在转换为整型时,会产生精度的丢失。

```
int c=(int) (1.5 +3.2);
```

表达式 a＋b 的类型强制转换为 int 型时会直接截取整数部分,效果相当于向下取整,最终值为 4。

2.5.3　类型转换需要类型承继关系

在数值转换过程中,“宽”代表着变量类型允许的取值范围宽,“窄”代表着变量类型允许的取值范围窄,与内存大小无关。例如,long 类型变量占 8B,float 类型变量占 4B,但 long

是“窄”而 float 是“宽”。

在对象类型转换过程中，“宽”代表着约束条件少，对象需要满足的条件少，可涵盖的对象范围宽；“窄”代表着约束条件多，对象需要满足的条件多，可涵盖的对象范围窄。猴子（满足父类要求的对象）多的是，但大师兄（满足子类要求的对象）只有一个。当孙悟空这只神通广大的猴，在花果山上当猴王时，可以自动转型为一只猴（少了约束条件，向宽转型），但当其戴上金箍担起取经的重任之后，他就成为一个大师兄（多了约束条件，向窄转型）。

需要注意的是：类型转换时，无论是自动转换还是强制转换，它们都需要类型之间存在承继关系。

(1) 数值类型天然具有承继关系，byte、short、int、long、float 和 double 一个比一个“宽”。这些数值类型的值可以转换，但 boolean 与它们没有承继关系，所以不能转换。

(2) 引用类型转换时，宽窄约束条件之间需要具有继承关系，否则不能转换。如孙悟空可以被认为是猴（父类要求），会法术的猴（子类要求），有师傅师兄弟且会法术的猴（子类的子类的要求）。这就是说，在类继承体系中，孙悟空这个对象无论是自动转型，还是强制转型，都可以成功匹配引用变量的要求。一旦孙悟空被转型为一个不在猴子类继承体系中的“程序猿”类型时，程序就会因为孙悟空这个对象不满足要求，而转型失败。

2.6　Java 语句结构

2.6.1　顺序结构

顺序结构是程序设计中最基本最常见的结构。顺序结构就是按照语句出现的顺序逐步从上到下运行的语句结构。它是所有程序语言的一种最基本的语法结构。

从总体上来说，一个程序的执行顺序就是从前到后的。

```
//代码 2-6　求圆的面积
public class Area {
    public static void main(String[] args) {
        final double PI=3.14;
        double radius=3;
        double area;
        area=PI * radius * radius;
        System.out.println("圆的半径是: "+radius);
        System.out.println("圆的面积是: "+area);
    }
}
```

这是一个标准的顺序结构，程序从前到后实现了求圆面积的功能。

2.6.2　选择结构

在程序设计时，经常需要根据不同的前提条件执行不同的代码段。Java 语言提供了多种分支语句来完成这个功能，如单分支 if 语句、双分支 if 语句、多分支 if 语句、嵌套 if 语句、switch 语句等。在这些分支语句中，判断表达式的值必须是 boolean 类型。

1. 单分支 if 语句

单分支 if 语句用于包裹一些只有特定条件下才执行的语句。Java 语法为：

```
if(判断表达式){
    //语句;
}
```

单分支 if 语句是一个陷阱式条件语句，语句块中的代码只有在满足一些特殊条件下才能执行。换言之，这段代码是有可能被跳过的。所以，单分支 if 语句是非遮断的。如循环结构中的 break 语句。

例如，代码 2-7 描述了判断一名同学数学成绩是否大于或等于 85 分的代码。

```
//代码 2-7  单分支 if 语句
public class Multiple {
    public static void main(String[] args) {
        int mathGrade =85;
        if(mathGrade >=85){
            System.out.println("成绩优秀");
        }
    }
}
```

2. 双分支 if 语句

双分支 if 语句用于描述一个双分支的程序处理流程。它是 if 语句最常见的形式。Java 语法为：

```
if(判断表达式){
    //语句块 1;
}else{
    //语句块 2;
}
```

其含义为：若判断表达式为 true，则执行语句块 1，否则执行语句块 2。双分支 if 语句是一种遮断式条件分支结构，两个分支中必然有且只有一个分支会被执行。

代码 2-8 是一段判断学生成绩是否为优秀的代码。

```
//代码 2-8  双分支 if 语句
public class Max {
    public static void main(String[] args) {
        int mathGrade =85;
        if(mathGrade >=85){
            System.out.println("成绩优秀");
        }else{
            System.out.println("继续努力!");
        }
    }
}
```

3. 多分支 if 语句

多分支 if 语句用于描述一个多重分支的程序处理流程。Java 语法为：

```
if(表达式 1){
    语句块 1;
}else if(表达式 2){
    语句块 2;
}
…
else{
    语句块 n;
}
```

当程序遇到多个分支选择时，会依次判断表达式 1 到表达式 n 的值，当出现某个表达式的值为真时，则执行对应的语句块。然后跳过整个多分支选择语句，继续执行后续语句。如果所有表达式均为假，则执行最后 else 后面的语句块 n。

代码 2-9 描述了如何利用多分支选择语句将成绩从百分制转换为等级制。

```
//代码 2-9  多分支 if 语句
int grade=77;
if(grade>=85){
    System.out.println("成绩优秀");
}else if(grade>=70){
    System.out.println("成绩良好");
}else if(grade>=60){
    System.out.println("成绩合格");
}else{
    System.out.print("继续努力!");
}
```

对于 grade ＝ 77，它不符合条件 grade＞＝85，跳过第一个语句块，查询第二个 else if 条件 grade＞＝70，符合条件，打印"成绩良好"，然后跳过整个 if 分支语句，不再匹配后继的条件。

注意

多个单分支 if 语句无法代替双重或多重条件分支的 if 语句。单分支 if 是非遮断的，每个 if 判断都依次进行判断，可能激活多个语句块，而多分支判断始终只能激活一个语句块。

多重分支 if 语句可以分解为嵌套的双重分支 if 语句，就如同一棵多叉树可以转换为二叉树一样。

4. 嵌套 if 语句

嵌套 if 语句的 Java 语法为：

```
if(表达式 1){
    if(表达式 2){
        //语句块 1;
```

```
    }else{
        //语句块 2
    }
}else{
    if(表达式 3){
        //语句块 3;
    }else{
        //语句块 4;
    }
}
```

当程序中遇到嵌套的if语句时,首先执行外层的if语句,进行表达式1的判断。如果其值为真,执行外层if包含的语句,进行表达式2的判断以及后续执行。如果其值为假,执行外层else包含的语句,进行表达式3的判断以及后续执行。

5. switch 语句

switch是Java语言中用来处理多分支情况的另一种方法,允许程序员在分支更多的情况下执行不同的选择。

switch语句的执行规则是,首先计算表达式的值,然后将该值从上到下依次和常量表达式1、常量表达式2、……、常量表达式n的值进行比较。若表达式的值和某个常量表达式的值相等,则执行其后的语句;如果全部比较完毕后,没有匹配到任何常量表达式,则执行default后面的语句;如果所有分支条件都无法匹配表达式的值,则程序会跳过switch语句块执行下面的代码。Java语法为:

```
switch(表达式){
    case 常量表达式 1:
        语句 1; break;
    case 常量表达式 2:
        语句 2; break;
    …
    case 常量表达式 n
        语句 n; break;
    default:
        语句 n+1;
}
```

在Java 7之前的版本中,switch语句中的case语句也只能匹配int,byte,char,short类型的值;在Java 8中,表达式则可以让case语句用于匹配字符串或枚举类型。在Java 17中,case的功能进一步加强,不仅可以匹配变量值,而且可以匹配引用变量类型。常用于Spark编程的Scala语言中,switch语句里面的case语句也支持引用类型匹配,这为大规模数据中的数据类型识别提供了代码级的优化。

在使用switch语句时应注意以下几点。

(1) 表达式支持类型包括整数类型(char、byte、short、int)、整数类型的包装类(Character、Byte、Short、Integer)、字符串String和枚举enum。

不过从本质上来说,Java 8中的switch分支匹配都是int类型值。其他类型的值都会转换为 int 类型值，如整数类型(char、byte、short、int)的值被直接转型为 int 值，数值类型的包装类(Character、Byte、Short、Integer)自动解包后也被转型为 int 值；String 对象调用 hashCode()方法可以得到一个 int 值。枚举中的值本质上是一个序号，它也很容易转换为一个 int 值。

(2) case 后面跟着的都是常量表达式，不能使用变量，即其值必须是确定不变的。

(3) 所有常量表达式的值应各不相同，否则就会出现逻辑错误，导致程序无法执行。

(4) case 后面允许跟有一行或多行语句，语句块标志{}是可选的。这一点与 if 语句有所不同。

(5) break 语句的作用是中止一个 case 语句的执行。因为 case 后面允许有多条语句，所以如果没有 break 语句明确中止 case 语句的执行，switch 语句将继续执行下一个 case 语句，且不检查 case 后面常量表达式的值是否与 switch 语句表达式的值匹配，这将会出现 case 语句块被"穿透"的现象。最坏的情况是，整个 switch 语句中没有一个 break 语句，当表达式的值与常量表达式 1 相等时，语句 1 到语句 n 都将被执行。

(6) 当表达式的值与常量表达式 1～n 都无法匹配的时候，程序将执行 default 后面的语句。default 语句不是必需的，它可以省略。default 语句也可以与任一 case 语句交换位置，且不会影响程序的执行结果。

```
//代码 2-10  switch 语句

switch(names){
    case "Tom":{   //{}为可选的
        System.out.println("Tom");
        break;
    }
    case "Mary":
        System.out.println("Mary");
        break;
    case "Jack":
        System.out.println("Jack");
        break;
    default:
        System.out.println("Unknown");
}
```

引入枚举类型的示例代码如下。

```
//代码 2-11  在 switch 语句中使用枚举类型变量

public enum NAME{Tom, Mary, Jack}

NAME names =NAME.Mary;
switch(names){
    case Tom:
        System.out.println("Tom");
        break;
    case Mary:
```

```
            System.out.println("Mary");
            break;
        case Jack:
            System.out.println("Jack");
            break;
        default:
            System.out.println("Unknown");
    }
```

在 Java 17 中,进一步增强了 switch 语句中的 case 语句,使其支持模式匹配。即 switch 的判断条件可以匹配引用类型变量和空指针,并可以通过箭头操作符或 break 关键字从 switch 表达式返回值。

```
Strings =switch (obj) {
    case Integer i ->"It is an integer";            //返回一个字符串
    case String s ->"It is a string";
    case Employee s ->"It is a Employee";
    case null ->"It is a null object";
    default ->"It is none of the known data types";
};
```

注意上面这段代码不能在 Java 8 环境中运行,只做扩展阅读。

2.6.3 循环结构

循环结构是指在程序中需要反复执行某个功能而设置的一种程序结构。例如,求 1~100 所有整数的和。循环结构可以大量减少程序中重复书写的工作量。在循环结构中,能重复执行的语句称为循环体,给定的条件称为循环条件。

> **注意**
>
> 在循环体内必须包含修改循环变量的语句,且该变量的变化趋势必须趋向于结束条件,否则程序将陷入"死循环"。
>
> 有些特殊情况下,用户可以用循环代替条件分支判断语句。例如,一个允许用户多次输入用户名和密码的页面,其中多次输入就是使用循环结构实现的。

Java 语言中有 while 循环、do…while 循环和 for 循环三种循环语句。

1. while 循环

while 循环被称为"当型循环",即当循环条件为真时执行循环体。Java 语法为:

```
while(表达式){
    //语句块;
}
```

判断表达式就是循环条件,大括号内的语句块即循环体。while 语句每次执行时均计算表达式的值,如果其值为真,执行循环体;否则,结束循环,继续执行循环后的语句块。代码 2-12 使用 while 循环计算了 1~100 所有整数和。

```
//代码 2-12  While 循环求和
public class TestWhile {
    public static void main(String[] args) {
        int i=1;
        int sum=0;
        while(i<=100){
            sum=sum+i;
            i++;
        }
        System.out.println("循环结束,结果是: ");
        System.out.println("sum="+sum);
    }
}
```

代码 2-12 中的循环条件为表达式 i<＝100。变量 i 的值从 1 开始，每次都要判断是否满足循环条件。若满足条件，表明这个整数在 1～100，才能执行 sum＝sum＋i 进行求和，同时将 i 的值加 1，使得在下一次循环时，能求与下一个整数的和。i＋＋这条语句十分重要，如果缺失，i 的值不会发生变化。那么，循环条件 i<＝100 一直为真，程序将无限循环下去，陷入“死循环”中。当变量 i 的值累加至 101 时，循环条件为假，循环结束，输出求和的结果为：sum＝5050。

2. do…while 循环

do…while 循环被称为“直到型循环”，其特点是先执行循环体，再判断循环条件是否成立。Java 语法为：

```
do{
    //语句块;
} while(表达式);              //注意 do…while 语句结尾处的“;”
```

do…while 循环先执行语句块（即循环体），然后再判断表达式（即循环条件）的真假。如果循环条件为真，则继续进行下一次循环体的执行。否则，结束循环，继续执行循环体后的语句。代码 2-13 用 do…while 循环描述了求 1～100 所有整数和的过程。

```
//代码 2-13  do while 循环求和
public class TestDo {
    public static void main(String[] args) {
        int i=1;
        int sum=0;
        do{
            sum=sum+i;
            i++;
        } while(i<=100);
        System.out.println("循环结束,结果是: ");
        System.out.println("sum="+sum);
    }
}
```

do…while 循环与 while 循环的用法十分类似。while 循环先判断循环条件，再执行循环体，do…while循环是先执行循环体，再判断循环条件。这就意味着，do…while循环的循环体至少要执行一次。

3. for循环

for循环是Java语言中使用最为灵活的循环语句。Java语法为：

```
for(表达式 1;表达式 2;表达式 3){
    //语句;
}
```

其中，表达式1是初始表达式，在循环开始前执行，一般用来定义循环变量。

表达式2是循环条件，程序根据表达式2的结果是true还是false来决定循环是否继续执行。

表达式3一般为循环变量步进表达式，使得循环可以在有限步内结束。

for循环的基本流程与C语言中for循环的基本流程是一致的。

(1) 执行表达式1。

(2) 判断表达式2的值。若为true，则执行循环体；若为false，则退出循环。

(3) 执行表达式3。执行完成后，转向第(2)步。

for的三个表达式可以省略一个或多个。在实际的使用中，可以针对不同的情况灵活掌握。for语句也是“当型循环”，for与while循环是可以相互转换的。但是，两者在使用过程中还是各有侧重，for循环多用于指定次数的循环，如做100次重复实验；while循环与do…while循环多用于不确定次数的循环，如只有收到特定命令后才能关闭的命令行窗口。

> **注意**
>
> for循环判断条件的三个表达式都属于该语句块。在表达式中声明的变量的作用范围仅限于此循环体内。

下面用一个简单的例子说明for循环过程。

```
for(int i=0;i<100;i++){
    sum +=(i+1);         //从 1 加到 100
}
//i =10;                 //生命周期外、语句块外访问变量 i, 不合法
```

在上面的代码中，表达式1“int i=0”用来为循环变量赋初值；表达式2“i＜100”是循环的判断条件；表达式3“i＋＋”控制循环变量的步进，使循环的控制变量向结束条件变化，以期循环可以在有限步内结束。整个循环执行过程是：先给变量i赋初值0，判断i是否小于100，若是则执行循环体，输出i的值。执行表达式3让i的值增加1，完成一次循环；然后转向表达式2判断，执行循环体，i值继续加1，完成第二次循环；转向表达式2判断……直到i为100时，表达式2的值为false，结束循环。

```
//代码 2-14   for 循环求最大分因数

public class TestFor {
    public static void main(String[] args) {
        int a=28,b=42;
```

```
        int min=0,result=0;
        min =a >b? a: b;
        for(int i=1;i<=min;i++){
            if(a%i==0&&b%i==0){
                result=i;
                System.out.println(i+"是"+a+"和"+b+"的一个公因数");
            }
        }
        System.out.print("a="+a+";");
        System.out.println("b="+b);
        System.out.println("它们的最大公因数是: "+result);
    }
}
```

4. break 语句和 continue 语句

在 Java 8 中，break 语句主要用在 switch 语句和循环语句中，表示中断判断语句或循环语句；在 Java 12 版本中，break 语句出现了 return 的功能，但后续版本中被 yield 关键字取代。Java 17 中 switch case 语句启用"－＞"符号，向 Python、Scala 这样面向函数的语言靠拢，减少了 break、yield 这两个关键字的使用频率。

当 break 语句用于 while 语句、do…while 语句和 for 语句中时，可使程序中止循环。在循环语句中的 break 总是与 if 语句连在一起，即满足条件时便中止循环执行。例如：

```
int i =1;
while(true){
    if(i==3){
        break;
    }
    i++;
    System.out.print(i+" ");
}
```

运行结果：

```
1 2
```

continue 语句只用在循环语句中。它的作用是结束本次循环的执行。continue 语句也常与 if 语句一起使用，用来加速循环的执行。例如：

```
for(int i=1;i<=5;i++){
    if(i%2 ==0){
        continue;
    }
    System.out.print(i+" ");
    …
}
```

运行结果：

```
1 3 5
```

当变量 i 的值为 2 和 4 时，如果执行 continue 语句，仅结束本次的循环，i=3 和 i=5 将继续执行。如果这里将 continue 替换为 break，则在 i=2 时，就结束整个循环，显示输出也只有“1”这一个数字了。

5. 循环嵌套

在一些复杂问题中，如两个矩阵相乘、一组数字两两比较等情况，使用单个循环语句已经无法实现目标，这时需要在一个循环语句中再嵌套使用另一个循环语句。这种一个循环语句里包含另一个循环语句的情形称为双层循环。双层循环之间有一定的层次关系，即内层循环是外层循环的循环体。双层循环的执行过程是外层循环每执行一次，作为循环体的内层循环要完全执行一遍。

```
//代码 2-15  循环嵌套输出下三角矩阵

public class HalfMatrix {
    public static void main(String[] args) {
        int n =3;
        int i, j ;
        for (i =0 ; i<n ; i++){
            for (j =0; j<=i ; j++){
                System.out.print("*");
            }
            System.out.println();
        }
    }
}
```

输出

```
*
**
***
```

循环嵌套的层次原则上是没有限制的，一些更加复杂的问题可能需要 4～5 层的循环嵌套，但需要注意 m 层的循环嵌套的时间复杂度为 $O(n^m)$，它随着循环层数的增加代码执行时间呈现指数级增长。

6. 与循环状态无关的循环

循环是为了多次重复执行相同的代码段而设计出来的语法结构。一类特殊的循环是与循环状态无关的，直观地来说，就是在 for 循环中，循环变量不出现在循环体的运算当中，只是单纯用来控制循环次数的。例如，将一堆数字，每个数字都乘以 2；为参加活动的同学每人发一瓶水。对于与循环状态无关的循环来说，循环过程中数据处理可以是无序的。而对于那些与循环状态相关的循环来说，循环过程数据处理必须是有序的，如第一名发一等奖，第二名发二等奖……

现阶段主流的计算方案中，对于大数据的一次并行处理，逻辑上就相当于在分布式的环境下完成了一次与循环状态无关的循环。大数据很大，且分布存储于不同的计算结点之上，这种与状态无关的循环算法很容易将串行计算方案转换为并行的计算方案。然而，不可否认的事实是，这种与循环状态无关的循环只是其中的一少部分，如果希望使用大数据平台并行加速程序的运行，算法准备和编程技巧都是必不可少的。

2.7 方　法

2.7.1 方法概述

Java方法是语句的集合，方法中包含变量、表达式，及表达式组成的语句。语句根据实际情况按顺序结构、分支结构和循环结构组成语句块被封装到方法当中，组成一个功能模块。方法可以被理解成为一个实现某项功能的黑盒。一般的方法需要有输入、输出，用于处理一类问题。它就像数学中的函数一样，所以在很多情况下，函数与方法是不加区分的。如我们的计算机就可以认为是一个方法体，输入是键盘、鼠标、网络，输出是显示器。善用方法可以使程序变得更简短而清晰。良好的方法封装有利于程序维护，对于提高程序开发的效率和代码的重用性都具有正面的作用。

Java中的方法就像main()方法一样，是类的一个部分，所以Java的每个方法都有所有者(所属的类或所属的对象)。这些方法存在于类的内部，在程序运行过程中被创建。因此，在谈论方法时总会说"＊＊类的＊＊方法"或"＊＊对象的＊＊方法"，除非一些众所周知的方法，如println()方法，才会省略其所属的对象或类名。

2.7.2 方法定义与调用

1. 方法的定义

Java中除了系统预先定义的方法(系统方法)，用户自己也可以自定义方法。系统方法已经由Java语言预先定义好，只需要按参数列表正确调用即可。如println()就是一个系统方法，它的所有者是System.out对象。而用户自定义方法则需要用户自己完成方法声明和方法体的定义，Java语法为：

```
[修饰符] 方法返回值类型 方法名称([类型1  参数1],[类型2  参数2],…){
    //语句;
}
```

> **提示**
>
> 为了保持知识体系的连贯性，本节中所演示的方法都是以静态方法(static)为例。这样做的目的在于方便被同为static的main()方法调用。一般的成员方法将在3.2.1节中介绍。

修饰符用来限定方法的访问范围与调用方式，方法返回值类型用来明确方法返回值的类型，方法名称用来标识一个方法，方法的参数用来接收传递给它的数据，它是方法的局部变量。大括号中的语句块是方法实现功能的过程，即方法体。下方的max()就是一个用户自定义方法。

```
public static int max(int a,int b){
    if(a>b)
```

```
        max=a;
    else
        max=b;
    return max
}
```

需要说明的是：

(1) public 与 static 都是 max()方法的修饰符。public 的含义是公共的，表示该方法可以被其他任何方法调用。static 表明该方法是静态的。

(2) int 是方法的返回值类型，它表明该方法在执行后将返回给调用者一个 int 类型数值。如果一个方法没有返回值，其返回值类型应设置为 void。

(3) max 是方法的名字，用来标识这个方法。方法的命名也必须符合 Java 关于标识符的命名规则。关于方法的命名，在 Java 社区中，程序员有这样一个约定：方法的名字的第一个单词应以小写字母作为开头，后面的单词则用大写字母开头，如 addPerson。

(4) 方法名 max 后的圆括号"()"里面是参数列表，用来接收方法调用者传递给它的参数。参数列表中的变量是方法的局部变量，只不过它们的初值由方法调用者赋予，在方法体外调用该参数会出现编译错误。每个方法的参数列表中参数个数可以是一个或多个，也可以没有。即使方法的参数列表为空，圆括号()也不能省略。

2. return 语句

return 语句用来实现向调用者返回一个值，并将程序的执行焦点从当前方法转移给调用者。return 语句的一般形式为：

```
return 表达式;
```

使用 return 语句需注意以下几点。

(1) 若方法定义的返回值非 void 类型，则必须在方法体中加入 return 语句，并返回一个与方法体返回值声明类型匹配的值(允许自动转型发生)。

(2) 若方法定义的返回值为 void 类型，则方法体的 return 语句可以省略，也可只写"return；"。

(3) 方法体内代码遇到第一个 return 语句则中止。

(4) 在执行时，先计算表达式的值，再将该值返回给方法的调用者。return 语句最多只能返回一个值。

```
//代码 2-16  return 语句用法

public class TestReturn {
    public static void main(String[] args) {
        howOldAreYou(59);          //可以继续测试-10、19、70、150 等值，观察程序输出
    }

    public static void howOldAreYou(int age) {
        if ((age >150) || (age <0))
            return;
        if (age <20) {
```

```
            System.out.println("Young");
        }else if (age <60){
            System.out.println("Adult");
        }else{
            System.out.println("Elder");
        }
    }
}
```

3. 方法的调用

对于已经定义好的方法,Java通过方法调用来执行其方法体。其做法与其他语言的函数调用类似。

Java中方法调用的一般形式如下。

```
[类名或对象名前缀] 方法名称(参数列表);
```

方法的调用需要确定方法所属。static修饰的方法属于类,一般方法属于对象。类名或对象名前缀是可选项,即当调用方法和被调用方的方法处于同一个类内时,这个前缀可以省略,否则必须写出。

```
//代码 2-17  含有参数传递的方法调用示例
public class Example {
    public static int max(int x,int y){              //方法定义
        int max;
        if(x>y)
            max=x;
        else
            max=y;
        return max;
    }
    public static void main(String[] args) {
        int a,b;
        int max;
        a=3;
        b=5;
        max=max(a,b);                                //同一类体内且同为 static,直接调用
        System.out.println("最大值是: "+max);
    }
}
```

在方法调用时,参数传递的个数、类型、顺序必须与方法声明参数列表的个数、顺序、类型一致或自动转型后一致。代码2-17中使用max=max(a,b)实现了方法的调用。这条语句执行max(a,b)调用方法max(int x,int y),并将它的返回值赋值给变量max。在调用发生时,把方法main()中变量a和b的值传递给方法max()中的变量x和y。其传递过程如下。

```
3→x
5→y
```

在学习方法调用时，还应注意以下两点。

(1) 除了变量以外，传递的参数还可以是常量或者表达式，只要满足实参数列表的个数、类型、顺序相一致即可。

(2) 如果一个方法参数列表为空，那么调用该方法时也不能有参数。但是，方法调用中的圆括号不能省略，因为圆括号是方法调用的标志。

> **提示**
>
> 在JVM中变量与方法名是不会出现同名现象的。因为方法后面有圆括号承载参数列表，而变量则没有这个结构。这也是代码2-17中max=max(a,b)有两个max而不会发生混乱的原因。

4. main()方法

在Java中，main()方法是Java应用程序的入口方法。Java中每个类都允许存在一个main()方法，当然也可以没有main()方法。static修饰的main()方法可以直接通过"类名.方法名()"的方式来调用。JVM在使用Java命令来运行编译class文件时，也是使用这种方式来调用main()方法的。

> **补充知识：main()方法的功能**
>
> main()方法除了启动程序这一功能外，还可以用于测试类中代码的正确性。在庞大的项目中，局部测试是非常重要的步骤，main()方法就是其中一个非常方便的测试工具。

需要注意main()方法并非Java程序唯一的入口，在实际项目中，很多程序是没有main()方法的，这些程序代码通过嵌入成熟的软件框架内完成相应的功能，最典型的例子就是Java Web网站中的Java代码，它们由Tomcat等服务器框架自动加载完成网络服务。

2.7.3 Java中的方法

方法是执行操作的模块，它的设计是细致且精确的。一个方法的顺利执行离不开相关数据的支持。在面向对象的设计理念中：数据是核心，方法服务于数据。在Java语言中，方法既可以封装于类中，服务于类中其他成员，也可以被包装为一个特定的对象分发给数据，实现数据集合的内部遍历(见7.8节)。

1. 方法是数据的附属

面向对象程序设计中的类和对象为数据和方法提供共同的独立内存空间。方法配属给数据，与数据捆绑在一起。这种封装模式既保证了方法运行的安全性和可控性，又丰富了相关数据对外服务的能力。例如，一个人的年龄，就可以与一些加工方法封装到一起，以保护该人的年龄值的安全性，并提供多种读取方式。如有人问起你的年龄，你可告诉他你21岁(一个粗略的值)；也可以告诉他，你还有10天就过22岁的生日(一个相对精确的值)；甚至是返回一个空值，不告诉他。方法和数据的共同封装是面向对象程序设计的最大特征，为数据安全和灵活应用提供了模块化管理模式。

当然，这样的做法并非没有反对者。因为将方法与数据封装，必然会导致代码运行效率的下降和机器内存的消耗。或许当你想要向面向对象程序索取一枚香蕉时，可能得到的却是一只拿着香蕉的程序猿。

2. 方法是数据的参数

将方法设定为数据的参数是函数编程的核心思想之一。参数化的函数可以将数据以不同的模式展示给使用者，丰富了数据外视图，提高了数据的使用效率。Java之所以引入函数编程理念，大数据的处理需求是主要动因之一。

方法向数据靠拢是大数据处理的必然要求。从现有方法调用过程来看，程序需要输入数据，在方法中处理后，输出返回值。整体上是一种数据向方法靠拢的模式。众所周知，大数据一般都是分布式存储的。如果采用传统的数据向方法靠拢的计算模式，那么就意味着大量数据需要通过网络集中到计算结点上。此种工作模式需要消耗大量网络的传输能力，同时还要兼顾计算结点的计算吞吐能力及数据容纳能力等多方面的问题。因此，人们最终选择计算向数据靠拢的分布式计算方案。在计算能力及计算时间允许的条件下，数据的计算和处理基本在数据存储的结点内完成。即通过物理上的分布式数据处理，实现逻辑上大数据的整体处理。

参数化的方法被包装为一个特定的对象，有助于方法的分发。最初方法参数化的设计目标是为数据灵活匹配处理方法，逻辑上来看就是“数据不动而方法动”。在大数据并行计算过程中，程序将计算方法分发给各个数据存储结点，这种“方法动”的设计思路与方法参数化设计思路是基本相同的。因此，在分布式计算体系中，方法的参数化是一种与实现计算过程相匹配的，也是最直观的一种设计思路。

在Java体系中，一切皆是对象，参数化的方法也不例外。为此，Java 8专门抽象出来一些函数式接口来封装这些被分发的方法，如Function、Consumer、Supplier、Predicate等。所谓的参数化的方法，在这个体系下就会转换为一个实现函数式接口的对象(见4.7节)。而方法的分发，也就转换为对象的分发。最终，我们就在Java 8的体系下看到流式编程这种类似于大数据分布式计算的数据处理方案。

2.8　枚　　举

在实际应用中，有些变量的取值会被限定在一个范围之内。例如，一年有十二个月，一个星期有七天，一门课的成绩有五个等级。如果把这些变量定义为整型、浮点型或其他类型显然过于宽泛，且无法确切地限制变量的取值范围。为此，Java语言提供了一种称为“枚举”的引用类型。在“枚举”类型的定义中列举出该类型所有可能的取值，即定义了该枚举类型的变量的取值范围。

2.8.1　声明枚举类型

```
//代码 2-18  枚举的声明
public enum Color{
    RED, GREEN, YELLOW, BLUE;
}
```

（1）enum是声明枚举类型的关键字，Color是这个枚举类型的名字，后面大括号内的RED、GREEN、YELLOW、BLUE是Color这个枚举类型的一组值，或者说是Color这个枚举类型变量的取值范围。

（2）枚举类型的值并不是普通的整型、字符型或者其他基础类型的值。

> **提示**
>
> 枚举值本质上是序号。enum元素需要使用oridinal()方法方能提取其序号。不能像C语言一样直接转换为int数值。

（3）枚举类型中具体的值是一些标识符，如上例中的颜色、一年的十二个月等。建议用户提供一些有意义的标识符名，并用大写字母表示（中文文字也可以），如果在一个名字中有多个单词，用下画线将它们分隔开。

2.8.2 声明枚举类型的变量

因为枚举类型有着固定的取值范围，枚举类型变量值的赋值语法为：

```
枚举类型变量名 = 枚举类型.枚举值
```

例如：

```
Color c1 =Color.RED;
Color c2 =Color.BLUE;
```

枚举类型变量的值必须在该枚举类型的取值范围之内，否则就会发生语法错误。

2.8.3 枚举类型的应用

switch语句经常使用枚举类型作为case语句的判断条件。

```
//代码 2-18(续)   在 switch 语句中应用枚举类型变量
public class TestEnum {
    public static void main(String[] args) {
        Color c =Color.YELLOW;  //如果枚举值不在 enum Color 限定范围出现编译错误
        switch(c) {
            case RED:
                System.out.println("The color is red!");
                break;
            case GREEN:
                System.out.println("The color is green!");
                break;
            case YELLOW:
                System.out.println("The color is yellow!");
                break;
            default:
                break;
```

```
        }
        System.out.println("The color " +c +"'s ordinal is " +c. ordinal());
    }
}
```

运行结果：

```
The color is yellow!
The color YELLOW's ordinal is 2
```

2.9　数　　组

数组类型是Java语言的一个引用类型，数组对象可以同时存储确定数量的、同一类型(基础数据类型或引用类型)的数据。

如同C语言一样，Java语言中数组本身也是一块连续的、单位规格一致的、固定大小的内存区域。这样的存储结构决定了数组的三个特点：

(1) 数组元素的数据类型相同，否则无法存入固定大小的内存当中。

(2) 数组中的各个元素是有先后顺序的，数组中每个元素都可以通过下标快速访问。

(3) 数组一旦生成，其中元素个数不能改变。这要求数组在初始化时必须确定其中存储的元素个数。

补充知识：数组的大小

数组可以有多大？可以装大数据吗？数组可以很大，它可以装载百兆字节甚至上吉字节的数据，但数组因为结构的约束，无法实现分布式存储，所以它不适合存储大数据。

2.9.1　数组类型变量的声明

在Java语言中，数组类型引用变量的声明形式为：

```
数组成员类型 [] 数组名;
```

其中，"数组名"是数组的标识符，满足标识符的相关要求。"数组成员类型 []"是Java数组类型的声明。"[]"也可以放在数组名之后与C语言的风格保持一致，如下。

```
数组成员类型 数组名 [];
```

提示

(1) 数组只是Java的引用类型变量的一种，因此在声明数组时，不需要也不能指定数组长度。

(2) "数组元素类型""数组名"和"[]"之间允许有空格。

(3) 数组声明时"[]"在前还是在后，在功能上没有区别。

数组元素类型可以是Java中所有变量类型中的任何一种，包含基础数据类型，如byte、

short、int、char 等,也可以是引用类型,如图 2-1(a)所示,其声明形式为:

```
int [] scores;          //声明一个名称为 score 的整型数组
String [] names;        //声明一个名称为 name 的字符串数组
```

数组,如 int []和 String [],作为 Java 中的一种引用类型变量,也可以定义数组类型的数组,如 int [] []和 String [] []。这时的数组元素类型是数组,而这个数组的数组就是我们常常提及的多维数组,如图 2-1(b)所示。

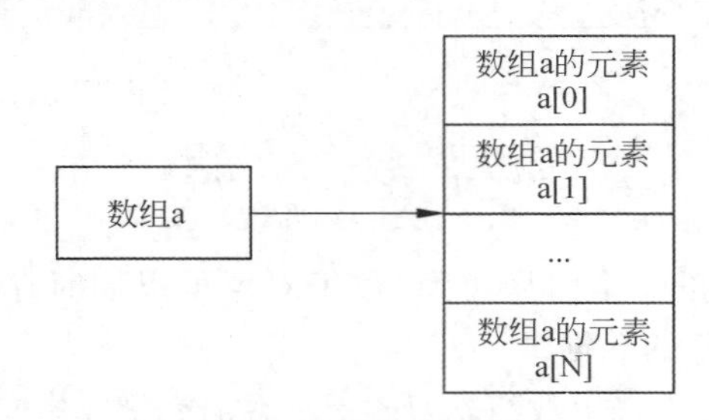

(a) 数组与数组中的变量

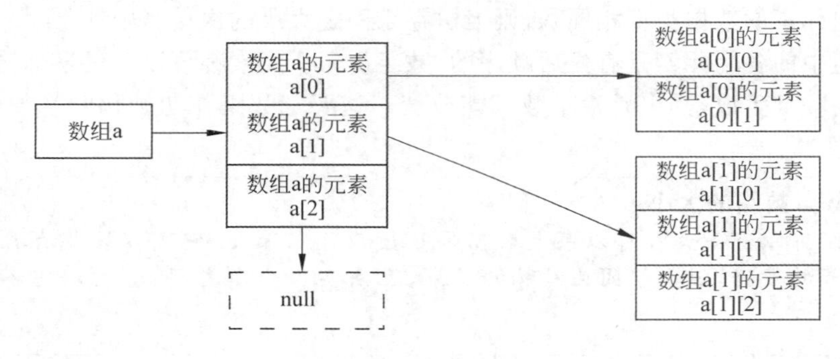

(b) 数组变量为数组的数组

图 2-1 数组结构图

2.9.2 创建数组对象

1. 默认值的数组初始化方式

Java 中的数组可以使用 new 关键字进行创建。Java 语法为:

```
数组名 =new 数组元素类型 [数组元素的个数];
```

> **注意**
>
> 使用 new 关键字进行数组对象初始化过程中的"数组元素类型"必须与声明处保持一致,且不支持自动转型。

使用这种方式创建数组对象时,JVM 会根据方括号内的数组元素的个数设定,为数组分配内存空间。这里的"数组元素的个数"可以是一个数字,也可以是一个变量,甚至是一个结果为 int 类型的表达式也行,只要在执行数组创建过程之前有一个确定的 int 值,JVM 都可以接受。

在使用 new 关键字完成数组的创建之后，JVM 会为数组的元素填充该数据类型的默认值。当成员类型为整数类型（byte、short、int 和 long）时，其默认值为 0；当成员类型为浮点数型（float 和 double）时，其默认值为 0.0；当成员类型为字符型时，其默认值为'\0'（UNICODE 中的 0 号元素）；当成员类型为 boolean 型时，其默认值为 false；当成员类型为引用类型时，其默认值为 null。简言之，数字为 0，boolean 为 false，引用为 null。

2. 指定值的数组初始化方式

数组在初始化时，也可以通过列举数组元素的方式直接指定数组，Java 语法为：

```
数组名 =new 数组元素类型 []{数组元素 1,数组元素 2,…,数组元素 n};
```

使用这种方式初始化数组对象时，数组元素必须是哪些满足“数组元素类型”的要求、或者是哪些可以通过自动转型后满足要求的元素，所列元素的个数就是数组的长度。数组元素值必须写在大括号内，并使用逗号分隔。例如：

```
d =new double [] {1.0,-2.1,5, 7L};
str =new String [] {"Beijing","Shanghai","Chongqing","Nanjing"};
```

为了保持语言风格一致，通常这种指定值的数组初始化，在代码中可以忽略“new 数组元素类型 []”，简写成：

```
数组元素类型 [] 数组名 ={数组元素 1,…,数组元素 n};
```

上面的两个数组的初始化代码可以写为：

```
double [] d ={1.0,-2.1,5, 7L};
String [] str ={"Beijing","Shanghai","Chongqing","Nanjing"};
```

注意

（1）使用简写方式初始化数组的语句，必须在一行语句中完成数组的声明和初始化。

（2）使用非简写方式初始化数组时，初始化语句的数组元素类型必须与前面数组元素类型的声明一致。

（3）使用非简写方式初始化数组时，“[]”内是不写数组长度的。

当然，无论是使用默认值的数组初始化方式，还是使用指定值的数组初始化方式，都要保持“数组元素类型”的前后一致。

3. 二维数组：数组的数组

二维数组只是以数组为元素类型的数组，它是一类“普通”的数组，如图 2-1(b)所示。二维数组对象的初始化可以使用默认值方式也可以选择指定值方式，或者二者兼有的混合模式进行初始化。

（1）完全初始化的方式。

使用 new 语句一次性地指定二维数组两个维度的数组容量的方式，可以将二维数组完全初始化。Java 语法为：

```
数组名 = new 数组元素类型 [第一维度数组长度][第二维度数组长度];
```

矩阵方法的初始化过程中，二维数组第一（高）维度的值为指定长度的数组，而第二（低）维度的值则使用默认值进行初始化。例如：

```
a =new int [3][8];
```

这里的 a 就是一个包含 3 个元素的数组，a 中的每个元素都有值，它们是长度为 8 的数组。从逻辑上来说，a 可以存储一个 3 行 8 列的矩阵。

(2) 不完全初始化的方式。

我们可以使用指定二维数组中高维度的数组容量，而低维度容量空白的方式对二维数组高维部分进行初始化，对低维部分不进行初始化操作。Java 语法为：

```
数组名 =new 数组元素类型 [第一维度数组长度][];          //第二维数组长度为空白
```

在这种方式中，二维数组中第一（高）维度的值为使用默认值 null，而低维度的数组尚未定义。如：

a = new int [3] [] ;

这里的 a 是一个准备容纳 3 个数组元素（a[0]，a[1]，a[2]）的数组，这 3 个子数组（a[0]，a[1]，a[2]）尚未完成初始化，值为 null。在后续使用过程中，可以单独为 a 中的元素 a[i]初始化数组对象。显然，二次指定数组对象的长度不受任何限制，从逻辑上来说，此时的二维数组不再是一个矩阵了。

(3) 指定值方式的初始化二维数组。

使用直接指定低维度数组的方式可以直接指定二维数组。Java 语法为：

```
数组名 ={子数组 1,子数组 2,…,子数组 n};
```

这里的子数组 1，子数组 2，…，子数组 n 可以是使用默认值的初始化的数组，也可以是使用指定值初始化的数组，也可以是 null。例如：

```
a ={new int [2], {1,2,3}, null} ;
```

这里出现的二维数组结构如图 2-1(b)所示。二维数组 a 的元素 a[0]的值为一个长度为 2 的数组，在 a[0]这个数组中元素为默认值，第 0 个元素 a[0][0]的值为 0，第 1 个元素 a[0][1]的值为 0；二维数组 a 的元素 a[1]的值为一个长度为 3 的数组，其中，a[1][0]=1，a[1][1]=2，a[1][2]=3；二维数组 a 的元素 a[2]的值为 null，未引用任何对象。

4. 多维数组

Java 中对三维数组的理解与二维数组是类似的，就是数组的成员是二维数组，对于更高维的数组的理解也是类似的。对于三维数组的声明方法一般为：

```
数组元素类型[][][] 数组名 =new 数组元素类型 [第一维度数组长度][第二维度数组长度][可选的第三维数组长度];
```

2.9.3 数组对象的使用

1. 数组中元素的访问

Java 语言访问数组成员的语法为：

```
数组名[数组下标]
```

与其他程序设计语言类似，数组的下标从0开始。例如，若指定下标小于0或大于“数组长度－1”，则出现下标越界异常(ArrayIndexOutOfBoundsException)；如果访问一个未初始化的数组，也会出现空指针异常(NullPointerException)，表示数组对象未初始化。代码2-19展示了利用下标遍历数组的方法。

```
//代码 2-19  TestArray类
public class TestArray {
    public static void main(String[] args) {
        int[] a =new int[]{1, 2, 3};
        System.out.println(a);              //数组名是一个地址
        int i =0;

        for (i =0; i <3; i++) {
            a[i] =a[i] * 10;                //修改数组元素的值
        }
        for (i =0; i <3; i++) {
            System.out.println(a[i]);       //读数组元素的值
        }
    }
}
```

输出结果为：

```
[I@74a14482
10
20
30
```

从执行结果来看：

(1) 直接打印数组对象，可以看到系统为数据标注了数据类型“[I”，@后是一个十六进制的数值，与数组对象的内存存储位置有关。

(2) 用户可以通过“数组名[数组下标]”的方式访问或修改a中元素。

2. 数组的核心属性：length

无论其采用默认值还是指定值初始化的方式，数组对象一旦初始化完成，数组中可以存储数组元素的数量就已经确定。数组的长度(容量)可以通过数组对象的length属性读取。

```
double d =new double [4];
System.out.println(d.length);               //输出 4

String str =new String [] {"Beijing","Shanghai","Chongqing","Nanjing"};
System.out.println(str.length);             //输出 4

int [] [] a =new int [3][];
System.out.println(a.length);               //输出 3
```

数组的length值表示数组可以容纳的元素的数量。在上面的代码中，二维数组a的

length值表示，该数组a可以容纳3个数组变量，至于这3个数组变量是否有值，与a的数组长度是无关的。

我们经常在遍历数组或取数组倒数第N位时使用数组的length属性，正确使用length属性可以提高程序代码的灵活性。如代码2-19所示，两个for循环都使用数值静态地指定了循环次数，若此时数组a的初始化长度不再是3，这种静态指定循环次数的方式就可能出现下标越界或无法遍历数组问题。而使用数组的length属性值这个动态值，代替原有静态数字，便完美地解决了此问题。

3. 高维数组遍历——length的一个重要应用

若该维度的数组成员存在，则Java语言访问二维数组成员的语法为：

```
数组名[第一维度数组下标][第二维度数组下标]
```

```
//代码 2-20  使用 length 属性遍历一个非矩阵模式的二维数组
public class TraverseTwoDimArray {
    public static void main(String[] args) {
        int[][] a =new int[3][];                //只定义了第一维度
        a[0] =new int[2];                       //a[2] =null
        a[1] =new int[]{1, 2, 3};

        int i, j;
        for (i =0; i<a.length ; i++){
            System.out.println(a[i]);           //打印第二维的数组名变量值
        }
        for (i =0; i <a.length; i++) {
            //a[i].length 会随着 a[i]的不同而不同
            for (j =0; j <a[i].length; j++) {
                System.out.print(a[i][j] +"\t");     //读取二维数组中的元素
            }
            System.out.println();
        }
    }
}
```

输出结果为：

```
[I@74a14482
[I@1540e19d
null
00
123
Exception in thread "main" java.lang.NullPointerException
at * * * .TraverseTwoDimArray.main(TraverseTwoDimArray.java:15):
```

代码2-20展示了如下知识点。

（1）程序建立了形如图2-1(b)所示的二维数组a。

（2）二维数组本质上是数组的数组。在定义二维数组a时，只需要写出数组长度（第一维度数组长度)即可。通过第一个 for 循环打印 a 中成员,结果显示 a[0]、a[1]为两个数组,而 a[2]为 null。

(3) 使用默认初始化的方式的数组元素值为默认值。例如,a[0]数组就采用了默认初始化,a[0][1]和 a[0][1]的值为默认值 0,a[2]的值在建立数组 a 时被赋予默认值 null。

(4) 数组只有在初始化完成后,方能访问其中元素和数组成员变量 length,否则就会出现异常,程序无法正确执行完成。例如,a[2]未初始化完成,在 for (j = 0 ; j< a[i].length; j++)循环过程中,访问 a[2].length 就会出错(NullPointerException)。

(5) 对于第二维数组使用指定值进行初始化时,不能使用指定值初始化方式的简写形式,而需使用完整形式,见 a[1]的初始化代码。

4. 与循环状态无关的遍历与并发

若数组在遍历时使用了与状态无关的循环,则这个遍历过程就是与遍历过程中元素出现的顺序无关的,即与数组中下标无关。例如,整数数组中每个元素加 2,String 数组中所有字符串变成大写,打印数组中元素等。

若将这个与循环状态无关的循环体抽象为一个与(数组)状态无关的方法,这个方法就是一个数组中与下标无关的计算方法。如果有多个进程并发处理这个数组中的元素,那么这种与(数组)状态无关的方法无疑将成为并发工作模式的首选。而正是因为方法与状态无关,所以这类方法可以适配一些状态不明的、大型的、分布式的内存数据。而这种状态不明的、大型的、分布式的数据集,恰恰就是分布式数据集的主流内存存储模型——弹性分布式数据集(Resilient Distributed Dataset,RDD)。

2.9.4 特殊的数组 String [] args

代码 2-1 中就出现了数组的声明,如

```
public static void main (String [] args)
```

这里的 main()方法是 Java 应用程序的入口函数,其中,参数 String 类型数组 args 则是命令参数,其中存储的是程序运行时接收的参数。这个参数是可选填的,如果填写,可通过"args[下标]"的方式读取程序运行时参数。如果没有指定参数,args 数组会被初始化为一个长度为 0 的 String 数组。

> **补充知识:args 数组**
> 在编写程序代码时,args 数组的长度是不固定的,在运行时 JVM 会根据检测系统提供参数直接静态初始化 args 数组,如果运行时没有加载任何参数,则 args 被初始化为一个长度为 0 的数组。

在 IDEA 开发环境中,可以使用 1.5 节中介绍的方法,向 main()方法中加载运行时参数。

代码 2-21 读取 args 参数内容的方法

```
public class TestMainArgs {
    public static void main(String[] args) {
```

```
            System.out.println("程序运行时参数个数为: "+args.length+",它们分别是: ");
            for(int i=0 ; i<args.length; i++){
                System.out.println(args[i]);
            }
        }
    }
```

当测试运行时未设定运行时参数，则运行结果为：

```
程序运行时参数个数为: 0,它们分别是:
```

此时，可以看出 args 已被初始化，且具有了 length 属性，没有像代码 2-20 中 a[2]一样，因为数组未初始化而导致产生 NullPointerException。

当测试运行一个设定了运行时参数：

```
Hello LiLei 13
```

程序运行结果为：

```
程序运行时参数个数为: 3,它们分别是:
Hello
LiLei
13
```

注意：输出结果中的 13 是字符串“13”，而不是数值 13，像“args[2] * 2”这样的语句会因为数值类型不匹配而无法编译。解决这个问题需要 4.3.2 节相关知识。

小　结

本章主要介绍了 Java 的基础语法，包含标识符、变量、表达式等 Java 语言基本元素的定义和写法，顺序、选择和循环三大语句基本结构，Java 中方法的定义和使用。另外，本章还介绍了两种引用类型——枚举和数组。

习　题

1. 简述 Java 语言关于标识符命名的规定。
2. Java 有几种注释方式？分别是什么？
3. Java 的基础数据类型有几种？它们的关键字是什么？
4. 分析下面程序中表达式的执行顺序，并求出最后的结果。

```
public class Exercise1 {
    public static void main(String[] args) {
        int x=5;
        int i=1,j=20;
```

```
        int max=0;
        if(x>=0&&x<=10)
            i=x*x;
        max=(i>j)?i:j;
        System.out.print("max="+max);
    }
}
```

5. 分析 break 语句与 continue 语句的区别。

6. 在代码 2-15 的基础上，改造代码，打印输出。

```
 * * *
+* *
++*
```

7. 编写程序，求 100 以内所有质数的和。

8. 建立一个 int 数组 a 存储 100 以内的奇数。再从数组中挑选出所有素数，将它们存储到另外一个数组 b 当中。要求数组 b 的容量与素数个数匹配，不能多也不能少。

主题 1　数值模拟

T1.1　主题设计目标

希望读者可以通过完成本主题的设计内容，熟悉 Java 基础语法，并熟练使用 Java 基础表达式、分支、循环语句结构并掌握方法的编写要领。了解计算模拟在科学研究中的作用，可以从计算思维的角度，理解计算机编程语言的作用。

T1.2　数值模拟的意义

数值模拟也叫计算机模拟。它是依靠电子计算机，结合相关数学理论，通过数值计算和图像显示的方法，开展一些实验并揭示相应实验结果。数值模拟的本质是运用计算机的计算快捷性、灵活性以较低成本仿真现实世界事件发生的过程。数值模拟包含以下几个步骤。

第一，建立反映问题本质的数学模型。

第二，在确定了计算方法和坐标系后，就可以开始编制程序和进行计算。这一部分工作是数值模拟工作的主体。

第三，在计算工作完成后，大量数据可以通过图像直观地显示出来。因此数值的图像显示也是一项十分重要的工作。

T1.3　主题准备

通过高中物理知识的学习，我们知道空间中的电场可以影响其中粒子运动的速度和方向。如图主题 1-1 所示。

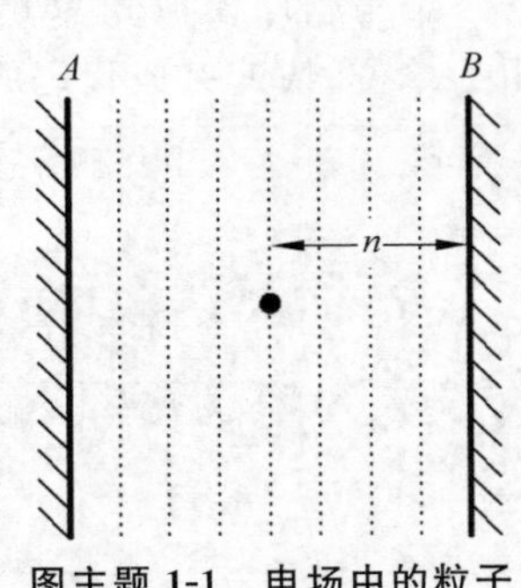

图主题 1-1　电场中的粒子

如果在这个空间施加稳定而持续的电场，就会出现 A 极或 B 极捕获全部粒子的现象。为了有效地实现粒子的随机分配，科学家们设计了随机震荡电场。

这里做一些简化性假设。

(1) 电场中粒子只出现在中轴线上。

(2) 每次电场出现,电场宽度为 n,粒子会在随机电场中沿水平方向向左或向右移动1个单位的距离。

(3) 粒子一旦被 A 极或 B 极捕获,就不会再脱离。

问题:请利用计算机程序仿真,讨论粒子左右移动的概率与 AB 极捕获粒子的概率之间的关系。程序如何设计才能满足实验要求?

T1.4 主题讨论

数值模拟实验是为了发现粒子移动概率与被捕获概率之间的关系。很显然,捕获粒子的概率是一个宏观事件,这个宏观事件是千百万个微观层面下粒子左右随机移动所驱动的。在解决了微观层面的粒子运动模拟的前提下,可以借助计算机运算的便捷性,大量地模拟粒子出现在电场中的情形,从而完成这个实验的观测任务。

提示: 电场方向或粒子运行方向可以基于一个随机函数 Math.random()来模拟产生。Math.random()方法会产生一个[0,1)的双精度浮点数,产生的浮点数在[0,1)内满足平均分布。在程序设计过程中,可以通过设计一个阈值 α,如0.5,判断随机值与 α 的大小关系来模拟电场下粒子按一定概率左右随机移动的行为。

请分小组进行讨论,将思考的结果写到问题下方,并分享给你的同学。

引导问题1

在数值模拟过程中,需要使用什么方法模拟概率事件的发生(设计计算方法),并展示这种关联关系(确定坐标系)?

子问题1:模拟粒子数量的增加和减少会不会影响实验结果?
子问题2:我们希望讨论的关系是基于哪两个变量的?它们应该是什么类型的变量?

引导问题2

编写程序模拟概率事件发生的过程中,需要使用哪些语句和变量?讨论完成后,请以小组为单位,快速完成代码的编写。

子问题1:我们需要保存哪些状态量?哪些是变量,哪些是常量?
子问题2:在Java程序中,哪种语句可以用来判断单个粒子的左右移动?哪种语句可以模拟多次重复实验?

子问题3：需要将一些代码封装为独立的方法吗？如果需要，这个方法的输入参数和返回值都是什么？

引导问题3

请使用Excel绘制两个变量之间的关系图。并根据图像显示质量，调整实验程序参数，让图像更加直观。

子问题1：如果在实验中需要有序地输出多个结果，如何设计循环？
子问题2：请上网查找Excel可以兼容的数据格式要求，重新考虑你的输出。
子问题3：请将你的数据导入Excel当中，绘制出相应的数据图，看一看你对数据图表现出来的效果是否满意。如果需要调整，如何修正你程序中的参数？

T1.5　延展讨论

引导问题4

一份良好的数值模拟的代码是宝贵的，它不仅全过程地体现了实验过程中的变量变化情况，而且以代码的形式展示了实验设计。代码与实验设计是一一对应的。当实验设计发生修改时，模拟代码会改变。反过来，模拟代码的变化也可以反过来映射实验设计的变化。因此，对于实验的改进和调整可以从设计思路和代码两个方向进行。改变了思路，看看代码可以实现吗？改变了代码，它可以反映出什么样的实验设计？

请重新检视代码的过程。在不修改主体结构，只改变输入/输出的条件下，讨论使用这份模拟代码还可以解决什么问题？

子问题1：请罗列出代码中你可以监视的变量。
子问题2：两两组合模拟过程中出现的变量、常量和方法等有实际意义的因素，看看能不能提出新的问题？

引导问题5

这份代码除了可以模拟上述物理问题，还可以模拟其他什么问题？

子问题 1：明确变量在实验中的意义。如果修改变量初始值，实验会有哪些改变？

子问题 2：修改计算过程，是否有实际意义？

子问题 3：思考这个模型在其他领域还有没有不一样的解释？

引导问题 6

通过讨论，我们得到多种模型来模拟电场两极捕获粒子的计算模型（方法），如何组织这些方法？

提示：在 Java 中可以尝试，以同一个方法名、不同参数列表方式来组织功能类似的方法，以解决方法命名的困境。

第3章 类、对象与接口

本章内容

本章内容主要包括面向对象程序设计理念及类、对象、继承、接口、多态、内部类和Lambda表达式等内容。这些概念和内容会渗透到Java编程的各个角落，它们是面向对象程序设计的基础。

学习目标

- 了解类的组成，熟练掌握类成员的访问控制权限设定，方法重载的概念和技术要点，掌握静态变量、静态方法的设定方法和含义。
- 了解继承的概念，理解子类引用、父类引用与子类对象之间的关系。熟练掌握方法重写的概念和技术要点，理解引用类型变量自动转型与强制转型的前提条件。
- 了解接口与抽象类的区别，掌握抽象类与接口的定义，熟练掌握接口的实现。
- 理解多态的概念，掌握引用类型变量转型的本质。
- 了解内部类的定义和简单使用方法，熟悉匿名类的用法，深刻理解它与Lambda表达式之间的关系，可以熟练完成Lambda表达式的书写。

3.1 面向对象的程序设计概述

程序是世界的抽象，人们对世界的认识很大程度上影响到程序设计的思想。现实世界就是由各种对象组成的，如人、动物、植物等。对象都有各自的属性和与属性相关联的行为，如人类拥有知识、教师可以传播知识、学生可以学习知识等。通常人们会将属性及行为相同或相似的对象归为一类。类可以看成是对象的抽象，代表了此类对象所具有的共有属性和行为。程序代码中的类不仅包括数据(属性)，还包括方法(行为)。类在实例化后就形成了程序中的对象，程序运行过程中的对象之间利用自身拥有的方法进行交互。这就是面向对象程序编写和运行的整体情况。

面向对象的程序设计思想是一种被广泛认可的、能让设计人员在处理复杂程序过程中受益的思想。在软件工程中，对复杂程序一般采用两种方法进行模块分解：功能分解和数据分解。功能分解是面向过程编程的基础，基于函数(方法)概念，以过程为中心来建立功能模块；数据分解则是面向对象编程的基础，依赖于类的概念，以数据为中心来建立数据模块，将数据与方法进行整合封装。面向过程的设计方法中，在数据与方法分离的情况下，用户不仅需要规划程序实现过程，还需要关注数据的稳定性、可靠性问题，而且需要随时屏蔽数据被其他方法错误修改的可能。虽然这种方式在软件当中设计难度较大，但因为代码量小、复用效率高、可充分利用系统性能等特点，在一些小型环境下或特定领域中仍然被普遍使用。

但是在大型软件设计过程中,人们更加注重分解模块的可靠性、可维护性,对代码简洁性和系统运行的极致性能做了一定的妥协。人们开始从面向数据的角度分解整个设计工作,将数据与方法进行共同封装这种方式下,整个系统中只需要关注数据流即可。这种封装既可以让方法在一个相对稳定的环境运行,避免数据串扰的发生,又丰富了数据对外的服务接口。这就是面向对象的编程思想产生的原因之一。

面向对象程序的基本组成单位是类。程序在运行时会按要求找到类,由类生成对象,对象之间通过交互通信、互相协作完成相应的功能。类是面向对象程序设计的核心,而对象则是面向对象程序运行的核心。

面向对象程序设计方法秉持的原则如下。

(1) 从数据出发对系统中的类进行划分,将数据相关的方法和数据封装在一起,用类来管理方法和程序模型,使用对象与对象交互的方式完成程序运行流程。

(2) 开闭原则(Open-Closed Principle,OCP)。封装的模块对于功能扩展保持开放,对模块内部的数据和方法运行保持封闭。其核心思想是这个模块可以在不被修改的前提下更容易被扩展,同时将数据和功能实现局限化到模块内部,降低模块之间的耦合性。

面向对象程序设计的特点如下。

1. 抽象

抽象就是忽略问题中与当前目标无关的某些方面,将与当前设计目标有关的方面使用计算机的语言表述出来的一种设计思路。目标对象的属性可以抽象为成员变量,使用 Java 中四类八种基础数据类型或引用变量类型的值来表示,如学生的年龄、姓名。目标对象的行为和功能使用方法的形式表示,如学生的学习知识的行为、相互交流的行为。

当然,对象的抽象要与系统设计目标相匹配。例如,描述一个人的年龄,一般来说,抽象为一个以年为单位的 int 类型值表示即可,在特殊情况下(记录新生儿信息时)也需要选择更高精度的以天单位的数值。因此,抽象就是找出真实对象的部分与系统相关特性,并在编程语言描述事物的能力限定范围内进行编码,这个抽象过程是一个平衡需求与实现的过程。对于面向对象的程序而言,抽象过程是以对象数据为核心,将数据和相关功能进行协同抽象(需求与实际代码功能的妥协)、共同封装的过程。

2. 封装

面向对象的封装特性与其抽象特性密切相关。封装是一种信息隐藏技术,就是利用"类"这个结构将数据和基于数据的操作封装在一起。对象的界面信息对用户开放,对象的内部细节对用户隐藏。封装的目的在于将对象的使用和设计实现分离,使用者不必知道实现的细节,只需使用设计者提供的接口访问对象即可,此种设计有助于减少代码的耦合度,也简化了其他用户使用该对象的学习过程。

3. 继承

继承体现了类与类之间一般与特殊的关系。继承可以让子类获得父类的属性和行为,为类成员的重用提供了方便。使用继承不仅可以使程序结构清晰,降低了编码和维护的工作量,而且可以使子类和父类拥有相同的对外服务接口,为面向对象程序的多态机制奠定了基础。

继承有单继承和多继承之分。单继承是指任何一个子类都只有一个直接父类;而多继承是指一个类可以有一个以上的直接父类。采用单继承的类层次结构为树状结构,采用多继承的类层次结构为网状结构，设计及实现都比较复杂。Java语言中类与类之间的关系为单继承。

4. 多态

多态是指一个程序中同一方法名的不同方法体共存的情况。由于多态机制的出现，我们在设计时可以更容易关注程序的整体逻辑，而不必过分纠结于程序具体实现细节。在面向对象程序设计中，多态机制可以用来提高程序的抽象度和简洁性。多态机制的使用可以在单一界面的基础上，实现行为结果的多样化。多态服务是OCP原则在面向对象程序设计中的主要体现，也是面向对象程序设计模式的核心优势之一。

3.2 类与对象

Java程序中"万物皆类"，所有的代码都封装在类体中。类不仅是生成对象的模板，也是引用类型变量引用对象时的准则，还是引用变量调用对象成员的权利列表。

3.2.1 建立Java中的类

类封装了数据及其与数据相关联的方法。如汽车类，封装了轮子、发动机、方向盘、油门、刹车等属性，及前进后退、左转右转、停止等方法。当你拥有一个汽车对象时，不光拥有它的属性，还可以调用它的方法。

建立类的Java语法为：

```
[访问控制符] class 类名{
    [访问控制符] 变量类型 成员变量 1 [=初始值];
    [访问控制符] 变量类型 成员变量 2 [=初始值];

    [访问控制符] 返回值类型 成员方法 1(参数列表) {
        //方法体
    }
    [访问控制符] 返回值类型 成员方法 2(参数列表) {
        //方法体
    }
}
```

提示

这里的"访问控制符"相关知识见3.2.3节，为保持知识的连贯性，在3.2.3节之前的类、成员变量、成员方法的访问控制符都暂时使用默认的，即使用空白、不写任何控制符的方式定义类、成员变量和成员方法。

在类中定义的成员变量和成员方法是类的一部分，实例化为对象后它是对象的一部分，在声明引用变量的时候，它也是引用变量持有对象的检验标准，也是引用变量调用对象成员的权利列表。

1. 类体的声明

类声明时使用关键字class，其后紧跟的标识符为类名，之后的大括号内的代码块则是类体。类名满足标识符的相关规定，Java官方版本中类名首字母皆为大写，我们也推荐大家沿用此规则。另外需要注意一点，在设计类名时，我们也建议避免与JDK中官方类名重名，减少因重名而引起的代码误用的可能性。

代码3-1里定义三个类，分别示范了最简单的类C1、仅包含成员变量的类C2、既包含成员变量又包含成员方法的类C3。

```
//代码 3-1  定义三个类
class C1{}                //最简单的类
class C2{                 //有成员变量的类
    int i;
    String name;
}
class C3{                 //既有成员变量也有成员方法的类
    int i;
    void f(){
        i++;
    }
}
```

补充知识：类、class文件与Java源文件的关系

（1）Java源文件是Java的源代码文件。一个Java源文件里面可以写很多个类、接口或枚举，但最多只能有一个类、接口或枚举可以声明为public的，且这个public的类、接口或枚举的标识符需要与Java源文件的文件名相同。

（2）class文件是在JVM中运行的Java程序。它是Java源文件编译后的产物。Java源文件中每一个类（包括普通类、抽象类、接口及内部类），编译后都会生成对应的class文件。

（3）一个Java源文件编译后可能产生多个class文件，建议在一个Java源文件中只写一个类、接口或枚举并将其声明为public的，以方便快速找到class文件所对应的类所在源文件位置。

2. 成员变量的声明

在类体中，类中的成员变量类型可以是四类八种基本类型的变量，也可以是引用类型的变量。在类被实例化而产生的对象当中，若对成员变量赋有初始值，则对象中该成员变量的值为初始值。若没有对成员变量赋初始值，则该成员变量值为默认值。数字类型的默认值都是等于0的值（0/0L/0.0f/0.0），char类型的默认值是'\0'，boolean类型的默认值为false，引用数据类型的默认值为null（空指针），与数组中元素的默认值规则一致。

3. 成员方法的声明

类体中定义的方法称为成员方法，成员方法的定义方式与第2章中方法的定义方式是一样的。成员方法的定义中依然包括返回值类型、方法名、参数列表。成员方法可以自由访问本类中的成员变量及其他的成员方法。

注意

成员方法和成员变量不能使用static修饰，成员方法也无法直接访问本类中static修饰的变量和方法。成员变量需要在对象出现后方能出现，而static修饰的变量和方法在类被加载到内存中时就已经完成了初始化和加载。一般成员变量和static修饰的成员从生命周期上来看是不一致的，因此，不能相互调用也是必然的。

```
//代码 3-2　测试成员方法对成员变量的可访问性
class TestClass{
    int shareVar;
    int i;                                      //默认值为 0
    void f(){
        System.out.println(shareVar);           //可访问成员变量,默认为 0
    }
    void g(){
        shareVar++;                             //可修改成员变量,能影响 f()中的输出结果
        int i =5;                               //局部变量具有更高的访问优先级
        System.out.println(i+"|"+this.i);       //i 是局部变量,this.i 是成员变量
        f();
    }
}
```

代码 3-2 展示了如下内容。

(1) 类中成员变量为成员方法所共有,一处修改会影响类内所有成员方法的运行结果,因此用户需要规划好成员变量的修改时机。

(2) 若方法体内的局部变量与类中成员变量同名,则程序会优先访问局部变量,如需访问成员变量需要使用“this.成员变量”的方式显式指明。

(3) 成员方法之间可以相互调用,请注意避免死锁情况的发生。

4. 特殊成员方法——构造方法的声明

构造方法是一种特殊的成员方法。

(1) 构造方法是与类名相同的,但不声明返回值的特殊成员方法。虽然没有明确地写出返回值,但是构造方法实际返回值是本类类型的引用类型变量,这个引用变量持有类实例化后的对象,通过引用变量间的赋值将这个对象移交给用户定义的引用变量。

(2) 构造方法仅在类实例化过程中(对象生成时)被调用一次,其他任何情况都禁止调用,因此构造方法不在引用变量的权利列表当中。

(3) 构造方法与一般成员方法一样可以自由地访问成员变量,调用成员方法。为此,构造方法经常被用来进行对象成员变量初始化工作。

(4) 构造方法一般会被声明为 public 的。以方便在其他类中调用构造方法实例化对象。

(5) Java 要求每一个类都要拥有至少一个构造方法。如果没有,如代码 3-1 中的三个类,系统会为该类生成一个无参的、默认空实现的构造方法。一旦用户自定义声明构造方法,默认构造方法失效。

代码 3-3 演示了几种不同模式的构造方法。

```
//代码 3-3　几种不同模式的构造方法
class DefineConstructor1 {
    public DefineConstructor1() {
        System.out.println("Hello! DefineConstructor 1!");
    }
```

```
}

class DefineConstructor2 {
    public DefineConstructor2(int k) {
        System.out.println("Hello! DefineConstructor 2!" +k);
    }
}

class DefineConstructor3 {
    int age;
    String name;

    DefineConstructor3(int a, String n) {
        age =a;
        name =n;
        printName();
        System.out.println("Hello! DefineConstructor 3!"+age +"|" +name);
    }

    void printName() {
        System.out.println("My name is " +name);
    }
}
```

在代码 3-3 中可以看到：

(1) 在类当中，用户可以自由定义构造方法。如代码中出现了有参数构造方法，也出现了无参数构造方法。

(2) 构造方法可以像一般成员方法一样，访问类体中成员变量和其他成员方法，如 DefineConstructor3()就调用了本类成员 printName()和 age。

(3) 构造方法一般用于成员变量的初始化，在对象实例化时使用指定值替代原有成员变量的默认值。

3.2.2 对象的引用和对象的生成

类是现实世界中对象在 Java 语言中的抽象表示。在 Java 中，一个完整的类的作用有两个：①以类为模板生成(实例化)对象；②以类为模板声明引用类型变量。

为了叙述方便，我们定义了类 Stu，其中包括两个成员变量 name 和 age，一个成员方法 getName()和一个双参数的构造方法 Stu()，如代码 3-4 所示。

```
//代码 3-4 Stu 类

public class Stu{
    String name;
    int age;
    public Stu(String n, int a){
        name =n;
        age =a;
```

```
    }
    String getName(){
        return name;
    }
}
```

1. 声明引用类型变量

声明以类为类型的引用变量的Java语法为：

```
类名 引用变量名
```

对于以类为模板的引用变量可以认为是其持有对象应该遵守的规则和标准。它规定了持有的对象应该有什么样的成员变量和成员方法，如同为引用变量设定访问对象的“权利列表”。如果现有声明了一个Stu类型的引用变量st，它持有一个对象A：

```
Stu st =对象 A
```

那么对象A必须满足Stu类的要求：有两个成员变量name和age，有一个成员方法name()。当使用st变量时，可以通过st找到对象A，按照Stu类提供的“权利列表”访问对象A中(可访问的)成员变量和成员方法。如代码3-5所示。

> **注意**
> 构造方法仅在对象实例化时使用，因此不在引用变量的“权利列表”当中。

当引用变量st的生命周期结束后，这个对象A没有一个来自于对象外部的引用，那么JVM就将对象A标定为“系统垃圾”，在适当的时候由Java的垃圾回收机制清空该块内存。

2. 实例化对象

对于一个完整的类(所有成员变量都有值，所有成员方法都有方法体)而言，JVM会根据类的定义在内存中构造一个对象。这个过程就像使用图纸生产一辆汽车一样。每调用一次构造方法(图纸)，就生成一个对象(生产一辆汽车)。类的实例化的Java代码格式是：

```
new构造方法名(参数列表);
```

注意：调用构造方法需要匹配的构造方法的声明。如一个类没有定义构造方法，只使用默认无参数空实现的构造方法，则实例化代码为“new 类名()”；实例化代码3-4中Stu类对象时，因为用户自定义构造方法，默认无参空实现的构造方法被停用，需要按Stu类中显式定义的构造方法的要求提供两个参数：

```
new Stu("李雷",19)
```

若此时使用“new Stu()”这个构造方法，则会提示未发现匹配的构造方法，编译错误。

3. 引用变量与对象的匹配

使用类声明引用变量和使用类实例化对象的代码是可以分开进行的。这就会出现引用变量由充当变量类型的“类1”来声明，对象由“类2”为实例化生成的情况。如果对象满足引用变量的“要求”，那么这个对象就可以由该引用变量来引用，如图3-1所示。

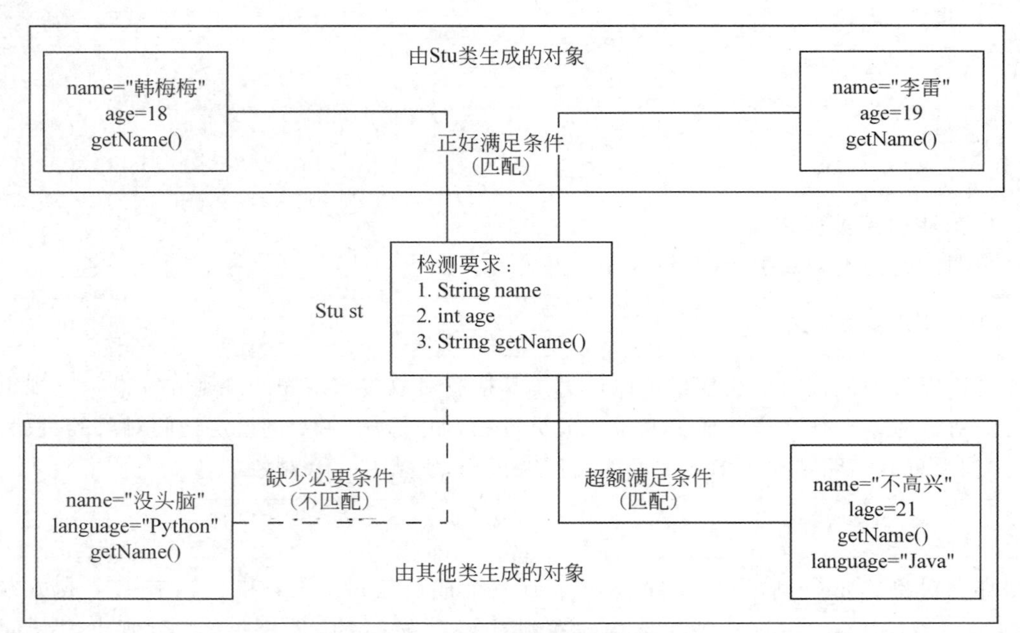

图 3-1　引用变量和对象的匹配

如图 3-1 所示，引用变量 st 按照 Stu 类模板对其可能引用对象提出了三个要求：两个属性、一个成员方法。

(1) 使用 Stu 类生成的"李雷"与"韩梅梅"自然满足这些要求。

(2)"不高兴"这个对象，里面包含的成员比 Stu 类的要求更多，因此匹配 st 变量要求，可以被 st 引用。实际上，"不高兴"是由 Stu 类的子类生成的对象，其拥有成员自然不少于 Stu 类的要求。

(3)"没头脑"这个对象，因为不满足 st 变量的要求，不能被 st 引用。

代码 3-5 继续使用了代码 3-4 中定义的 Stu 类，演示了引用变量的两个作用。

(1) 持有一个满足 Stu 类要求的对象"Stu st = new Stu("李雷",19)"。

(2) 按照类 Stu 给出的权利列表(两个属性，一个方法)，向其持有对象发出访问请求。对象因为满足这样的规则(已经被引用变量引用)，可以正确响应引用变量的访问请求，访问对象成员 age、name 和 getName()。

```
//代码 3-5  TestStu 类
public class TestStu {
    public static void main(String[] args) {
        Stu st =new Stu("李雷",19);            //引用变量与对象匹配;调用 Stu 构造方法
        int age =st.age;                        //按权利列表调用属性,对象响应正确
        String name1 =st.name;                  //按权利列表调用属性,对象响应正确
        String name2 =st.getName();             //按权利列表调用方法,对象响应正确
        System.out.println(age +"||" +name1 +"||" +name2);
    }
}
```

此外，从 Java 语法来看，引用变量也是一个变量，满足变量的三个要素：变量类型、变量

名、变量的值。这里的变量的值可以理解为对象。引用变量的值可以由两种方式得到。

(1) 由类的构造方法赋值。使用此方法,引用变量持有由构造方法返回的对象,如“Stu st = new Stu("李雷",19)”。

> **提示**
>
> 引用变量实际上是指向对象的指针,但是Java语言在建立之初就消灭了指针这个概念,引用变量除了赋值以外,不参与任何运算。引用变量指向对象一切工作都是JVM自动完成,在Java中,可以简单认为引用变量的值,不是地址,而是对象。

(2) 由其他引用类型变量赋值。使用此方法,引用变量持有使用其他引用变量传递过来的对象,Java语法为:

```
类 A 引用变量名 =其他引用变量;
Stu nfs =st;
```

3.2.3 访问控制

信息隐藏是面向对象程序设计最重要的功能之一,它通过为类中成员,包括static成员加载访问修饰符来完成。通过访问修饰符的加入,可以对类、类中成员(包含成员变量、成员方法、内部类等)、类中包含的static成员等内容进行可访问权限控制,达到屏蔽无权限访问的目的,为类内数据存储和方法运行打造了一个可控的运行环境。

Java将访问请求按请求发起者与本类之间关系分为以下四个层级。

(1) 当前类。来自于同一个类内部的访问请求。

(2) 当前包。来自于同一个包(package)其他类中的访问请求。

(3) 子类。来自于子类中的访问请求。这里子类可能与父类可以不属于同一个包。

(4) 无限制。来自任意类中的访问请求。

> **补充知识:包**
>
> Java使用包(package)来管理类。Java中的同一个包的判断标准有两个,源文件中package语句声明相同且编译后class文件在同一个目录,见4.1节。

1. 类的访问控制符

对于类、枚举、接口而言,修饰符可选public,若不声明,空缺就表示该修饰符是默认的(friendly)。public对应权限为“无限制”,即表示这个类在任何地方都是可见的,在任何地点发出的访问请求(如实例化、声明引用类型)都会被响应。friendly对应权限为当前包,表示只有来自同一个包中的访问请求才会被响应,而来自其他包的访问请求会被拒绝。类、枚举、接口的访问控制如表3-1所示。

表3-1 不同地方发出访问请求后,类、枚举、接口的访问控制

访问控制符	当前包	无限制
空缺(默认,friendly)	√	×
public	√	√

2. 成员的访问控制符

对于类内成员（成员变量，成员方法，内部类）而言，其访问控制（修饰）符有四种：public、protected、friendly（默认）、private，若不声明，空缺就表示该修饰符是默认的（friendly）。它们对于不同地方发起访问的响应方式如表 3-2 所示。

表 3-2　不同地方发出访问类内成员的请求后许可情况

访问控制符	当前类	当前包	子　类	无限制
private	√	×	×	×
空缺（默认，friendly）	√	√	×	×
protected	√	√	√	×
public	√	√	√	√

表 3-2 中，√ 表示该成员会响应访问请求，× 表示该成员会拒绝该访问请求。

在实际使用中，public 和 private 这两种权限的使用频率是最高的。将成员变量 private 化，可以有效地管理外界对于封装数据的访问，一般来说，用户会使用 getter()方法和 setter()方法来分别控制成员变量是否可读写，并在这两个方法当中加入相应代码进行一些高级操作，对返回值进行加工，并对注入值进行过滤清洗。代码 3-6 将展示 private、public 权限的使用。

```
//代码 3-6　有访问控制符修饰的类成员
public class Girl {
    private double age =18.5;
    public int getAge() {
        innerLife();
        return (int)(18+(age-18) * 0.05);
    }
    public void setAge(double outB){
        age =18 +0.05 * (outB-18);
    }
    private void innerLife() {
        System.out.println("我不会告诉你我真实的年龄");
    }
}
```

从代码 3-6 可以看到：

（1）在类内部，成员方法可以自由访问成员变量和其他成员方法，如 getAge()可以自由访问本类中的成员 age 和 innerLife()；setAge()可以自由访问 age。

（2）public 的 getter()方法，命令方式：get＋变量名，可返回加工后的变量。保证了 Girl 类对象中成员变量的私密性。

（3）public 的 setter()方法，处理外部信息后，再存入成员变量。保证了 age 这个变量的安全性，可以按照设计要求进行清洗再加工。

3. 访问对象（非 static）成员的方法

在类中，定义了成员变量与成员方法。当类实例化为一个对象后，这个对象也包含相应的成员变量和成员方法。访问该对象的成员需要持有对象的引用变量的权利列表中有该成员(见 3.3.5 节引用类型变量的转型)。

在 Java 中,引用类型变量通过运算符"."访问对象内的成员变量或调用成员方法,注意这种访问需要确定本处代码与目标类之间的访问关系(当前类、当前包、子类或无限制)是否满足成员变量与成员方法的访问控制条件(public、friendly、protected 或 private)。

```
//代码 3-6(续)  访问控制符约束下,外界对类成员的访问

public class TestGirl {
    public static void main(String [] args){
        Girl girl =new Girl();
        //int girlAge =girl.age ;           //private 属性不可访问
        //girl.innerLife();                 //private 方法不可访问

        int girlAge =girl.getAge();         //public 方法
        System.out.println(girlAge);

        girl.setAge(25);                    //public 方法
        girlAge =girl.getAge();             //public 方法
        System.out.println(girlAge);
    }
}
```

运行结果:

```
我不会告诉你我真实的年龄
18
我不会告诉你我真实的年龄
18
```

在代码 3-6(续)中,main()方法中声明了 Girl 类的一个对象 girl 来测试其成员变量的可访问性。相对于 Girl 类对象 girl 而言,来自 TestGirl 类中 main()方法的访问都属于"与对象毫无关系的对象"(无限制区域)发出的访问请求,只能访问 Girl 类对象中 public 权限的。如 public 修饰的 getter()/setter()方法、getAge()和 setAge()是可以访问的,而 private 的成员变量 age 和成员方法 innerLife()存在于对象 girl 当中,可以运行,但拒绝来自类外部(TestGirl 类中)的访问。

3.2.4　类定义中的多态——重载

在 Java 的语法中规定了"在类内,若成员方法的方法名相同,但参数列表不同,则构成方法的重载。对于参数列表,只要参数类型、参数个数或参数顺序三者其一不同即可认定两个参数列表不同"。方法重载是多态机制的一个重要表现形式,需要注意的是,重载只在类所定义的范围内有效。

```
//代码 3-7  成员方法的重载和调用

public class TestOverload {
    public static void main(String[] args) {
        Overload or =new Overload ();
```

```
        or.f();                         //调用无参方法()
        or.f(1);                        //调用单参方法(int)
        or.f(0.1);                      //调用单参方法(double)
        or.f(1, 0.1);                   //调用双参方法(int,double)
    }
}

public class Overload {                 //独立的 Java 源文件: Overload.java
    public void f() {
        System.out.println("f without any parameter!");
    }

    public void f(int i) {
        System.out.println("f with an integer parameter!");
    }

    public void f(double d) {
        System.out.println("f with a double parameter!");
    }

    public int f(int i, double j) {
        System.out.println("f with two integer parameters!");
    return 1;
    }
}
```

运行结果：

```
f without any parameter!
f with an integer parameter!
f with a double parameter!
f with two integer parameters!
```

在写重载方法时需要注意：

(1) 两个成员方法是否构成重载的两个条件：方法名相同且参数列表不同，与它们的返回值类型无关。如代码 3-7 中：

```
void f();
void f(int i);               //参数列表不同,构成重载,合法
//int f();                   //参数列表相同,不构成重载,非法
```

(2) 使用 JVM 调用重载方法时，如无完全符合要求的方法，则 JVM 会尝试对参数自动转型，就近匹配。这时 JVM 选用重载方法按“就近原则”进行匹配。如代码 3-7 中，TestOverload 中 or.f(1)中参数为 int 类型变量，按照自动转型的原则(见 2.5.1 节)，f(int i)与 f(double d)都可以响应。按“就近原则”，JVM 使用了 f(int i)。假如 Overload 类中没有 f(int i)，只有两种方法 void f(float k)与 void f(double d)，按就近原则，JVM 会选择 void f(float k)。

(3) 构造方法允许重载。显式写构造方法时，都会写一个无参数的构造方法，这个做法

有助于简化子类的构造方法的代码(详见 3.3.4 节)。

3.2.5 类定义中的其他问题

1. this 指针

this 指针是类体内指向自身的一个引用,它是一个内部引用,无法在类体外使用。在程序中,一般使用"this."来显式调用类内成员方法与成员变量,可以从形式上区别方法体内同名的局部变量。用户可以使用"this(参数列表)"来调用类体内其他重载的构造方法。注意:调用其他重载构造方法的语句"this()"必须写在构造方法的第1行。

```
//代码 3-8  this 指针与 this()方法的使用示例

public class TestThis {
    public static void main(String[] args) {
        CThis ct =new CThis();
    }
}

public class CThis {
    public int age;
    public CThis(int age) {
        this.age =age;                //不写 this,JVM 会优先选择局部变量
        System.out.println("CT with a parameter");
    }
    public CThis() {
        this(3);                      //调用本类其他的构造方法
        System.out.println("CT without any parameter");
    }
}
```

运行结果:

```
CT with a parameter
CT without any parameter
```

从代码 3-8 来看,使用 this 指针可以显式地调用类成员变量,this.age 就明确表示这里使用的是 CThis 类的成员变量,而不是 CThis 构造方法中的局部变量。而 this(3)则表示调用本类其他构造方法,被写在构造方法体的第一行。

2. static 关键字

static 用来声明类内静态成员变量和静态成员方法(2.7 节中定义的方法和 main()方法都是静态方法),也可以声明静态代码块。

```
public class 类名{
    [访问控制符] static 变量类型 静态变量名;
    [访问控制符] static 变量类型 静态方法名(参数列表){方法体语句块}
    static { 静态代码块 }
}
```

静态变量和静态方法可以直接通过类名来访问,Java 语法为:

```
类名.静态方法名(参数列表…)
类名.静态变量名
```

提示

(1) 非静态的一般成员(成员变量和成员方法)属于对象,静态成员属于类。一般成员可以被子类继承,但静态成员无法被继承。

(2) 用户只有在生成对象后方可访问非静态对象,而静态成员在类代码(第一次被代码引用时)加载后即可以访问。

(3) 静态成员可通过类对象的引用变量访问,但不建议这样使用,因为这样做容易引起不必要的误解。

静态代码块是在类中独立于类成员的 static 语句块,可以有多个,且位置不受限制。多个静态代码块,JVM 加载类时会按代码顺序,从上到下依次执行这些静态的代码块。如代码 3-9 所示。

//代码 3-9 静态代码块,静态成员的定义

```
public class StaticCode {
    private static int staticA;             //static 变量
    public int normB;                       //成员变量,不能被 static 直接调用

    static {                                //第一顺序代码段
        StaticCode.staticA =3;              //访问 static 变量
        System.out.println("First: " +staticA);
        TestStaticCode.staticG();           //调用 static 方法
    }

    static {                                //第二顺序代码段
        StaticCode.staticA =5;
        System.out.println("Third: " +staticA);
    }

    public static void staticG() {          //static 方法
        StaticCode.staticA =4;
        System.out.println("Second: " +staticA);
    }

    public void f() {                       //成员方法,不能被 static 直接调用
        System.out.println("Hello World!");
    }

    public static void main(String[] args) {
        //未实例化对象,只是将 StaticCode 类加载到内存当中
        System.out.println("Main!");
    }
}
```

输出结果为:

```
First: 3
Second: 4
Third: 5
Main!          //先加载类,后执行 main 方法
```

如代码 3-9 展示的结果，在 JVM 调用 main()方法时，需要加载 StaticCode 类，在此过程中触发 static 代码块自动执行。而代码 3-10 的运行结果表明，在没有代码涉及 StaticCode 类(代码 3-9 中定义)之前，static 代码块是不会自动执行的。

```
//代码 3-10  类内静态元素使用注意事项
public class TestStaticCode {
    public static void main(String[] args) {
        System.out.println("内存为空,未涉及 StaticCode 类");

        StaticCode.staticG();
        System.out.println("第一次,涉及 StaticCode 类,先执行 static 代码块,
                        后执行 staticG()");
        System.out.println("共享静态变量: "+StaticCode.staticA);

        StaticCode t1 =new StaticCode();      //实例化一个对象,正常访问成员变量
        t1.f();
        t1.normB =1000;
        System.out.println(t1.normB);
        System.out.println("t1 静态变量: "+t1.staticA);

        t1.staticA =50;                       //通过对象,修改 static 变量

         //内存中共用的 staticA 被修改,所有对象都受到影响!!
        System.out.println("类名静态变量: "+StaticCode.staticA);
        //类名访问。受影响!

        StaticCode t2 =new StaticCode();      //第二次加载,静态代码不再执行
        System.out.println("t2 静态变量: "+t2.staticA);
        //新对象后访问,同样受影响!

        System.out.println("t2 成员变量: " +t2.normB);
        //一成员变量是独立的
    }
}
```

程序输出结果如下。

```
内存为空,未涉及 StaticCode 类
First: 3
Second: 4
Third: 5
Second: 4
第一次,涉及 StaticCode 类,先执行 static 代码块,后执行 staticG()
共享静态变量: 4
```

```
Hello World!
t1 成员变量: 1000
t1 静态变量: 4
类名静态变量: 50
t2 静态变量: 50
t2 成员变量: 0
```

代码 3-10 验证了如下结论：

(1) 静态变量及静态方法独立于该类的任何对象。在类未实例化对象之前，就可以通过类名直接访问，如代码中的 StaticCode.staticG()和 StaticCode.staticA 等。

(2) 静态代码在类第一次出现在代码中时，自动加载运行，且只运行一次。如在 TestStaticCode 的 main()中，开始时未直接加载 StaticCode 类，直到出现 StaticCode.staticG()语句，第一次加载 StaticCode 类，这时 StaticCode 中的两个静态代码块才依次运行；在第二次使用 StaticCode 类时"StaticCode t2 = new StaticCode()"，静态代码块将不再运行。

(3) 静态变量看起来也是类内成员，除了通过类名直接访问外，也可以通过引用变量访问，因此，也经常称静态变量为静态成员变量。如 staticA 变量可以通过 StaticCode.staticA 访问，也可以通过 t1.staticA 访问。然而，静态变量并不是真正的类内成员，如图 3-2 所示。

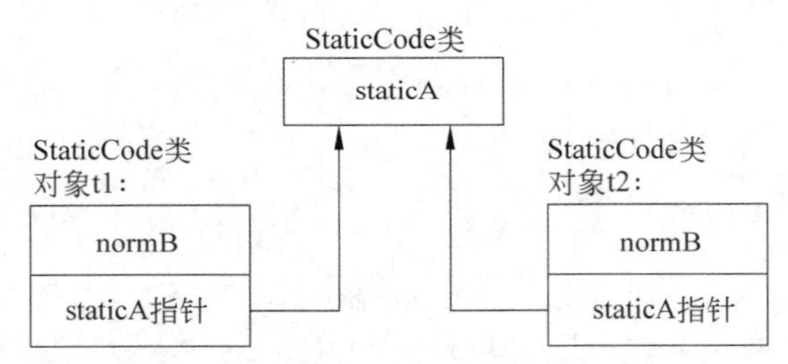

图 3-2　StaticCode 中静态成员与一般成员之间关系

类的成员变量和成员方法存在于对象当中，只有在对象实例化之后才能出现。静态成员独立于对象，在类代码加载后就会出现在内存当中，静态变量是类的所有实例所共有的，且是唯一的。一处修改，就会影响所有对象。成员变量存在于对象当中，彼此独立，如 t1 的 normB 和 t2 的 normB。

从生命周期来看，类的非静态成员的生命周期与静态成员也是不一样的。非静态成员诞生于对象实例化，而静态成员诞生于类代码加载；非静态成员消亡于对象被回收，而静态成员始终存在。因此，对于程序来说，只有一些必要的、常用的方法和变量才会被声明为静态，减少静态成员的使用有助于提高内存的利用率。

3. 关于类的一些约定俗成

(1) 将所有的成员变量声明为 private，利用 public 的 getter()、setter()方法分别去设定读写控制。getter()、setter()方法的命名规则为：

```
public 所读变量的类型 get+"要读取变量名"(){                  //… }
public void set+"设定值的变量名"(变量类型 变量名){            //… }
```

如对私有变量 int privateElement 的 getter()、setter()方法的典型写法如下。

```
public int getPrivateElement(){
    return privateElement;
}
public void setPrivateElement(int inputElement){
    this.inputElement =inputElement;
}
```

(2) 尽量避免将一个变量设定为 static 的,更不要使用它在不同对象之间传递值。因为这样会打破类的封装性,且容易出现不可预料的错误。一般声明公用变量,为避免被意外修改,会将其声明为常量——“static final”的。

(3) 纯粹服务性质与具体数据无关的方法,可将其声明为 public static 的。如 Java 中常用的工具类有 java.lang.Math 类、java.util.Arrays 类和 Collections 类等。

(4) 每个类单独放一个 Java 文件,并将其声明为 public 的。

3.3 继　承

在面向对象程序设计中,继承所表达的就是类与类之间的包含关系。类 A 继承了类 B,A 是一种 B,属于类 A 的对象具有类 B 的全部性质(属性)和功能(方法)。

我们称被继承的类 B 为基类、父类或超类,而称继承类 A 为 B 的派生类或子类。从概念的角度来看,父类更通用,子类更具体。现实生活中,这样的例子很多,如摩托车和汽车都属于机动车,摩托车类和汽车类继承了机动车类。

Java 中,类 A 继承了类 B,使用关键字 extends 声明一个类是从另一个类继承而来,语法为:

```
[public] class 父类{ }
[public] class 子类 extends 父类{ }          //单继承,只有一个父类
```

Java 类与类之间只支持单继承,不支持多继承,即子类只允许拥有一个直接父类。

3.3.1 父类是共同代码的抽象

Java 继承是基于已存在的类建立新类的技术,子类只需要声明继承父类,即可复用父类中的代码。父类承载所有子类的通用设定和共用代码,子类专注于描述子类所特有的功能和特征。对于摩托车类和汽车类,设定如下。

```
摩托车类:      属性(牌照号),方法(启动,停止)
汽车类:        属性(牌照号),方法(启动,关窗)
```

代码如下。

```
public class Motor{
    private String license;
    public Motor(String license){
        this.license =license;
    }
    public void start(){
```

```
            System.out.pritnln(license +"starts");
        }
        public void shutDown(){
            System.out.println("The moter was parked at the roadside.");
        }
    }
    public class Car {
        private String license;
        public Car (String license){
            this.license =license;
        }
        public void start(){
            System.out.pritnln(license +"starts");
        }
        public void closeWindows(){
            System.out.println("The car is closing the windows.");
        }
    }
```

对于这两个类，可以发现其部分代码高度重复。对于方法，高度重复的代码可以提取出来成为一个新的方法，原先的方法调用新方法即可。对于类，同样可以提取相同代码形成一个新父类。这样子类就不需要重复性地写入代码，代码也更加简洁，也提高了代码的复用性。使用继承改造后的类如代码 3-11 所示。

```
//代码 3-11  继承中父类的构造
    public class Vehicle{                        //父类
        private String license;
        public Vehicle (String license){
            this.license =license;
        }
        public void start(){
            System.out.println(license +"starts");
        }
    }

    public class Motor extends Vehicle {         //子类 1
        public Motor (String id){
            //license =id;                       //不能直接访问父类 private 成员
            super(id);                           //调用父类 public 的构造方法
        }
        public void shutDown(){
            System.out.println("The moter was parked at the roadside.");
        }
    }

    public class Car extends Vehicle {           //子类 2
        public Car (String id){
```

```
        super(id);
    }
    public void closeWindows(){
        System.out.println("The car is closing the windows.");
    }
}
```

3.3.2 继承对于对象和引用变量的影响

子类继承父类，则子类对象既包含子类中定义的(非静态的)成员，也包含父类中的所有(非静态的)成员，就好像一个汤圆，声明汤圆这个子类对象的时候，其在核心内会包含黑芝麻芯这样的一个父类对象。

因为从引用的角度来看，子类对象既满足了子类类型引用的限制条件，也满足了父类类型引用的限制条件，因此，子类对象既可以由父类引用变量来持有，也可以由子类引用变量来持有。

```
//代码 3-12  父类变量持有子类对象
public class TestInherit {
    public static void main(String[] args) {
        Son s =new Son();
        System.out.println("father's varible: " +s.fatherInt);
        System.out.println("son's varible: " +s.sonInt);
        s.fatherFunction();
        s.sonFunction();

        Father f =s;                         //Son 对象,满足 Father 类引用类型要求
        System.out.println("father's varible: " +f.fatherInt);
        f.fatherFunction();

        //因为 Father 类没有 sonInt 和 sonFunction()成员,所以下面的语句非法
        //System.out.println("son's varible: " +f.sonInt);
        //f.sonFunction();
    }
}

public class Father {
    public int fatherInt =10;

    public void fatherFunction() {
        System.out.println("Father's function!");
    }
}

public class Son extends Father {            //Son 类继承自 Father 类,隐式包含
                                             //Father 类的成员变量及成员方法
    public int sonInt =11;
    public void sonFunction() {
```

```
            System.out.println("Sun's function! " +fatherInt);
        }
    }
```

运行结果：

```
father's varible: 10
son's varible: 11
Father's function!
Sun's function! 10
father's varible: 10
Father's function!
```

通过代码 3-12 可以看到：

(1) 通过子类引用变量 s，可以访问对象父类成员 fatherInt 与 fatherFunction()，证明子类对象中包含一个父类对象。

这种生成子类对象的同时，也生成父类对象的行为，方便了程序灵活配置子类对象行为，但也为程序运行速度带来麻烦。因此，有人嘲讽 Java 的这种行为是："You wanted a banana but you got a gorilla holding the banana"。[①]

(2) 子类对象匹配父类引用变量中对于成员的要求，可以被父类类型的引用变量所持有，如 Father f = s。

(3) 引用变量可调用对象成员的权利列表来源其所依赖的类，而不是其持有的对象。即使父类引用变量持有子类对象，但是由于父类的定义，该引用变量无法访问子类对象中特有的成员。如 f.sonFunction()和 f.sonInt 都是非法的。

3.3.3 重写与多态

方法重写(Override)的过程就是在子类中创建一个与父类成员方法声明一致(方法名相同、返回值类型相同、参数列表相同)但方法体不同的方法。方法重写有时也被称为方法覆盖、方法复写。

子类中方法的重写可以在子类中实现不同于父类的功能。之所以使用重写，而不是新增一个方法，其重要原因是为了在父类类型的引用变量权利列表不变的条件，通过加载不同子类对象，实现相同方法调用不同实现功能。这一机制就是面向对象程序中最重要的多态机制。多态实现的代码基础就是继承和子类对父类方法的重写。父类引用类型变量 a，根据父类定义获取一个可调用方法 functionA()的权利；子类对象被变量 a 所持有；当 a 准备使用方法 functionA()，JVM 从"汤圆"模型的子类对象的外层向内层查找方法 functionA()。因为重写的严格要求，JVM 会直接匹配子类中的 functionA()，执行子类的 functionA()而不是父类的 functionA()。多态的实现效果就是父类的引用变量通过加载不同的子类对象，调用父类中的方法名，但执行的却是子类中的方法体。

关于重写需要注意的是：

---

① 你想要一根"香蕉"，但你却得一只握着香蕉的大猩猩。一个包含了父类对象的子类对象。—编辑注

(1) 重写的方法一定要和被重写的方法具有相同的方法名和参数列表。如果仅是方法名相同,但参数列表不一致,则构成重载(子类方法与父类方法之间的重载)。

(2) 重写方法的访问权限不能比被重写方法的权限更严格,一般都会将重写方法的访问控制符设定为public的,因此直接将父类方法的声明复制到子类当中是一种既简单又高效的方法。

(3) 静态方法因为不参与继承,所以父类与子类的静态方法之间不存在重写关系。

```
//代码 3-13　重写父类方法的示例
public class TestOverride {
    public static void main(String[] args) {
        System.out.println("Animal an1 变量持有 Dog 对象");
        Animal an1 =new Dog();
        an1.f(2,0.2);

        System.out.println("Animal an2 变量持有 Animal 对象");
        Animal an2 =new Animal();
        an2.f(2,0.2);
    }
}

publicclass Animal{
    public int age =10;
    protected void f(int i,double d){
        System.out.println("Animal: f()");
    }
}

public class Dog extends Animal{
    private int age =5;
    @Override
    public void f(int i,double d){
        System.out.println("Dog: f()");
    }
}
```

运行结果:

```
Animal an1 变量持有 Dog 对象
Dog: f()
Animal an2 变量持有 Animal 对象
Animal: f()
```

在代码3-13中Dog类继承了Animal类,Dog类成员方法f()重写了Animal类中f()方法,且访问权限更宽泛。

3.3.4　super与final关键字

super关键字应用在子类的成员方法中,通过super关键字来实现对父类成员的访问,使用 super(参数列表)语句可以在子类构造方法中显式调用父类构造方法。需要注意的是：

(1) super 指针是仅有的且只能从子类当中访问父类“被重写”方法的途径。super 指针不能被子类对象的外部引用所直接调用，只能用于子类方法中。

(2) 相对于父类对象，super 指针是外部引用，受父类访问控制符限定。

(3) super()方法可调用父类构造方法，但必须放在子类构造方法的第一行。

(4) 子类构造方法默认调用 super()，即父类无参构造方法，因此在父类代码中建立一个无参数的构造方法可以方便后续子类构造方法的编写，同时也可以空出来子类构造方法第一行这个稀缺的资源。

```
//代码 3-14  super 关键字的使用方法

public class TestSuper {
    public static void main(String[] args) {
        new S1().f(10);
    }
}

public class S1 extends F1 {
    public int i =4;
    public S1(){
        super();
        System.out.println("S1 Constructor.");
    }
    public void f(int i) {
        System.out.println("this.i =" +this.i);
        System.out.println("i =" +i);
        System.out.println("super.i =" +super.i);        //super 指向父类成员
        super.f();                                        //super 指向父类成员
    }
}

public class F1 {
    public int i =1;
    public void f() {
        System.out.println("f() in F1!");
    }
    public F1(){
        System.out.println("F1 Constructor.");
    }
}
```

运行结果为：

```
F1 Constructor.
S1 Constructor.
this.i =4
i =10
super.i =1
f() in F1!
```

代码 3-14 中 S1 类的构造方法在第一行，使用 super()方法显式地调用了父类 F1 的构造方法。需要注意的是，此时该构造方法不能使用 this()调用 S1 类的其他构造方法。因此，我们说构造方法的第一行是稀缺资源。

在 S1 的一般成员方法中，可以使用 super 关键字显式指定访问父类 F1 中的相关成员，需要注意此访问仍然受访问控制符限制，不能访问父类的 private 成员。

final 关键字可以用来修饰变量（包括类属性、对象属性、局部变量和形参）、方法（包括类方法和对象方法）和类。使用 final 关键字声明类，就是把类定义为终结类，不能被继承；final 修饰方法不能被子类重写；final 的变量是常量，不涉及继承。

3.3.5　引用类型变量的转型

类型转换通常发生在赋值运算、算术运算、方法调用时。基本数据类型的类型转换相关事项已经在第 2 章中介绍过了，这里仅探讨引用类型的类型转换。子类引用变量的要求多，可以引用的对象的种类少，谓之窄；父类引用变量的要求少，可以引用的对象的种类多，谓之宽。Java 中的引用类型的类型转换只能发生在子类型引用变量与父类型引用变量之间，可归纳为以下两种情况。

（1）子类型自动转型成父类型，窄变宽自动。

根据继承的要求，因为父类成员包含在子类当中，子类引用变量的权利列表一定严格多于父类引用变量的权利列表。屏蔽一部分权利列表，子类类型的引用变量自然可以转型为父类类型的引用变量。

（2）父类型需要强制转型才能成为子类型，宽变窄强制。

一个引用变量可以通过强制类型转换扩大其权利列表。根据引用变量的定义，通过强制类型转换所移交的对象必须可以响应新增的功能请求。因此，引用类型强制转换是有风险的。

如果使用图形化表示类与类的继承关系，通常将父类放在上方，子类放在下方，如图 3-3 所示。因此，子类型引用变量转换为父类型也称为向上转型，它是自动的；父类型转换为子类型称为向下转型，它是强制的。引用类型的强制转型的 Java 语法与基础数据类型的强制转型是类似的。

```
(类型) (引用变量)
```

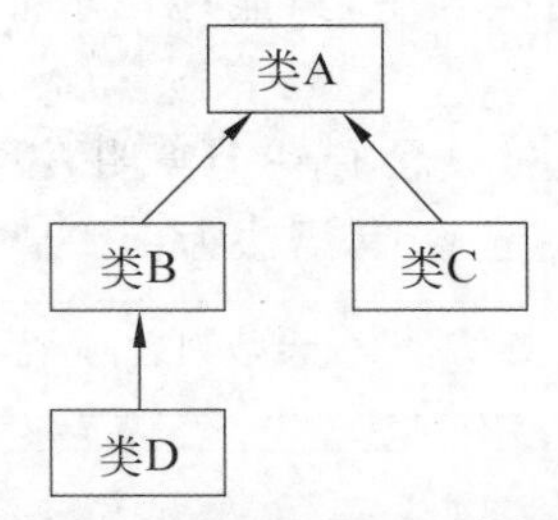

图 3-3　ABCD 四类之间的继承关系（箭头表示继承关系）

引用类型变量的转换需要继承体系的支持。假设存在 ABCD 四个类，它们之间的继承关系如图 3-3 所示。若内存中存在一个由类 D 实例化的对象，该对象最初是类 D 类型的引用变量 d 持有，下列伪代码展现了引用变量之间的自动转型和强制转型。

```
类 D d =一个类 D 的实例化的对象;
类 A a = d;              //从 D 向 A 向上转型,自动转型
类 B b = (类 B) (a);     //从 A 向 B 向下转型,强制转型,对象与类型匹配,成功!
//类 C c= (类 C) (a);    //从 A 向 C 向下转型,强制转型,对象与引用变量不匹配,失败!
```

如何判断一个引用变量（实际上背后的对象）是否可以转型成为新引用类型，被新类型的引用变量所拥有？可以使用 instanceof 判断引用变量持有对象是否满足类或接口类型变量的要求，代码如下。

```
变量名 instanceof 类名或接口名          //若匹配成功返回 true,否则返回 false
```

3.4 抽　象　类

抽象类是 Java 中定义的一个使用关键字 abstract 修饰的、无法实例化对象的的类。抽象类只能用于声明引用变量，或作某个类的父类。在实际代码运行过程中，抽象类的作用就是为引用变量提供一个可以操纵多种子类对象的权利列表。

3.4.1 抽象类的定义与功能

在面向对象程序设计的概念中，所有的对象都是通过类实例化得到的。然而并不是所有的类都是用来实例化对象的。抽象类往往用来表示我们在对问题领域进行分析、设计中得出的抽象概念，是对一系列看上去不同，但是本质上相同的具体概念更高层次的抽象。

在 Java 中抽象类的定义需要使用关键字 abstract，其语法为：

```
访问控制符 abstract class 类名{ }
```

例如：

```
public abstract class 能吃方便面的动物{}
```

抽象类的特点：

（1）抽象类不能实例化，只能用于声明引用变量。

（2）抽象方法不能存在于普通类当中，只能存在于抽象类和接口当中，换言之，包含抽象方法的类一定是抽象类。

抽象方法是一种不完整的方法，只含有一个声明，没有方法主体。Java 中的抽象方法在方法声明时需要使用 abstract 关键字，其语法为：

```
访问控制符 abstract 返回值类型 方法名(参数列表);
```

注意

抽象方法声明语句没有方法体，并且以“;”结尾。抽象方法的访问控制符不能是 private 的，因为子类重写也是一种访问。抽象方法也不能是静态的，因为静态方法不参与继承。

(3) 抽象类是一个“可能”包含抽象方法的普通类。

在抽象类中可以像普通类一样，定义成员方法和成员变量，拥有自己的构造方法。抽象类也可以不包含任何抽象方法。虽然从代码层面上来看，抽象类有可能是一个完整的类，但由于 abstract class 的声明，该类依然不能实例化。

(4) 类 A 继承了抽象类 B，若类 A 中所有成员方法都拥有方法体（重写了类 B 中的抽象方法），则类 A 可以是普通类，在声明中去掉 abstract 关键字；否则，类 A 仍然需要声明为抽象类。

3.4.2 抽象类与多态

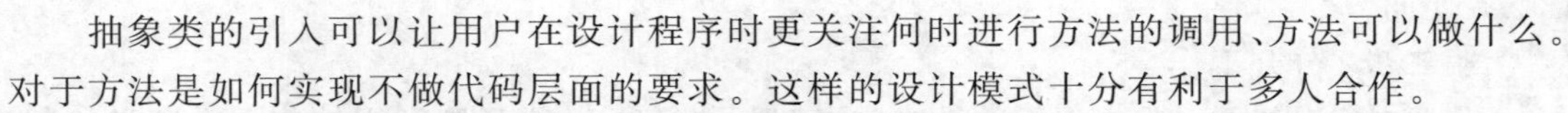

抽象类的引入可以让用户在设计程序时更关注何时进行方法的调用、方法可以做什么。对于方法是如何实现不做代码层面的要求。这样的设计模式十分有利于多人合作。

有这样一段程序：系统要求每一个接收到“可以吃方便面的动物”（包括高级动物）对象都执行“吃方便面”这一操作，如代码 3-15 所示。

```
//代码 3-15  多态与软件分工的示例
public abstract class 可以吃方便面的动物{              //通用标准的确定
    public abstract void 吃方便面();
}

public class TestAbstractClass {
    public void 赠予(可以吃方便面的动物 ac){              //程序员 A 的工作
        ac.吃方便面();
    }
}

publicclass 编者 extends 可以吃方便面的动物{          //程序员 B 的工作 1
    public void 吃方便面(){                              //重写父类抽象方法
        System.out.println("干吃!");
    }
}
publicclass 阿喵 extends 可以吃方便面的动物{          //程序员 B 的工作 2
    public void 吃方便面(){                              //重写父类抽象方法
        System.out.println("泡着吃!");
    }
}

public class Test{
    public static void main(String[] args) {           //整合、综合调试程序
        TestAbstractClass tac =new TestAbstractClass();
        //传入一个“可以吃方便面的动物”类的子类对象
        tac.赠予(new 编者());
        tac.赠予(new 阿喵());
    }
}
```

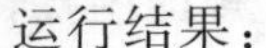

运行结果：

```
干吃!
泡着吃!
```

从运行结果来看，“tac.赠予”这个方法中参数ac在接收到不同对象之后，调用统一的方法“ac.吃方便面()”后展示的结果会因为持有的子类对象不同而不同，编者是“干吃！”，而阿喵则是“泡着吃！”。

在该段程序设计过程中，可以按以下步骤进行分工合作。

第一步：协调标准。

两个人在一起商量一个标准，即定义一个抽象类“可以吃方便面的动物”，内含抽象方法“吃方便面()”。

第二步：分开工作。

程序员A写“可以吃方便面的动物”的实现子类，程序员B则利用抽象类中定义的“吃方便面()”方法设计“赠予”方法。

对于编写“赠予”方法的程序员A来说。根据abstract类的定义引用类型变量的权利列表，哪些成员变量和成员方法可访问已经在abstract类的定义中注明。根据抽象类的要求，所有继承抽象类的子类都需要重写抽象方法，在程序执行时，ac持有一个“可以吃方便面的动物”抽象类的实现子类对象，必将可以执行“吃方便面()”这个方法。程序员A可以放心大胆地调用，不用担心它的实现。

对于编写实现子类的程序员B来说，只要遵守继承相关要求，重写父类中抽象方法即可完成工作。

第三步：统一整合。

main()方法将两人的工作利用迟绑定技术完美整合。

整个过程中，在定义了抽象类之后，程序员A、B的工作是独立、互不干扰的。这种工作模式减少了A、B二人在开发过程中不必要的通信协调，加速了软件的开发过程。

这种模型也是现阶段中Java程序开发时所通用的框架模式，如Java Web中的SSM框架、大数据编程中的MapReduce框架、容器类框架（见第7章）等。程序员A就是框架的开发者，程序员B就是框架的使用者。

3.5 接　口

3.5.1 接口的功能

接口是规则的集合体，是类的极致抽象，是多类对象（不同类，它们可以没有继承关系）共同需要遵守的契约。接口的设计只考虑规则的设定（方法的输入参数，返回值），并不考虑各个实现类采用什么方式实现这些功能。例如，“红灯停”就是规则，道路上的行人、电瓶车、汽车等对象都遵守这个规则，至于具体类是如何实现这个规则，是站住、捏闸，还是刹车，接口并不做要求。接口是高层次，它着重考虑需要的功能，而具体实现细节则交给接口的实现类。

接口的出现方便了对象的使用，也有助于程序设计人员摆脱底层具体实现的困扰，更专注于程序的框架设计。如同知道了“红灯停，绿灯行”这个规则后，就可以基于这个规则在路口设计更加合理的车辆行人通行方式，而不需要了解行人、电瓶车、汽车类对规则的实现细节。在实际开发中，由于项目的模块众多，了解他人编写模块的实现细节是不现实的。这时，我们将类（模块）对外提供服务的方法抽象为规则（接口）独立出来，那么模块使用者就可以快捷地完成学习过程，通过接口的调用，完成模块对接。我们学习的 Java 常用类使用方法的过程，就是这样一个熟悉接口、使用接口的过程，因此记录了 Java 官方类、接口的 API 文档对于 Java 程序员来说至关重要。

补充知识：API 文档

Application Programming Interface Documents，Java 程序的帮助文档，可以帮助用户了解软件功能模块接口的定义和功能，是每个 Java 编程人员都想拥有的宝物，也是他们的噩梦。

3.5.2 接口的定义

Java 中定义接口的语法为：

```
[访问控制符] interface 接口名{
    [public static final] 变量类型 变量 1 =初始值;
    [public static final] 变量类型 变量 2 =初始值;
    [public][abstract] 返回值类型 方法 1(参数列表);
    [public][abstract] 返回值类型 方法 2(参数列表);
    //…
}
```

其中，接口的访问控制符与类的访问控制符一样，只有 public 和空白（friendly）可以选择，接口的特征归纳如下。

（1）接口中的成员变量默认都是 public、static、final 类型的静态常量，三个关键字都可以省略不写。

（2）接口中的成员方法默认都是 public、abstract 的，也就是说，public 和 abstract 这两个关键字都可省略，但在实际编写接口代码和文档的过程中会保留 public，而省略 abstract 这个关键字，以方便后来用户的使用。

```
public interface A{
    int CONST =1;            //合法,CONST 默认为 public,static,final 类型
    void method();           //合法,method()默认为 public,abstract 类型
    public abstract void method2();
                             //method2()显式声明为 public,abstract 类型
}
```

（3）当类实现了某个接口时，它必须实现接口中的所有抽象方法，否则这个类必须声明为抽象的。

```
public interface B{
    void methodB();
}
public class A implements B{
```

```
    void methodB(){
        //…
    }
}
```

(4) Java中,接口与接口之间可以存在多重继承关系,但不能有实现关系。

```
public interface A{
    void methodA();
}
public interface B{
    void methodB();
}
public interface C extends A, B{ //复合接口C
    void methodC();
}
```

接口C继承了接口A和B,也继承了其中的抽象方法。若子类实现接口C,则需要实现全部接口C中的所有抽象方法,包括接口C继承自接口A和接口B的抽象方法。

(5) 一个类只能继承一个直接的父类,但可以实现多个接口,间接地实现了多继承。

```
public class A extends B implements C, D{…}        //B为 class, C和 D
为interface
```

(6) 不允许创建接口的实例(实例化),但允许定义接口类型的引用变量,该引用变量指向实现接口的子类对象。

```
public class B implements A{
    public static void main(String [] args){
        A a =new B();             //引用变量a被定义为A接口类型,引用了B实例
        //A a =new A();           //错误,接口不允许实例化
    }
}
```

(7) 在Java 7(包含Java 7)之前的版本中,接口中只能包含public、static、final类型的成员变量和public、abstract类型的成员方法。

3.5.3 Java 8中接口

在Java 8接口中可以添加静态方法和默认方法。

默认方法使用default关键字修饰。可以通过实现类对象来调用,如7.4.1节中Iterable接口中的forEach()方法。静态方法使用static关键字修饰。可以通过接口直接调用静态方法,并执行其方法体。

> **提示**
>
> 函数式接口中的修饰方法的default关键字并不是成员方法的访问控制符。它表示该方法是接口中有默认实现的成员方法。

接口默认方法的调用满足"类优先"原则。若类B实现了方法f()，类A继承了类B实现了接口I，类B中方法f()与接口I中默认方法f()声明相同(方法名，参数列表，返回值类型一致)，则接口I变量引用类A对象优先使用类B中的方法f()，而不是I中默认方法f()。

另外，如果一个父接口提供一个默认方法，而另一个接口也提供了一个具有相同名称和参数列表的方法(不管方法是否是默认方法)，那么实现类必须覆盖该方法来解决冲突。

```
//代码 3-16  接口中默认方法和静态方法的定义和使用
public interface InterfaceJava8 {
    default String getName() {                              //default 方法
        return "default function in Interface.";
    }
    public static void show() {                             //static 方法
        System.out.println("static function in Interface.");
    }
}

public class Father {
    public String getName() {                               //类优先的方法
        return "Father's getName";
    }
}

public class Son extends Father implements InterfaceJava8{}

public class MyClass implements InterfaceJava8{}

public class TestInterface1 {
    public static void main(String[] args) {
        Son son =new Son();
        System.out.println(son.getName());              //类内定义方法优先
        //son.show();                                   //接口的 static 方法不属于对象
        InterfaceJava 8.show();
        MyClass myClass =new MyClass();
        System.out.println(myClass.getName());          //接口内定义的方法默认实现
    }
}
```

输出结果为：

```
Father's getName
static function in Interface.
default function in Interface.
```

从输出结果可以看出：

(1) 接口实现类内的重写方法优先于接口中默认实现方法，会被优先调用。如son.getName()就执行的Son类方法体，而不是接口中的默认实现。

(2) 接口中的静态方法，可以像类中静态方法一样，直接使用"接口名.静态方法"的方式进行调用。

(3) 若实现类没有重写接口默认实现方法(default 方法)，如 MyClass 类，在调用该方法时就会连接到接口默认实现的方法之上。

3.5.4 接口与多态

接口在代码中的作用除了定义抽象方法集合之外，另一种重要的用途就是定义引用变量类型。最直接的方式：

```
接口名 引用变量 =实现接口的子类对象;
```

更多时候，我们是将接口作为方法的输入参数类型来使用。这样 JVM 就可以通过加载不同的对象选择具体实现方法了。如代码 3-17 所示，行人和汽车类实现了交通规则这个接口(停和行)。Police 类的 policeControl()方法根据 TrafficRule 接口完成对行人或汽车对象的控制。

```
//代码 3-17  基于接口写程序的示例
public class TestInterface2 {
    public static void main(String[] args) {
        Police police =new Police();

        System.out.println("车辆通行");
        police.policeControl(new Person(),true);
        police.policeControl(new Vehicle(),false);

        System.out.println("行人过街");
        police.policeControl(new Person(),false);
        police.policeControl(new Vehicle(),true);
    }
}

public class Police {
    public void policeControl(TrafficRule tr, boolean lightIsRed) {
        if (lightIsRed) {
            tr.stop();
        } else {
            tr.go();
        }
    }
}

public interface TrafficRule {
    public void go();
    public void stop();
}

public class Person implements TrafficRule {
    public void go() {
```

```
        System.out.println("Man, Go");
    }

    public void stop() {
        System.out.println("Man, Stop");
    }
}

public class Vehicle implements TrafficRule {
    public void go() {
        System.out.println("Car, Go");
    }

    public void stop() {
        System.out.println("Car, Stop");
    }
}
```

运行结果：

```
车辆通行
Man, Stop
Car, Go
行人过街
Man, Go
Car, Stop
```

3.6 多　　态

之前章节中多次提到"多态"这个概念。一个形象的说法是：继承是子类使用父类的方法，而多态则是父类使用子类的方法。

3.6.1 多态的概念

使用多态技术，可以在不用修改源程序代码的情况下，通过统一的引用变量绑定到各种不同的类对象之上，实现统一方法调用，差异的方法实现。

实现的多态技术称为迟绑定技术，或动态绑定技术，即一个引用变量到底会指向哪个类的实例对象，该引用变量发出的方法调用到底是哪个类中实现的方法，必须在由程序运行期间才能决定。与之相对应地，在编译期间绑定关联方法的技术称为静态绑定技术，代表性的语言是C语言。静态绑定的语言执行效率更高、运行环境封闭、运行效果更加可控，但动态绑定的程序则表现出以下优点。

(1) 可替换性(substitutability)。多态是面向父类(接口)进行编程的，所有子类对象在运行时都可以替换使用，无须修改程序源码。

(2) 可扩充性(extensibility)。多态对代码具有可扩充性，增加新的子类不影响其他已存在的类，且可以很快地融入已有程序当中。

（3）接口性(interface-ability)。多态是父类通过方法声明，向子类提供了一个共同接口，由子类来完善或者覆盖它而实现的。

（4）灵活性(flexibility)。多态的实现在应用中体现了灵活多样的操作，扩大了同一段代码的使用范围，延伸了程序的应用范围。

（5）简化性(simplicity)。多态简化了应用软件的代码编写和修改过程。

3.6.2 重载——多态性的一种表现

方法重载是指一个类中多个方法享有相同的名字，但是这些方法的参数必须不同(或者是参数的个数不同，参数类型不同或者是参数顺序不同)。

（1）重载是让类以统一的方式处理不同类型数据的手段。例如，System.out 对象成员方法 println()方法就有 println(boolean b)、println(int i)、println(double d)、println(String st)这样的重载方法。

（2）类中出现多个同名方法，JVM 在调用方法时通过传递给方法名的参数列表个数和类型来决定使用哪个方法，这是多态性的一种表现。对于子类引用变量，因为子类继承了父类的成员方法，因此它在重载搜索时会跨越子类和父类两个类；而父类引用变量，因为只有父类定义的成员方法，所以它只能在父类中搜索重载方法。

（3）引用变量对重载方法的支持不会超过本类范围。代码 3-18 展示了重载方法的搜索范围。

```
//代码 3-18  子类与父类中的重载
public class Animal{
    public void f(double d){
        System.out.println("overload in Animal: Double");
    }
    public void f(long lo){
        System.out.println("overload in Animal: Long");
    }
}

public class Dog extends Animal{
    public void f(int i){
        System.out.println("overload in Dog: int");
    }
}

public class TestOverload{
    public static void main(String[] args) {
        Dog d =new Dog();
        d.f(1);                //Dog 类范围内的重载
        d.f(0.1);              //Dog 类范围内的重载

        Animal an =new Dog();
        an.f(1);               //Animal 类范围内的重载
    }
}
```

运行结果为：

```
overload in Dog: int
overload in Animal: Double
overload in Animal: Long
```

对于定义的引用类型变量 Animal an，其重载方法只包含 Animal 类中声明的两个方法，即使 an 指向一个 Dog 类对象，这个重载方法也不会扩大到子类对象当中。因此，**重载并不是完全体的多态**。

3.6.3　重写——多态的核心

在 Java 中有两种形式可以实现多态，它们分别是类的继承和接口的实现。在类的继承中，子类方法对父类方法的重写可以让程序表现出多态；在接口中，子类中的方法通过实现并覆盖接口中的抽象方法也可以让程序表现出多态。

“重写”的目的是在子类中改变父类的某些行为。“多态”实现过程分为以下两步。

第一步：引用变量通过父类或接口，获取可执行的方法列表，成为多态程序中引用变量的“操作界面”。

第二步：为引用变量匹配一个（实现）子类的对象，组成实现操作的“执行个体”。完成之后，代码就可以通过“操作界面”操纵“执行个体”。因为子类对象个体中重写“操作界面”中的方法且各具特色，所以在多态代码中展现了“统一界面、差异实现”的特性，如代码 3-19 所示。

```
//代码 3-19　重写与多态

public class TestOverridePoly {
    public static void main(String[] args) {
        Son s =new Son();              //s 具有方法 f()
        Father f =s;                   //f 具有方法 f()
        GrandFather g =s;              //g 具有方法 f()
        s.f(1);
        f.f(1);
        g.f(1);
    }
}

public class GrandFather {
    public void f(int i) {
        System.out.println("GrandFather: " +i);
    }
}

public class Father extends GrandFather {
    public void f(int i) {
        System.out.println("Father: " +i);
    }
}
```

```
public class Son extends Father {
    public void f(int i) {
        System.out.println("Son: " +i);
    }
}
```

运行结果为：

```
Son: 1
Son: 1
Son: 1
```

如果父类自己的方法实现没有多大意义，可以只保留方法声明，将该方法变成抽象方法，相应地，父类也变成抽象类或接口，从语法上能达到“强迫”子类实现重写“父类”方法的目的，如代码 3-19(续)所示。

```
//代码 3-19(续)  使用接口、抽象类语法强化后的重写与多态
public class TestOverridePoly {
    public static void main(String[] args) {
        Son2 s =new Son2();
        Father2 f =s;
        GrandFather g =s;
        s.f(1);
        f.f(1);
        g.f(1);
    }
}

public interface GrandFather {
    public void f(int i);
}

public abstract class Father2 implements GrandFather { }

public class Son2 extends Father2 {
    public void f(int i) {
        System.out.println("Son: " +i);
    }
}
```

运行结果：

```
Son: 1
Son: 1
Son: 1
```

总结起来，多态实现有三个条件：继承、重写、父类引用指向子类对象。这里的“继承”是指继承父类或实现接口；“重写”是指子类当中重写父类/接口中的方法；“父类引用指向子类对象”是指使用父类/接口声明引用变量，并让其持有子类实例化后的对象。

多态实现的基础就是引用变量的权利列表和引用变量持有对象之间的匹配。最后，需要强调多态实现时要注意的几个细节。

(1) 多态情况下，子父类存在同名的成员变量时，引用变量访问的是父类的成员变量。

(2) 多态情况下，子父类存在重写的成员方法时，引用变量访问的是子类的成员方法。

(3) 多态情况下，子父类存在同名的静态成员方法时，引用变量访问的是父类的静态成员方法。

(4) 多态情况下，父类引用变量受权利列表的约束不能访问子类特有的成员。

3.7　内部类与 Lambda 方法

3.7.1　内部类

内部类是声明在类体内的类。内部类有成员内部类、方法内部类和静态内部类。它们的地位和生命周期与成员变量、局部变量和静态变量类似。

1. 成员内部类

定义成员内部类的 Java 语法为：

```
class Outer{
    [public|protected|private] class 成员内部类名{
        …
    }
}
```

声明成员内部类的引用变量和实例化对象时，受成员内部类的访问控制符约束。内部类成员可以自由访问外部类的成员，不受访问控制符影响。在本类内，可直接声明对象。

```
class Outer{
    …
    成员内部类 mi =new 成员内部类(…);
    …
}
```

在类体外，需要基于外部类对象，并在访问控制允许的条件下，方可实例化成员内部类对象。

```
Outer outer =new Outer();
Outer.成员内部类 memberInner =outer.new 成员内部类(…);
```

2. 局部内部类

局部内部类声明在成员方法体内，使用也是在同一个方法内。在方法体内，如同正常类一样声明局部内部类的对象。方法内部类是方法中局部变量的一部分，因此在方法外访问方法内部类是非法的。定义局部内部类的 Java 语法为：

```
class Outer{
    [访问控制符] 返回值类型 方法名(参数列表){
        class 类名{…}                    //与局部变量一样的生命周期
```

```
        类名 local =new 类名(…);
    }
}
```

注意：方法内部类对象只能使用该内部类所在方法的final局部变量或赋值的变量只经过一次，如数组的length属性。

3. 静态内部类

定义静态内部类的Java语法为：

```
class Outer{
    [public|protected|private] static class 静态内部类名{
        …
    }
}
```

声明静态内部类的引用变量和实例化对象时，受静态内部类的访问控制符影响。在本类内，可直接声明对象：

```
class Outer{
    …
    静态内部类 mi =new 静态内部类(…);
    …
}
```

在类体外，在访问控制允许的情况下，使用“外部类类名.静态内部类构造方法()”的方式声明一个静态内部类的对象，像使用静态方法一样使用外部类类名即可直接访问，不需要外部类对象。

```
Outer.静态内部类 memberInner =Outer.静态内部类(…);
```

```
// 代码 3-20  三种内部类的声明与使用方法

public class Outer {
    public int outK;

    public static void outStaticFunction() {
        System.out.println("Outer static function");
    }

    public void testMethodLocalClass() {
        final int outi =10;
        class LocalInner {              //局部内部类，不能有 public 等访问控制修饰符
            private int i;              //内部类中成员可以有访问控制修饰符
            public int getAndSet(int i) {
                this.i =i;
                return this.i;          //this.指向局部内部类对象自身的一个引用
```

```
            }
        }
        LocalInner li =new LocalInner();
        System.out.println(li.getAndSet(15));
    }

    public static class StaticInner {               //静态内部类
        private int i;

        public int getAndSet(int i) {
            outStaticFunction();
            this.i =i;
            return this.i;
        }
    }

    public class MemberInner {                      //公有成员内部类,类外部可以访问
        public void f(int k) {
            //内部类类内可以访问外部类成员,不受访问控制符影响
            outK =k;
        }
    }

    private class MInner {                          //私有成员内部类,类外部无法访问
        public void f(double k) {
            System.out.println("MInner" +k);
        }
    }
}

public class TestInnerClass {
    public static void main(String[] args) {
        System.out.println("成员内部类");
        Outer outer =new Outer();
        //成员内部类声明
        Outer.MemberInner memberInner =outer.new MemberInner();
        //Outer.MInner m =oc.new MrInner();     //因访问控制权限在类外无访问
        memberInner.f(10);
        System.out.println(outer.outK);

        System.out.println("方法内部类,外面无法访问");
        outer.testMethodLocalClass();

        System.out.println("静态内部类,外面无法访问");
        Outer.StaticInner staticInner =new Outer.StaticInner();
        staticInner.getAndSet(100);
    }
}
```

输出结果为：

```
成员内部类
10
方法内部类,外面无法访问
15
静态内部类
Outer static function
```

输出结果表明：

（1）成员内部类可以自由访问本类所有成员变量和成员方法，其地位与普通成员变量和成员方法一致。

（2）若成员内部类可以被外部访问，则需要由外部类对象调用其构造方法才能完成实例化，引用变量类型为“外部类.内部类”，如：

```
Outer.MemberInner memberInner =outer.new MemberInner();
```

（3）局部内部类无法在其所在方法体外生成对象。

（4）静态内部类可以像静态方法那样直接通过外部类名调用其构造方法完成实例化过程，引用变量类型也为“外部类.内部类”。例如，Outer.StaticInner staticInner = new Outer.StaticInner()，与成员内部类的区别在于，它实例化的过程中不需要外部类的对象。

（5）一旦内部类完成实例化，内部类对象的成员就可以按其约定方式接受外部访问。

3.7.2 匿名内部类

匿名内部类是一个没有名字的局部内部类，经常也简称其为匿名类。用户可以利用匿名类，快速实现接口中的抽象方法或类方法重写，同时完成（实现）子类对象实例化的工作。利用匿名类生成对象的Java语法为：

```
父类类名或接口名 变量名 =new 父类类名或接口名 (){       //重写方法   };
```

注意

（1）利用匿名类生成对象本质上是一行语句，必须以“;”结尾。

（2）使用new关键字看起来像是实例化接口/父类，实际上这行代码实例化的是父类/接口的匿名子类对象。

匿名类的特点如下。

（1）匿名类不单独声明类体，在声明类体后即刻完成对象实例化，这是匿名内部类与局部内部类最大的区别。

（2）匿名类必须完全实现接口或抽象类中所有的抽象方法，使自身成为一个完整的、可实例化对象的子类。

（3）匿名内部类无法复用，但在编译后可以看到其存在，一个以“$”开头的class文件。

（4）匿名内部类只能访问外部final类型变量或类似final的变量（一次注入赋值且未被修改的变量）。

匿名内部类的出现主要是为了快速重写父类某个方法或实现某个接口。代码3-21展示了一个匿名类的定义与使用方法。

```
//代码 3-21  局部内部类
public class TestNullName{
    public static void main(String[] args) {
        Listener lis =new Listener() {
            public void listenSomething() {
                System.out.println("Yes Sir!");
            }
        };
        lis.listenSomething();
    }
}

public interface Listener {
    public void listenSomething();
}
```

3.7.3 Lambda 表达式

在 Java 8 中随着 Lambda 表达式的加入,用户可以用一种函数的方式构建一个有简单实现的、特殊的匿名类。Lambda 表达式,也可称为闭包,它是 Java 8 发布的最重要特性之一。Lambda 表达式成为一种生成函数式接口(只有一个抽象方法的接口)实现子类对象的重要手段。

1. Lambda 表达式的定义

Lambda 表达式是一个匿名方法,之前多见于 Python 语言。Lambda 表达式允许通过表达式来代替**只有一个抽象方法**的接口匿名实现,相当于实例化了一个实现接口的匿名子类的对象。

从代码形式上来看,Lambda 表达式就和方法一样,它提供了一个正常的参数列表和一个使用这些参数的方法体。Lambda 表达式的语法为:

```
(parameters) ->语句              //"{}"";"和"return"可以不写。
```

或:

```
(parameters) ->{
    语句 1;
    语句 2;
}
```

Lambda 表达式由以下三部分组成。

(1) paramaters:类似方法中的形参列表,这里的参数是函数式接口里的参数。这里的参数类型可以明确地声明也可不声明,在不声明的情况下由 JVM 隐含地推断。另外,当只有一个推断类型时可以省略掉圆括号,例如:

```
x ->System.out.println(x)
```

(2) —>：可理解为“被用于”的意思，是参数列表与方法的分隔。

(3) 方法体：可以是表达式也可以是代码块，它是函数式接口中抽象方法的实现。代码块即为抽象方法的实现，必须按抽象方法的约定，使用 return 语句返回指定类型的值或不写 return 语句不返回值。

(4) 当方法体中只有一条语句时，“{}”可以省略，同时也不能写“;”和 return。如果是有返回值的抽象方法，直接写返回值的表达式即可，如果是无返回值的抽象方法，直接写表达式即可。

2. Lambda 表达式的使用

之前的代码 3-21 中通过匿名类声明了一个对象，由 lis 持有：

```
Listener lis =new Listener() {
    public void listenSomething() {
        System.out.println("Yes Sir!");
    }
};
```

这里可以使用 Lambda 表达式重新书写匿名类实现。

```
Listener lis = ()->System.out.println("Yes Sir!");
```

这里的 Lambda 表达式就是一个实现了 Listener 中抽象方法 listenSomething()的匿名类对象。

> **提示**
>
> Lambda 表达式会直接重写一个方法，但因为没有名字，它无法指定重写接口中哪个抽象方法，因此使用 Lambda 表达式实例化子类对象的接口中必须有且只能有一个抽象方法。

Lambda 表达式需要匹配函数式接口中抽象方法的参数列表做出相应的调整。

(1) 无参带返回值。

```
public interface Inter1{
    int func();
}
Inter1 int1 = () ->10+1;
```

这里的“;”是本行语句的结束符，而不是 Lambda 表达式的结束符。

(2) 带参带返回值，参数的类型可以写，也可以不写，由接口定义推断出来，写出的表达式即是生成返回值的表达式，不写 return 关键字。

```
public interface Inter2{
    String func(int a);
}
Inter2 int2 = (int a) ->"This is a number " +a;          //标明参数类型
```

(3) 带多个参数，参数的类型可以写，也可以不写，由接口定义推断出来。语句块中的返回值必须使用 return 语句。

```
public interface Inter3{
    String func(int a, int b);
}
Inter3 int3 = (a, b) ->{        //未标明参数类型,由接口中抽象方法声明推断
    String res = ( a/b ) +"";
    return res;
};
```

3. 特殊的 Lambda 表达式——方法引用

在 Lambda 表达式中,还有一个类特殊的表达方式——方法引用。即直接调用现在类或对象的成员方法实现接口中的抽象方法。这时,接口中抽象方法的输入值,即是现有方法的输入值,两者的参数列表必须匹配。

方法引用分为以下三种类型。

```
1) 对象::成员方法
```

调用对象的参数列表及返回值匹配的**成员**方法实现函数式接口中的抽象方法。例如:

```
public interface Consumer{
    void func(int a);
}
Consumer con1 =System.out::println;
Consumer con2 = (x) ->System.out.println(x);     //与 con1 等效

con1.func(10);                                   //输出: 10
con2.func(100);                                  //输出: 100
```

这里的 System.out 就是一个对象,println()是这个对象的方法。

```
2) 类::静态方法
```

调用类中参数列表及返回值匹配的**静态**方法实现函数式接口中的抽象方法。例如:

```
public interface Function{
    int toInt (String str);
}

Function fun =Integer::parseInt;
int i =fun.toInt("12");           //i =12
```

这里的 Integer.parseInt(String str)可以将字符串转换为整数值,见 4.3.2 节。

```
3) 类::new
```

调用类中参数列表及返回值匹配的**构造**方法实现函数式接口中的抽象方法。例如:

```
class Stu{
    private int age;
    public Stu(){
        this(20);
```

```
    }
    public Stu(int i){
        this.age =i;
    }
}
```

使用无参数的构造方法，可以替换一个无参数输入、有对象返回的抽象方法。

```
public interface Supplier {
    Stu get();
}

Supplier supp =Stu::new;            //无参数的构造方法
//等效于: Supplier supp = () ->new Stu();

Stu st =supp.get();                  //七勾八拐地构建出来了一个 Stu 对象
```

使用有参数的构造方法，可以替换一个有参数输入、有对象返回的抽象方法。根据参数列表自动匹配。

```
public interface Supplier2{
    Stu apply (int age);
}

Supplier2 fun2 =Stu::new;            //单参数的构造方法。匹配 apply()中的 int age
Stu st2 =fun2.apply(20);             //七勾八拐地又构建出来了一个 Stu 对象
```

小　结

本章介绍了面向对象程序设计的基本概念和思想，Java 语言中的类与对象，继承、接口及多态等概念。本章内容是 Java 程序设计的核心基础知识，熟练掌握本章内容是后续学习的基础。在学习过程中，需要着重理解类的两个作用，熟悉多态的使用，理解面向对象程序设计过程中的规则设计与实现分离的思想，了解 Lambda 表达式与匿名类之间的关系，为后续理解函数式编程打下基础。

习　题

1. this 和 super 分别有哪些特殊含义？都有哪些用法？

2. 多态是什么？什么时候程序会用到多态？举例说明。

3. 什么是向上转型、向下转型？如何避免转型失败？

4. 结合你了解的数据库的知识，定义一些 POJO 类来描述数据库中的表。（POJO 类中成员私有，使用 getter()、setter()方法进行数据存读操作。）

5. 声明一个类，它具有一个方法，此方法被重载三次，派生一个新类，重写父类的一个方法，并增加一个新的重载方法。编写测试类验证这些方法的有效性。

6. 使用多态模式，编程模拟老师点名学生应答的过程。

主题2　面向对象的程序设计方法

T2.1　主题设计目标

希望读者可以通过完成本主题的设计内容，理解面向对象程序设计的思想，了解面向对象程序的构建过程。让主题参与者在利用对象描述程序流程的过程中，体验从实际对象抽象类的过程——有效地识别并整理出类的属性和方法，理解围绕数据设计方法的理念。最后通过梳理类的继承关系，理解接口对于程序设计的重要性，并体验接口的使用为程序设计开发和维护带来的便利性。

T2.2　面向对象程序设计思路

面向对象程序设计（Object-Oriented Programming，OOP）是一种程序设计范型，同时也是一种程序开发的方法。在OOP程序中，人们将对象作为程序的基本单元，将方法和数据封装其中，加强了数据与数据相关操作的关联，实现了以数据流动为主线的程序设计方案，提高了软件的重用性、灵活性和扩展性。

面向对象程序的运行是各种独立而又互相调用的对象有机结合的结果，因此，在面向对象程序设计的过程中，既要关注对象的属性，也要兼顾对象之间互动使用的方法。将每一个对象都设计成为能够接收数据、处理数据、传递数据的小“模块”。

T2.3　主题准备

目标场景：乘客甲希望可以买到一张4月1日上午10：10由北京到上海的高铁列车车票。他来到火车站售票窗口，通过售票员乙买到一张满足要求的火车票。请3～5组同学来分别演绎这段剧情，并讨论以下问题。

问题：如何使用面向对象的程序来描述这一剧情？代码的核心内容中有几个类？每个类中有哪些属性？有哪些方法？

T2.4　主题讨论

请同学们分小组进行讨论，将你思考的结果写到问题下方，并分享给你的同学。

引导问题1

（抽象）请问各组同学演绎的剧情有哪些相同点？总结几组同学表演的共同点，例如，买票人和卖票人分别做了几个动作？说过哪些话？看一看整理出来的点是否可以覆盖整个剧情。

（不同小组有不同的演绎，请记录他们相同的部分）

引导问题2（类的规划1）

这个剧情中出现了多少个对象？或者说需要定义多少个类？类中都需要定义什么样的

成员变量和成员方法？

提示：首先，可以从现场出现的各类数据出发，将其归入各类对象的属性；接下来，可以从属性的角度，将与这些属性相关的方法纳入类当中；最后，还要考虑这些类成员变量和成员方法的可访问性，以及成员方法的输入参数列表和返回值的问题。

建议：每个人写一个类，完成后与小组成员进行沟通，分享并平衡各自定义类中的成员内容。

类名：
属性：
方法：

引导问题3（类的规划2）

为了方便程序的运行，如维护方法的单值输出的特性、信息存储和读取的便捷性，剧情中还需要构造哪些辅助性对象？这些对象都起什么样的作用？

请各小组再次上台演绎剧情，要求：每一个对象必须有一个实物。一张纸条、一个物品都可以，它的存在代表着内存中的对象。同时，在演绎过程中，同学必须使用类中定义的方法，并着重体会对象与对象之间的交互方法。这里继续刚才的小组分工，改进你定义的类或者增加一些辅助类维护方法返回值的唯一性。

类：	对象及其交互方法
属性：	
方法：	

在面向对象的程序运行过程中，程序会根据类的代码实例化对象，通过对象自有的（包括构造方法在内的）成员方法与外界通信，实现对象间的交互。请同学们再次以木偶剧的方式进行演出。

木偶剧的含义，就是有一位同学当导演，演员就是木偶，一切以导演发出的指令为准，执行对象定义的方法，如对象生成、对象的方法、信息传递等。

引导问题4(面向对象程序的组织)

考虑如何在一个场景当中组织这些对象？记录木偶剧中的所有命令，整理并完成程序的编写。

木偶对象________的剧本：
木偶对象________的剧本：
导演的工作框架：

T2.5 扩展讨论

接口定义的是一组规则。其本质是契约，实现接口的类都需要遵守接口中定义的规则。类A实现了接口B，那么接口B的引用变量就可以引用A的对象。调用者可以利用接口类型引用变量引用的不同的实现子类对象，利用多态的特性，实现不同对象不同响应的效果。

引导问题5(接口的应用)

请同学们在“卖票人”类的基础上抽象出一个接口，让程序可以接入不同的卖票人对象。如自动售票机、网络售票网站。以多态机制为核心修改上一个版本的程序，达到程序主体不变，根据加载的对象不同，有不同的响应效果。并讨论基于接口进行编程给程序带来的变化。

从类中抽象出来的方法
接口衍生出来的类
对于导演类方法的修改

引导问题6(软件设计过程)

请大家回想整个过程，写出从剧情到代码，整理你都做了哪些工作。

为了完整地表达剧情，程序需要具备什么样的功能？程序分成几个模块？这些模块分别对应了剧情中的哪些要求？
程序员需要编写的类，哪些是与模块有直接关系的？哪些是为方便程序编写建立的辅助类或接口？
从多人合作的角度讨论程序哪些部分需要优先被设计出来？你的整体开发流程是怎样规划的？
当“买票人”类升级，原有程序需要修改哪些地方？
如何保证你的程序的可靠性？哪些操作会让你的程序出现执行错误，罗列一两个，并尝试着给出你的解决方案。

第4章 常用基础类与函数式接口

本章内容

本章主要介绍JDK自带的一些常用类和接口的用法，并以此为契机介绍了Java包相关概念以及使用方法，帮助读者熟悉API文档的结构和使用方法。关于Java中的常用类和接口，本章介绍了Java中所有类的父类——Object类，从细节上完善了Java类的定义规范。之后，本章分别围绕基础数据与字符串的转换、字符串处理和计算机中的时间三个问题，介绍了java.lang包中基础数据类型数据的包装类、字符串的处理类、Java中记录时间的相关类。最后，简单介绍了两个工具类，并重点介绍Java 8中的函数式接口。

学习目标

- 掌握Java中包的概念、创建及引用，理解classpath的含义，了解使用IDEA开发环境发布程序(打包)的方法。
- 掌握Object类的地位作用，熟悉Object的成员方法，熟练掌握equals()方法、toString()方法和hashCode()方法的含义和用处。
- 熟练掌握基础类型数据包装类和字符串类的定义方式，及其相互转换的方法。
- 掌握String和StringBuffer类的特征，理解这两个类的区别和联系，熟练掌握String类中的成员方法。
- 了解Java体系中关于时间描述的Calendar类、Date类及Local类。
- 理解工具类的组成和使用方法。

4.1 包

"包"是Java提供的文件管理机制，是类的组织方式，是一组相关类和接口的集合。它把功能相似的类，按照Java的名字空间(namespace)命名规范，以压缩文件的方式，存储在指定的文件目录中，达到有效管理类代码的目的。

Java中提供的包主要有以下两种用途。

(1) 将功能相近的类放在同一个包中，可以方便查找与使用。

(2) 包可以避免名字冲突。如同文件夹一样，包也采用了树状目录的存储方式。同一个包中的类的名字是不同的，不同的包中的类的名字是可以相同的(加入包名后的类全名会不同)，当同时调用两个不同包中相同类名的类时，只须加上包名加以区别即可。

4.1.1 包的概念

Java中的包相当于文件系统中的目录。在Java中包名对应着压缩包(Jar包文件)中的目录，类名对应着编译后class文件的文件名。代码中的包名需要满足Java标识符的要求，包的层级之间使用“.”间隔，如“包名1.包名2.….包名N”。包的层级与目录层次一一对应，如包名c4.s1对应着c4目录下的s1子目录。在Java工程中创建一个包非常容易，只需要在Java工程中建立相应的目录即可。

提示

在IDEA中新建package，只需要在src目录（或其子目录）上右击，选择new一个package，在弹出的对话框中填入包名即可。IDEA会自动在src目录内，按包名建立相应的目录。在编译后，IDEA会在工程的“out/production/工程名”目录下，按包名建立目录以存储编译好的class文件。src目录和编译输出目录结构是一一对应、镜像的关系。

将Java类加入包需要完成两个条件：①class文件在包所对应的目录当中；②源文件头部使用package语句声明Java类属于该包。

package语句声明的Java语法形式如下：

```
package 包名1.包名2.包名3;
```

```
//代码4-1  定义类Student，并声明其属于c5.s1包
package c5.s1;                //声明类属于包c5.s1
public class Student{
    String name;              //定义“姓名”成员变量
    String height;            //定义“身高”成员变量
    String age;               //定义“年龄”成员变量
    String weight;            //定义“体重”成员变量
}
```

注意：

(1) 如果一个类不声明所属包，那么它属于默认包。默认包位于根目录当中，IDEA工程中源程序存储在src目录下，编译好的class文件存储在“out/production/工程名”目录下。

(2) 包的声明是针对编译后的class文件。在集成开发环境中，为了方便文件管理，源文件与编译文件是分开存放的。源文件存放在src目录下面（与包对应）的子目录当中，编译完成的class文件存放在另外一个镜像结构的目录当中。IDEA工程存放在“out/production/工程名”子目录当中，Eclipse工程存放在Java工程的bin子目录当中。

(3) 如果class文件所在位置与其所声明的包位置不匹配，则出现编译错误。

4.1.2 类的载入

在编写Java工程的过程中，会使用到各种各样的类，这些类需要载入后方能使用。载入类需要解决三个问题：哪些类需要载入？载入的类如何定位？载入类的代码是如何书写的？

Java的语法规定了：

(1) 在同一个包中的类会被自动载入，用户可以直接使用（在第3章中设计的类基本在

同一个包中，也就是默认包当中，相互调用是没有问题的）。

（2）java.lang 包中的所有类，也会被系统默认载入，用户可以直接使用。例如，System 类就是 java.lang 包的一个类，我们从一开始就在使用它。

（3）在 Java 8 中，Lambda 表达式中使用的函数式接口，JVM 也会将其默认载入。

除此以外，其他在源程序中**出现名字**的类都需要声明类的“位置”，以 import 的方式或用“包名.类名”的方式加以载入。

> **注意**
>
> 在 Lambda 表达式中，不写任何接口名和方法名，其实现的接口名由 JVM 推断并自动载入。虽然实现的功能基本相同，但是使用匿名类实例化接口对象的过程中，因为出现接口名称，所以需要手动载入这个接口名，指定其所在的包。

在编写 Java 源程序时，如果要手动载入某个包中的类，如 java. util. Arrays 类的静态 toString()方法可以将数组打包成字符串。可以直接以“包名.类名”的方式使用。

```
int [] a =new int[]{1,4,2};
String str =java.util.Arrays.toString(a);
```

如果多次使用，用户也可以在 Java 源程序的开头添加 import 语句指明 Java 类文件所在的包。import 语句的 Java 语法形式如下：

```
import <包名 1>[.<包名 2>…] .<类名>|*;
```

需要说明的是，上式中的“＜包名 1＞[.＜包名 2＞…]”表示（从 classpath 开始的）包的层次。“＜类名＞|*”表示引入包中的某个类，或者引入包中的所有类。如下面的语句：

```
import java.util.Arrays;                //引入包中特定类
//或 import java.util.*;                //引入包中所有类
String str =Arrays.toString(a);         //可以不用写包名了
```

> **提示**
>
> 设置 classpath 的目的在于告诉 JVM，可以在哪些目录（包）下查找程序所需要载入的类，如果一个源文件中出现同名的两个类，则不能使用 import 一次引入，只能使用“包名.类名”的方式加以区分。

对于包的管理和应用，Java 中使用了 classpath 这个概念以解决 Java 工程中包的可用性问题。可以在系统级别设置 classpath 变量，将其写到环境变量当中，扩充 Java 程序可使用的包，但是这种方式的扩充是全局性的，并不适合所有 Java 工程。

为了方便调试和运行，用户通常会为自己的工程指定局部的、只用于本工程的 classpath，将本 Java 工程需要使用的类库都加载到这个 classpath 当中。一般 Java 工程的 classpath 包含三部分：工程自身程序代码、JDK 自带类库（rt.jar 等 Jar 包文件）和第三方类库（通常也为 Jar 包文件）。所有加载到 classpath 的资源组成了工程运行环境的“根目录”。运行过程中，JVM 将按照它们在 classpath 变量中出现的顺序来查找目录中的类。也就是说，Java 工程中 class 文件查找目录如下：

本工程的根目录+JDK 内置 Jar 包文件的一级子目录+加载第三方类库 Jar 文件的一级子目录

如图 4-1 所示，如果工程 ProjectName 的 classpath 包含自身工程的编译的 class 文件和名为 other.jar 的第三方包，那么“Class1”“包 3.Class 7”“包 1.包 4.Class 8”就是三个类的 import 语句的引用位置。

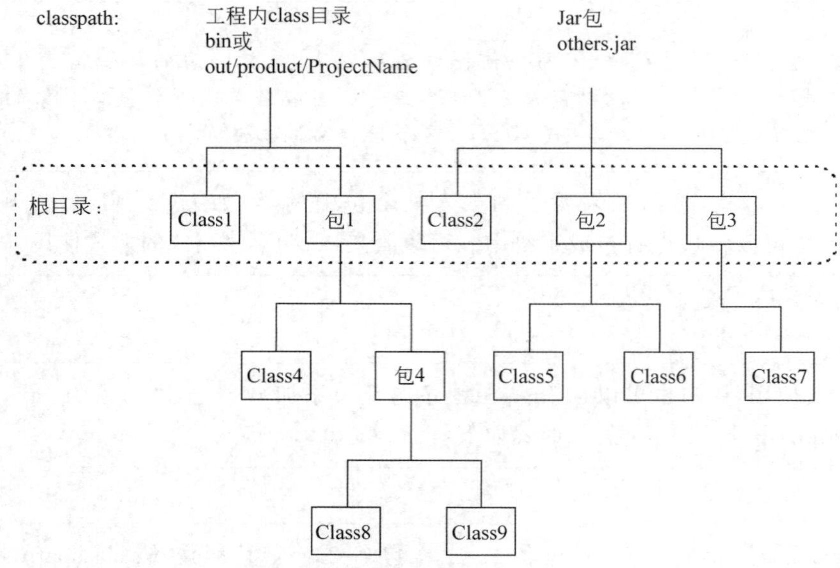

图 4-1 classpath 的配置和加载的类

在 IDEA 环境中对于一个工程的 classpath 配置对话框可以通过 File→Project Structures…打开，选择 Modules 后在 Dependencies 选项卡中添加，如图 4-2 所示。可以看

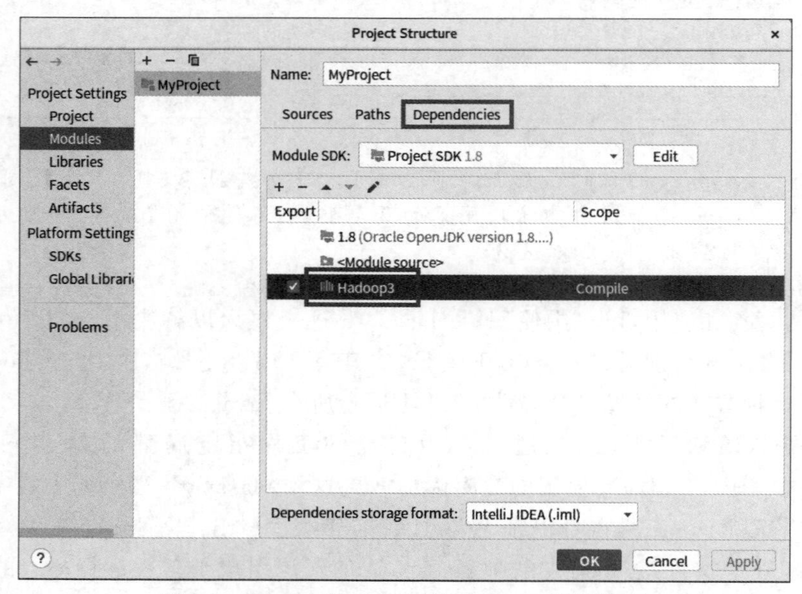

图 4-2 IDEA 环境中工程的 classpath 配置位置

到，在 Java 工程中的 Dependencies 中默认包含系统中配置的 Java 8 环境中的标准库，之前举例的 java.io 包和 java.util 包都属于 Java 的标准库，其位置由系统环境相关变量的值来确定，相对地下面高亮标注的是工程引入的第三方 Jar 包位置，一目了然。

4.1.3　导出 Jar 包

在项目完成后，通常程序员会将工程打包成一个 Jar 文件，并将这个 Jar 文件提供给其他程序员复用、其他软件进行调用或交付客户在 JVM 上运行。

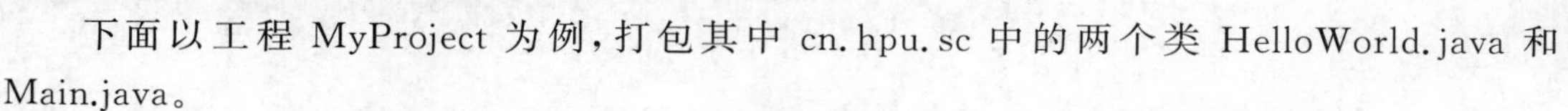

下面以工程 MyProject 为例，打包其中 cn.hpu.sc 中的两个类 HelloWorld.java 和 Main.java。

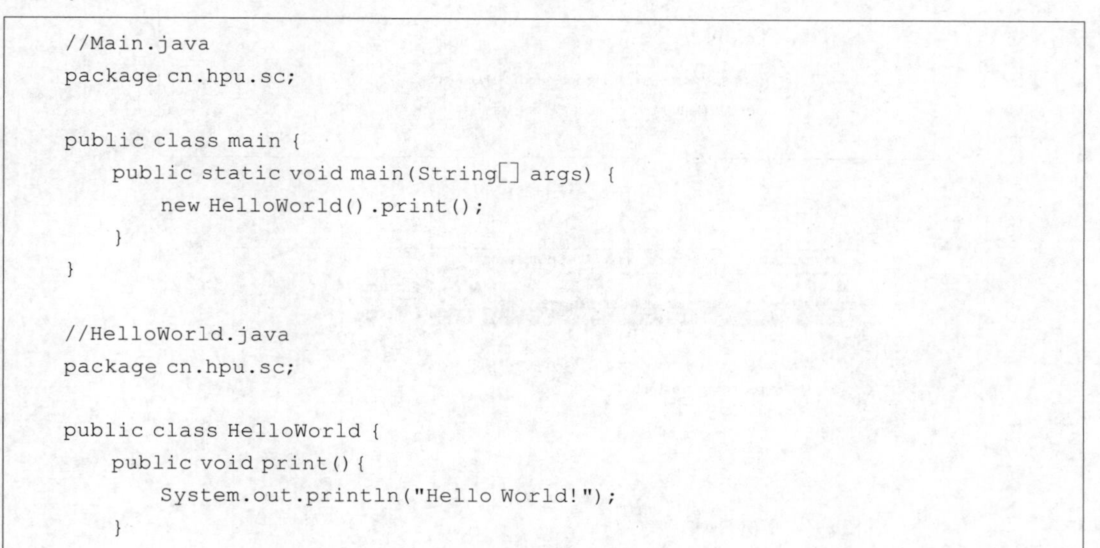

```
//Main.java
package cn.hpu.sc;

public class main {
    public static void main(String[] args) {
        new HelloWorld().print();
    }
}

//HelloWorld.java
package cn.hpu.sc;

public class HelloWorld {
    public void print() {
        System.out.println("Hello World!");
    }
}
```

第一步：配置 Jar 包内容

在配置工程界面(通过 File→ Project Structures…打开)的 Artifacts 选项卡(见图 4-3)中单击“+”，新建一个 Jar 包打包的配置文件。里面有两个选项 Empty 和 From modules with dependencies…。

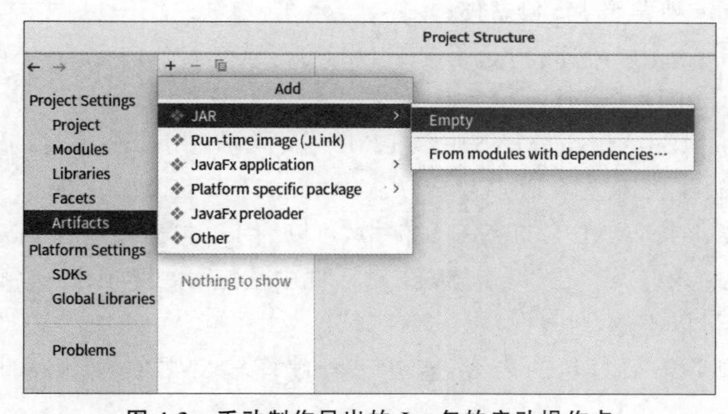

图 4-3　手动制作导出的 Jar 包的启动操作点

如果选择第一个选项，创建空白 Jar 包，可以自定义 Jar 包内容，如图 4-4(a)所示。

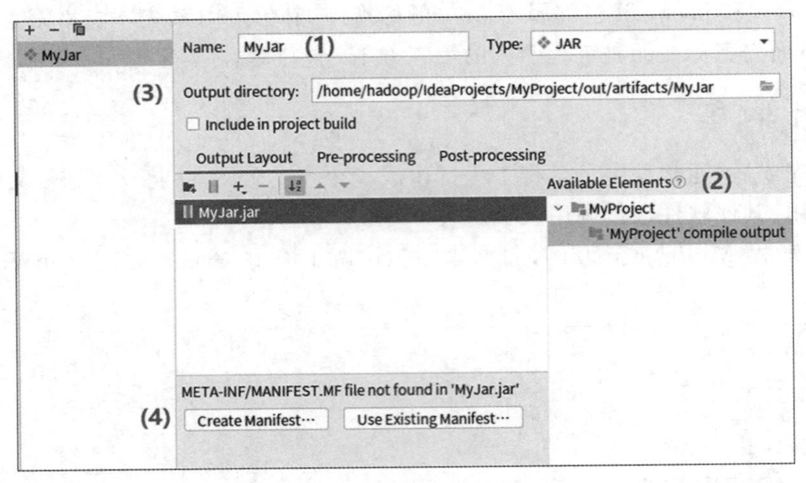

(a) 生成空白Jar包的开始

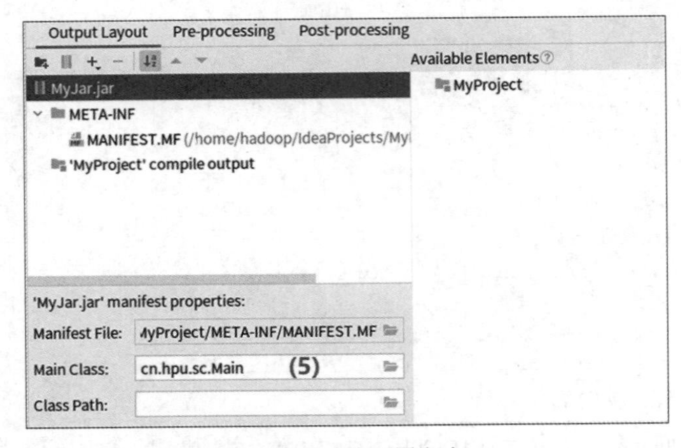

(b) Jar包的内容配置完成

图 4-4　使用空白模板自定义生成 Jar 包

(1) 通过 Name 项调整 Jar 包名称。

(2) 通过双击 Available Elements 中的可用资源，选择打包内容。

(3) 通过 Output Directory 项，选择 Jar 输出路径。

(4) 对于没有 META-INF/MANIFEST.MF 文件(描述 Jar 包信息的文件)的 Jar 包，单击 Create Manifest 按钮选择工程，生成默认的 MANIFEST.MF 文件。

(5) 如果需要，在 MANIFEST.MF 文件中，可以为 Jar 包选择包含 main()方法的类作为主类——Jar 包的入口类。在 Main Class 对话框中选定，效果如图 4-4(b)所示。如果不需要设定入口类，可以不选，跳过此步。

(6) 增加和删除需要打包的内容，包括工程编译输出文件和引入的外部 Jar 包(如果有)。

(7) 配置完成后，单击 OK 按钮，结束 Jar 包的配置。

若选择 From modules with dependencies 则是按现有工程创建一个配置文件。

(1) 打开 Create Jar from Modules 对话框，在打包时自动选择工程内所有程序文件及加载的依赖 Jar 包(见图 4-5(a))。

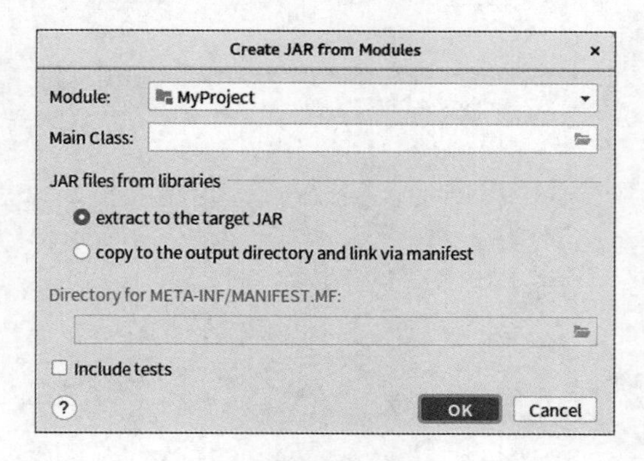

(a) 自动打包界面

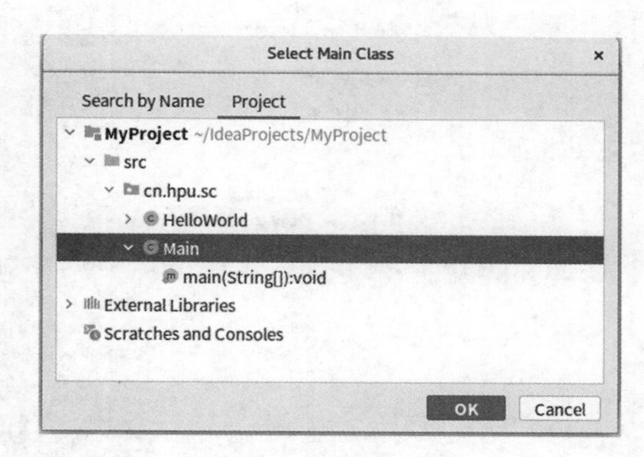

(b) 选择Jar包的入口类

图 4-5　自动打包，不能选择

(2) 如果需要，可以选择 Jar 包的默认主类(见图 4-5(b))。

(3) 配置完成后，单击 OK 按钮，结束 Jar 包的配置。

第二步：生成 Jar 包

在 Build 菜单下选择 Build Artifacts 打开对话框，选择之前配置的构建(Build)Jar 包。如果有多个配置文件可以选择全部生成，或选择某一个配置文件构建 Jar 包，如图 4-6(a)所示。

第三步：提取生成的 Jar 包

经过一段时间的编译和打包，工程会将打包好的 Jar 文件存放在"out/artifacts/工程名/Jar 包配置文件名"目录当中。可以通过 Open In 中的 Files 选项，在文件系统中找到生成的 Jar 包，如图 4-6(b)所示。

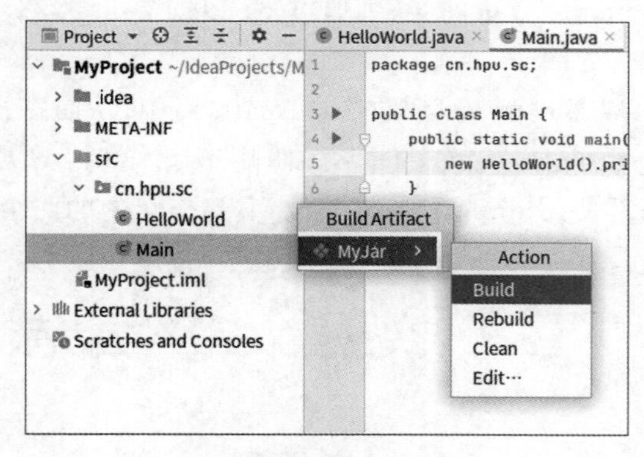

(a) 按配置生成Jar包

图 4-6　生成 Jar 包的两个

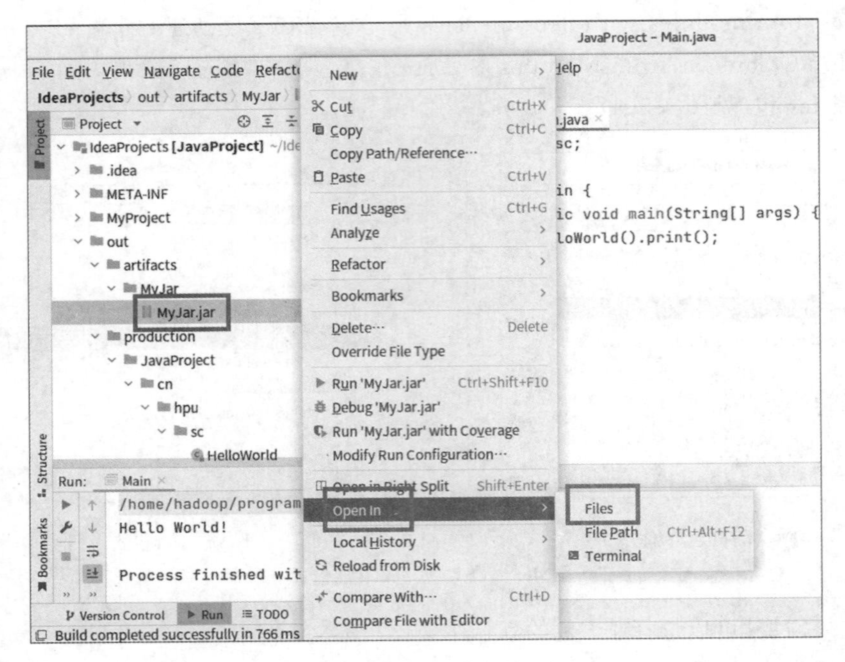

(b) 生成的Jar包的位置

图 4-6 （续）

第四步：测试

打包完成的 Jar 文件，对于有 main()方法的类，可以使用下面的方法进行测试。

```
java -jar Jar 文件名.jar                //定义了 Main-Class 的 Jar 包
java -cp Jar 文件名.jar 包名.类名        //未定义 Main-Class 或运行其他类
```

若要运行带有 main()方法的类是 Jar 包的主类，则通过 -jar 参数可以直接运行 Jar 包中的主类(需要在 META-INF|MANIFEST.MF 文件里指定 Main-Class)。

若要运行其他带有 main()方法的类，则通过-cp 参数指定要运行类的全名(带有包名的类)即可。

Jar 包中所有类都可以通过测试工程的 classpath 当中，从而进行系统全面的测试。如这里 MyJar.jar 就是 MyProject 打包文件。在使用或测试时，只需要将 MyJar.jar 引入 classpath，并在源代码头部使用 import 语句引入 MyJar.jar 中的两个类即可。

```
import cn.hpu.sc.Main
import cn.hpu.sc.HelloWorld
```

4.1.4 API 文档

Java 标准库和第三方类库中的类数不胜数，方法数量更加惊人。要想记住所有的类和方法是一件不太可能的事情，因此，熟悉 API 文档的使用方法十分重要。Java 官方为 Java SE 提供的 API 文档是 Java 帮助文档的标准形式，因此很有必要了解这个文档的组成和查阅方法。Java 8 的 API 文档如图 4-7 所示。

> **补充知识：Java 的 API 文档**
>
> Java 8 的在线 API 文档网址是 http://docs.oracle.com/javase/8/docs/api/，或通过 https://www.oracle.com/java/technologies/javase-jdk8-doc-downloads.html 下载离线文档 jdk-8u333-docs-all.zip，解压后，在 docs/api 目录下，使用浏览器打开 index.html 页面即可显示与在线文档一样的 API 文档。

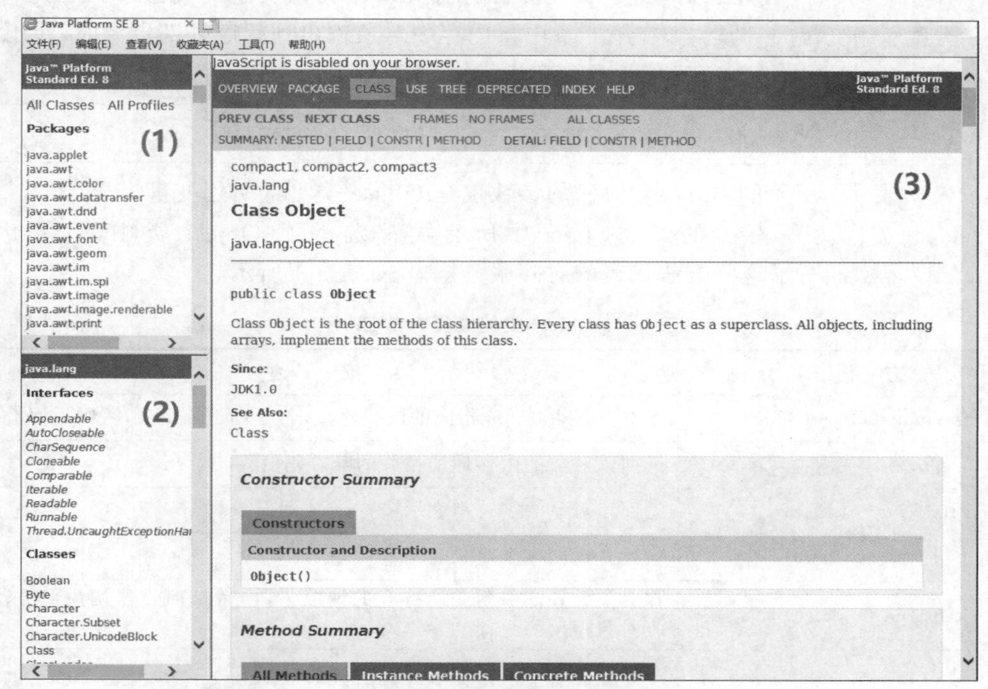

图 4-7　Java SE API 文档

页面的第 1 部分显示包列表。

页面的第 2 部分显示类列表。如果在第 1 部分选择了包，在第 2 部分会相应显示包内接口、类、异常和错误以及枚举类型；在页面初始状态或选择 all Classes 时，第 2 部分显示 API 文档内所有类和接口等其他信息。

页面的第 3 部分显示说明文档具体信息。主要包含所选类或接口的声明、继承关系、构造方法(如果有)，包含可被访问的 public 的静态变量、静态方法，可被访问的 public 或 protected 成员方法的声明，及其方法功能的说明、该类首次出的版本等信息。

查询 API 的一般流程是：在第 1 部分找到包→第 2 部分找到类或接口→第 3 部分找方法或变量。读者可以尝试了解一下 java.lang.String、java.util.Date 和 java.io.IOException 这些类的 API 文档，熟悉一下 API 的使用方法。

4.2　Object 类

Object 类位于 java.lang 包(所有 Java 工程都会隐式自动导入的包)，创建一个类时，如果没有明确继承一个父类，那么它就会自动继承 Object，成为 Object 的子类。Object 类可以显式继承，也可以隐式继承。

Object 类的构造方法：

```
public Object()
```

Object 类是所有类的父类。Java 中所有类直接或间接地继承了 Object，因此，Object 类型引用变量可以持有任意对象。在一些通用的、无对象类型要求的场景中，经常会出现 Object 类型引用变量的身影。如在第 6 章中将内存中对象输出到程序外部资源时，使用 I/O 流对象的 writeObject()方法所接收的参数为 Object 类型引用变量：

```
public final void writeObject(Object obj) throws IOException
```

以及如表 4-1 所示的 equals()方法的参数也是 Object 类型的引用变量。

Object 类作为所有类的父类，Java 中所有类都继承了 Object 类中的 public 和 protected 方法，拥有了这些方法代表的对外服务接口，如表 4-1 所示。

表 4-1 Object 类的成员方法(部分)

方　法	描　述
boolean equals(Object obj)	本对象是否是 obj 指向的同一对象，若是则返回 true，否则返回 false
int hashCode()	返回该对象的内存地址相关的哈希码值
String toString()	返回该对象的字符串表示
protected Object clone()	创建并返回一个对象的副本
protected void finalize()	在对象无外部引用变量持有的情况下，由垃圾回收器调用此方法回收对象占用的内存
void notify() void notifyAll()	唤醒在此对象监视器上等待的单个/全部线程

因为 Object 类是 Java 中所有类的直接或间接父类，所以 Java 中所有对象都会具有 Object 类的声明成员方法(直接继承或重写，但方法的声明不会发生改变)。在一些功能组件中，系统会默认调用这些成员方法，如 println()方法打印对象会默认调用 toString()方法，HashSet 容器会在添加对象时默认调用对象的 equals()与 hashCode()方法等。因此，熟悉并掌握 Object 类中常用的成员方法是每一个 Java 初学者都应该具备的知识。

4.2.1 toString()方法

系统中一个对象本身是无法打印出来的，可以打印的只能是对象对应的字符串表示。toString()方法的设计目的是：通过调用这个方法可以将一个“Java 对象”转换成“字符串表示形式”。系统默认的 toString()的方法体如下。

```
getClass().getName() +'@' +Integer.toHexString(hashCode())
```

即系统默认的 toString()方法返回一个生成对象的类名、“@”和此对象哈希码值的十六进制(Integer.toHexString(hashCode())，见 4.3.2 节)表示组成的字符串，该对象的哈希码值与对象存储位置相关，有时也可以简单地认为它就是对象的内存地址，如代码 4-2

所示。

```
//代码 4-2  Object 类
public class DefaultToString{
    public static void main(String[] args) {
        Object a=new Object();           //定义对象
        System.out.println(a);           //输出对象
    }
}
```

运行结果：

```
java.lang.Object@de6ced
```

而在实际应用中，由于所有类都是 Object 类的子类，自然也就都具有 toString()这个成员方法的声明，且可以重写 toString()方法返回更有意义的信息。重写 toString()方法常常会返回一个包含对象特征信息的字符串。这时再使用"System.out.println()"打印对象 A 时，就可以打印对象 A 的自定义信息了，如代码 4-3 所示。

```
//代码 4-3  toString()方法的作用
public class Human {
    private int age;
    private String name;

    public Human(String name, int age) {
        this.name =name;
        this.age =age;
    }

    public String toString() {
        return name +" is "+age +" years old.";
    }
}

public class TestToString {
    public static void main(String[] args) {
        Human obj =new Human ("LiLei",12);
        System.out.println(obj);
    }
}
```

运行结果：

```
LiLei is 12 years old.
```

4.2.2　相等的对象

1. equals()方法

对于 Java 中的基本变量，如 int、float 等可以通过"=="(相同)进行简单比较，对于引用变量则不同。引用变量持有对象，引用变量值是指向对象的引用。若使用“==”比较两个引用变量，返回的 true 则意味着两个引用变量指向同一对象，若两个引用变量指向两个对象的引用变量，则会判定为 false。这与我们希望比较两个对象相等的初衷是背道而驰的，对象相等的判定应以对象内容为基准，而不是以对象存储位置为基准。如学校开设 Java 课程，所有胜任的教师在教务系统中都是“相等”的；不同编号同一配置的计算机是“相等”的；对于填饱肚子而言，馒头和米饭是“相等”的。

在 Java 当中，引用变量的比较相等时，JVM 会显式或隐式地调用这个定义于 Object 类（所有类的父类）中的 equals()方法。为实现自定义的“相等”标准，用户可以通过在自定义类中重写 equals()方法来描述满足用户的“相等”判断规则。

Java 中指定在 Object 中的 equals()方法中判断其他某个对象是否与此对象“相等”。Java 语言规范要求 equals()方法具有下面的特性。

(1) 自反性：对于任何非空引用值 x，x.equals(x)都应返回 true。

(2) 对称性：对于任何非空引用值 x 和 y，当且仅当 y.equals(x)返回 true 时，x.equals(y)才应返回 true。

(3) 传递性：对于任何非空引用值 x、y 和 z，如果 x.equals(y)返回 true，并且 y.equals(z) 返回 true，那么 x.equals(z)应返回 true。

(4) 一致性：对于任何非空引用值 x 和 y，在对象中 equals()比较所用的信息没有被修改的前提下，多次调用 x.equals(y) 始终返回 true 或始终返回 false。

两个引用变量持有的对象通过 equals()方法判定是否“相等”，这个 equals()方法返回值需要满足上面四个性质。一般来说，在 equals()方法中，程序会访问对象内部成员变量，遇到基础值比较值相等，遇到对象调用其 equals()方法比较结果用逻辑“且”聚合，其结果就满足这四个性质。

一般来说，重写 equals()方法，推荐遵循以下原则（见代码 4-4）。

(1) 检查 this 和 otherObject 的引用指向的是否是同一个对象，若是同一个对象则返回 true，否则继续进行下面的步骤。

(2) 检查 otherObject 是否为 null，若是 null 则返回 false，否则继续进行下面的步骤。

(3) 比较 this 与 otherObject 是否属于同一个类，用 instanceOf 或者 getClass，若不是同一个类则返回 false，否则继续进行下面的步骤。

(4) 将 otherObject 强制转换为 this 的类型，然后一一进行各成员属性的比较。

2. hashCode()方法

hashCode()就是一个散列函数，在对象存储过程中，尤其是哈希表存储过程中大量使用。hashCode()方法可以返回对象的哈希值。越离散，越能反映对象成员情况越好。若不同对象的 hashCode()返回值相等，会引起 Hash 冲突降低存储对象的 Hash 表的读写效率。

hashCode()方法必须满足一致性：如果一个对象的成员未发生改变，那么对象调用 hashCode()方法多次，它必须始终返回同一个整数值。

一般来说，重写 hashCode()方法，推荐遵循以下原则。

(1) 将成员属性值转换为 int 型值。如果成员是引用类型变量，那么调用该对象的 hashCode()方法，或使用 java.lang.System.identityHashCode()方法取得该对象的 Hash 值。如果是基础数据类型的数值，可以采用自动转型、强制转型或自定义的方法“强制”转换

为 int 型值。

(2) 如果成员是数组这类可以迭代的容器，则将其中每一个元素按(1)中所述方法单独处理。

(3) 将成员属性对应 int 型值结果累加起来组成 result，然后 result *= 31。result 即是最终的 hashCode 值。为什么 hashCode 要乘以 31？详见经典著作 Effective Java。

> **注意**
>
> hashCode()方法一般不显式调用，由某些代码默认调用。如果不按约定定义 hashCode()和 equals()方法，可能会导致不可预料的问题。

3. equals()和 hashCode()的约定

如果覆写了 equals()方法，一般也要覆写 hashCode()方法，因为 equals()方法和 hashCode()方法间存在通用约定："如果两个对象根据 equals()方法是相等的，那么这两个对象的 hashCode()方法返回的整数值必然相等；如果两个对象根据 equals()方法是不相等的，那么这两个对象的 hashCode()方法返回的整数值有可能相等。"

4. 快速得到两个一样的对象

clone()方法是一个按照对象自身构造一个与自己的成员变量值完全一样对象的方法。

重写 clone()方法时需要注意：

(1) 重写 clone()方法的类需要在声明处加入 implements Clonable，否则对象调用 clone()方法时就会出现 CloneNotSupportedException。

> **提示**
>
> java.lang.Clonable 接口中无任何抽象方法，类似的接口还有 java.io.Serializable。实现此种接口类的代码无须任何改变。

(2) clone()方法会抛出 CloneNotSupportedException 异常。

(3) clone()方法返回的对象由 Object 类型引用变量持有，在应用时建议进行引用类型变量转型。

(4) 必须保证 clone()方法得到的两个对象 equals 比较结果是 true。

(5) 如果简单复制对象，可以直接调用 super.clone()方法。

```
//代码 4-4  重写了 equals()、hashcode()和 clone()方法的 Student 类
public class Student implements Cloneable{
    String name;                                    //定义姓名成员变量
    int height;                                     //定义身高成员变量
    public Student(String name, int height) {
        this.name=name;
        this.height=height;
    }

    public boolean equals(Object o){
        if (this ==o)                               //同一对象
```

```
            return true;
        if (o ==null)                       //对象为空,无法比较
            return false;
        if(o instanceof Student){           //检测是否可以转型成功
            Student s =(Student) o;
            boolean equ =this.name.equals(s.name);
            equ =equ && (this.height ==s.height);
            return equ;
        }
        return false;
    }

    @Override
    public int hashCode() {
        return (int)((this.height+name.hashcode()) * 31);
    }

    @Override
    public Object clone() throws CloneNotSupportedException {
        return super.clone();
    }
}

public class TestEquals {
    public static void main(String[] ar) throws CloneNotSupportedException{
        Student s1=new Student("孙悟空",180);
        Student s2=new Student("孙悟空",180);
        if(s1==s2)
            System.out.println("s1==s2?YES");
        else
            System.out.println("s1==s2?NO");
        if(s1.equals(s2))
            System.out.println("s1.equals(s2)?YES");
        else
            System.out.println("s1.equals(s2)?NO");
        System.out.println(s1.hashCode() +"||" +s2.hashCode());
        Student s3=(Student)(s1.clone());
        System.out.println(s3.equals(s1));
    }
}
```

运行结果：

```
s1==s2?NO
s1.equals(s2)?YES
721410424||721410424
true
```

代码 4-4 以下有几点要特别说明。

(1) 因为重写的要求，这里的 equals()方法的参数列表不能修改，所以 equals()方法的

参数是一个 Object 类型的引用。为防止其他类型引用变量的传入，所以使用 instanceof 关键字来判断引用类型传入引用变量是否可以转型成功。

> **提示**
>
> 使用“obj **instanceof** 类名”可以判断 obj 引用的对象是否可以由“类名”类型的引用变量持有。如果这个表达式的值 true，那么这个引用变量就可以成功转型。

(2) Student 也重写了 clone()方法，所抛出的 CloneNotSupportedException 是 Exception 的直接子类。需要指定处理方法，这里使用委托处理方案。

(3) 注意 clone()方法的返回值类型，这里是由 Object 类型引用持有原对象克隆出来的新对象，可以进行引用类型变量的强制转换，如 Student s3=(Student)(s1.clone())。

4.3　基本数据类型包装类

Java 基本数据类型是 Java 固有的数据类型，它们也是程序设计中使用最频繁的数据类型。Java 为所有基本数据类型设计了包装类。虽然相对于对象来说，基础类型数据占用内存空间小、计算简便，在单机运算时具有很大优势，但是在分布式环境下，数据需要频繁交互，基础数据类型没有统一的规范(没有上级类型)，无法满足以接口为基础的面向对象程序设计的要求。为了统一处理基础类型值，Java 引入了包装类。包装类对象的引入丰富了数值处理的手段。

> **补充知识：包装类的设计方式并不唯一**
>
> Java SE 的包装类封装了大量数据处理方法，也解决了基础数据序列化网络传输问题，但这让这个包装类相对臃肿。在针对 TP、BP 级的大规模数据进行分布式数据存储和计算的网络传输场景下，这个臃肿的包装类被更为简化的包装类所取代。

常见的 Java 基本数据类型有字节型(byte)、短整型(short)、整型(int)、长整型(long)、单精度浮点型(float)、双精度浮点型(double)、布尔型(boolean)、字符型(char)8 种。对每种基本数据类型，Java 都提供了对应的包装类，如表 4-2 所示。

表 4-2　基本数据类型对应的包装类名

基本数据类型	包装类	基本数据类型	包装类
byte	Byte	boolean	Boolean
short	Short	float	Float
int	Integer	double	Double
long	Long	char	Character

Java 中数值型包装类都是继承自 Number 类型，都是用 final 修饰的，不可以继承；Boolean 和 Character 都是继承自 Object 类。

4.3.1　包装类对象

关于数值的包装类，其成员方法基本相同，这里以整数的包装类 Integer 为例，简单介绍包装类的使用方法。

Integer 类的继承关系如下。

```
java.lang.Object
    java.lang.Number
        java.lang.Integer
```

Integer 类的声明如下。

```
public final class Integer
extends Number
implements Comparable<Integer>, Serializable
```

Integer 类的构造方法和常用静态方法和成员方法，如表 4-3 所示。

表 4-3　Integer 类的构造方法与常用方法（部分）

方　法　名	抛出异常	方法说明
Integer(int value)		以原始的 int 类型的 value 值为基础创建一个 Integer 对象
Integer(String s)	NumberFormat Exception	以一个十进制数的字符串为基础构造一个 Integer 对象。若出现无法解析的字符串，则抛出异常
static Integer getInteger (String nm)		静态方法。将字符串 nm 转换为 Integer 对象
int intValue()		返回 Integer 对象中被包装的 int 值
static int parseInt(String s)	NumberFormat Exception	静态方法。将字符串 nm 转换为十进制 int 值，可以兼容负数表示的字符串，如＋123、－345 等值
static int parseInt(String s, int radix)	NumberFormat Exception	静态方法。将字符串 nm 按进制 radix 转换为 int 值，可以兼容多种进制的数值，如十进制的＋42、－350，十六进制的-FF，二十七进制的 Kona

提示

Integer 等数据类型的包装类都有两个静态常量值 MIN_VALUE 和 MAX_VALUE，表示本数据类型变量可以接收变量值的范围。在 Float 和 Double 类中还定义了正、负无穷 NEGATIVE_INFINITY 和 POSITIVE_INFINITY。

将基础类型值包装成一个包装类对象，这一过程称为装箱（boxing）；对于包装类对象，可以使用其成员方法——＊＊＊Value 方法（＊＊＊可以为 int、char、boolean、byte、short、long、float 和 double）将对象中的基础类型值提取出来，这一过程称为拆箱（unboxing）。从 Java 5 开始，Java 就添加了自动装箱（auto-boxing）和自动拆箱（auto-unboxing）机制。自动装箱的过程是每当需要一种包装类对象时，这种基础类型值就会被自动地封装到与它对应类型的包装类中。自动拆箱的过程是每当需要一个值时，包装类对象中的值就被自动地提取出来。需要注意：并非所有情况，JVM 都会启动自动装箱和拆箱机制。该机制自动触发条件与自动转型触发条件一致，只有在赋值运算（包含简单赋值和复合赋值时）、数学运算和方法返回值三种情况下，如代码 4-5 所示。

```
//代码 4-5 TestAuto 类
public class TestAuto {
    public static void main(String[] args) {
        Integer iObj = 3;              //赋值,被自动装箱
        int e = iObj;                  //赋值,被自动拆箱
        e += iObj;                     //复合赋值,被自动拆箱

        double f = iObj;               //被自动拆箱,拆箱后继续自动转型

        //参数传递赋值过程被自动拆箱,返回值被自动装箱
        Double gObj = computer(iObj);

        e = (int) f;                   //基础类型可以转型成功
        //e = (int) gObj;              //手动强制类型转换不会触发自动拆箱机制
    }

    private static Double computer(int i) {
        return i * 1.2;
    }
}
```

在代码 4-5 中可以看到：

(1) 在 int e = iObj，e += iObj 及 computer(iObj)的赋值语句中执行了自动拆箱操作。

(2) 在 double f = iObj 的计算语句中执行了自动拆箱操作，并且赋值过程触发了自动转型机制。

(3) 在 Double gObj = computer(iObj)的方法返回值的过程中执行了自动装箱操作。

(4) 在显式强制类型转型 e = (int)gObj 的语句中，JVM 没有如人们预期的那样，先自动拆箱再强制类型转换，而是直接报错。

自动装箱与拆箱的引入可以大大简化一些代码的编写，免除烦琐的类型转换过程，但额外的拆、装箱操作需要付出一些性能代价，因此，只使用包装类，而全盘抛弃基本数据类型是不可取的。这也是标准 Python 语言程序运行效率不高的原因之一。

4.3.2　字符串与数值的转换

字符串是人类普遍接受的数值表示方法之一，人类世界中的大量数据也都是使用字符串进行存储的，然而字符串与数值在计算机来看是完全不同的两类数据，它们之间的相互转换需要专门的方法。

1. 数值转字符串

数值原样转换为字符串有以下两种途径。

(1) 使用包装类的 toString()方法。首先使用数值封装出一个包装类对象；接下来就可以调用该对象的 toString()方法得到数值的字符串表示。例如：

```
String str =new Integer(123).toString();        //str =="123"
```

（2）使用字符串连接运算符“+”。例如：

```
String str =123+"":
```

这里需要注意的是：如果表达式“a+b”中有一个运算数是字符串，那么“+”为字符串拼接符；如果两个运算数都是数字，那么“+”仍然为数值加法运算符。

```
String str =1+2+""+3+4;
```

这里的字符串 str 值为“334”，按照“+”运算符是左结合的性质，在计算表达式“1+2”时，两个运算数都是数值，这里的“+”是数学运算；而在后继的运算过程中，因为有一个字符串存在，这里的“+”转换为字符串拼接运算。最后形成字符串“334”。

如果希望将数值转换为特殊形式的字符串，可以在包装类内查找相关静态方法。如将整数值转换为二、八、十六进制表示字符串，可以使用 Integer 类或 Long 类中的静态方法：

```
public static String toBinaryString(int i)
public static String toOctalString(int i)
public static String toHexString(int i)          //Object类 toString()默认实现
```

对于浮点数，可以通过 Float 类或 Double 类中的 toHexString 方法得到其十六进制表示：

```
public static String toHexString(float/double f)
```

2. 字符串转数值

在 Java 包装类中，字符串转换为基础数据类型的静态方法 parse＊＊＊()就是常用方法之一。这种基础数据类型的静态方法功能强大，它可以兼容人们经常使用的多种数值表示方式，如十进制表示、十六进制表示、八进制表示、二进制表示、科学记数法、字符串表示等，这些静态方法极大地扩展了数值处理的手段，例如：

（1）对于所有数值的包装类类型，parse＊＊＊()都可以接收十进制表示的数字序列，这里的＊＊＊可以是 int、byte、short、long、float 和 double 中的任意一种。

（2）对于浮点数的包装类 Float 和 Double 类中的 parseFloat/parseDouble(String str)还可以接收十六进制数字序列(0x 或 0X 开头的数字)和科学记数法(包含 e 或 E)表示的数字序列。

```
Integer.parseInt("123")返回 int 类型的 123
Long.parseLong("2147483648")返回 long 类型的 2147483648
Float.parseFloat("0x1.0p0")返回 float 类型的 0.1
Double.parseDouble("5e3")返回 double 类型的 5000.0,其中,"5e3"为科学记数法表示的数
5.0×10³
```

（3）特别地，对于 Integer 类和 Long 类，其中的 parseInt/parseLong(String str, int radix)支持将任意进制的数值表示字符串转换为十进制的数值。

```
Integer.parseInt("0", 10) 返回 0
Integer.parseInt("473", 10) 返回 473
Integer.parseInt("+42", 10) 返回 42
Integer.parseInt("-0", 10) 返回 0
Integer.parseInt("-FF", 16) 返回-255
Integer.parseInt("1100110", 2) 返回 102
Integer.parseInt("2147483647", 10) 返回 2147483647
Integer.parseInt("-2147483648", 10) 返回-2147483648
Integer.parseInt("2147483648", 10) 抛出异常,因为数值超过 int 值范围
Integer.parseInt("99", 8) 抛出异常,因为数值超过进制边界
Integer.parseInt("Kona", 10) 抛出异常,因为数值超过进制边界
Integer.parseInt("Kona", 27) 返回 411787
```

```
//代码 4-6  字符串与数值相互转换的简单示例
public class TestValue {
    public static void main(String[] args) {
        System.out.println(">>>>>>>>>>>>Number to String >>>>>>>>>>>>");
        System.out.println(1 +2 +"" +3 +4);
        System.out.println(Integer.toString(15));
        System.out.println(Integer.toString(15,16));
        System.out.println(Long.toBinaryString(15));
        System.out.println(Long.toOctalString(15));
        System.out.println(Long.toHexString(15));
        System.out.println(Float.toHexString(1.25f));
        System.out.println(Double.toHexString(1.25));
        System.out.println("\n>>>>>>>>>>String to Number >>>>>>>>>>>");
        System.out.println(Integer.parseInt("123"));
        System.out.println(Long.parseLong("2147483648"));
        System.out.println(Float.parseFloat("0x1.0p0"));
        System.out.println(Double.parseDouble("1.5e3"));
        System.out.println(Integer.parseInt("Kona", 27));
    }
}
```

输出结果：

```
>>>>>>>>>>>>Number to String >>>>>>>>>>>>>>
f
15
334
1111
17
f
0x1.4p0
0x1.4p0

>>>>>>>>>>>>String to Number >>>>>>>>>>>>>>
123
```

```
2147483648
1.0
1500.0
411787
```

4.4 字 符 串

字符串是用一对双引号括起来的零个或多个字符组成的有限序列。字符串除了存储文本以外,也常常用来传输数据。4.3节中讲述了数据与字符串的转换方法,这些方法就是为了解决数值传输过程中,编码与解码的问题。除了普通数据以外,字符串本身也可以成为数据的主体。如大数据当中的基因数据,它就是一条很长的字符串,很多时候都超过10GB。如何处理这些字符串?在Java体系中,需要使用封装字符串的类对象。本节中的String类对象和StringBuffer类对象就是这样的两类对象。

4.4.1 String类字符串

String类对象是字符串最常用的表示方式。该对象在创建之后,字符串是只读的。若需要实现中间插入、删除和替换操作,会生成新的String对象。因为它无法实现"原地"转换,修改String类对象的效率不高,且代价不斐。

提示

(1) 空字符串("")是0长度的字符串,有时也被称为空字符串。它不是null,它是一个对象,它是有成员方法可以调用的,就像长度为0的数组一样。

(2) 由于篇幅所限,本书大多只介绍较为常用的成员方法,对于其他成员方法,读者可以在使用时参考API文档使用。

1. String类的常用方法

String类的常用成员方法主要用于字符串内的字符或子串的读取和查找,对于String类对象的修改的方法较少,只局限于字符的尾部拼接,如表4-4所示。

表4-4 String中常用的成员方法

	成员方法	方法说明
基本	int length()	返回字符串长度
	String trim()	去掉字符串前后的空格,但保留中间的空格
	StringtoUpperCase()	字符串转大写
	String toLowerCase()	字符串转小写
比较	boolean equals(Object anObject)	区分大小写的比较
	boolean equalsIgnoreCase(String anotherString)	不区分大小写的比较
	int compareTo(String anotherString)	按字典序返回大小结果,若相同则返回0,若anotherString靠前则返回正值,否则返回负值

续表

	成员方法	方法说明
拼接	String concat(String str)	在本字符串尾部添加字符串 str：本字符串 ＋ str
查找	char charAt(int index)	返回第 index 位的字符，index 范围为 0 到字符串长度 −1
	int indexOf(String str)	从头开始查找指定字符串的位置，若查到则返回位置的开始索引，否则返回 −1
截取	String substring(int beginIndex)	返回从 beginIndex 位开始(包含)的子串，beginIndex 范围为 0 到字符串长度 −1
	String substring (int beginIndex, int endIndex)	返回从 beginIndex 位开始(包含)到 endIndex 位(不包含)的子串
分隔	String[] split(String regex)	以 regex 为标志对字符串进行拆分，若本字符串没有匹配的 regex 子串，则返回长度为 1 的数组

代码 4-7 使用 String 类的成员方法完成了用户名和密码匹配，其中使用字符串的 split()方法将输入参数拆分为字符串数组，其中，0 位就是用户名，1 位是密码。对于用户名字符串，使用了 equalsIgnoreCase()方法以忽略大小写的方式完成了“相等”判断，对于密码使用 equals()方法以严格匹配的方式完成了“相等”判断；另外，在方法 removeBlank()代码中演示了使用提取指定字符的 charAt()方法逐个扫描字符，拼接出了一个没有空格的字符串。与 trim()方法相比较，removeBlank()方法不仅可以去除字符串前后的空格，还能删除字符串中间的空格。

```
//代码 4-7  使用 String 类成员方法处理字符串

public class TestString {
    public static void main(String[] args) {
        boolean login1 =match("pipy:123");
        boolean login2 =match("user:123");
        System.out.println(login1 +"|"+login2);

        String strWithBlank ="   a b c  d  ";
        System.out.println("Original string: \t|"+strWithBlank);
        System.out.println("Only trim():\t\t|"+strWithBlank.trim());
        System.out.println("Remove all blanks:\t|"
            +removeBlank(strWithBlank));
    }

    public static boolean match(String receiveFromContent) {
        String username ="Pipy";
        String password ="123";

        //分隔用户名和密码
        String [] usernameAndPassword =receiveFromContent.split(":");

        if (usernameAndPassword[0].equalsIgnoreCase(username)
```

```
                && usernameAndPassword[1].equals(password)){    //严格匹配密码
            return true;
        }
        return false;
    }

    public static String removeBlank (String str){
        String ret ="";                             //"",没内容也是字符串;不可变长的空串
        for(int i =0; i <str.length(); i++){ //通过不复制空格,实现"删除"空格
            if (str.charAt(i) !=' '){
                ret +=str.charAt(i);                //一直在生成新的字符串,无法原地转换
            }
        }
        return ret;
    }
}
```

程序输出：

```
true|false
Original string:          |a b c d
Only trim():              |a b c d
Remove all blanks:        |abcd
```

2. 字符串与字符集编码

String类字符串的底层是一个final的byte[]数组。一方面，因为数组一旦创建，则长度不可变，并且被final修饰的引用一旦指向某个对象之后，不可再指向其他对象，所以String是不可变的。另一方面，byte[]数组中数值通过字符集编码，在字符与字节之间建立了一一对应的关系。现阶段，对于英语常用ASCII和ISO-8859-1字符集；简、繁中文常用GBK字符集；中、日、韩文混合常用GB18030；为了兼容各国语言，程序员常用的是UTF-8或UTF-16字符集。

补充知识：Java中的字符集编码

(1) JVM中char与字符串中使用的字符集是Unicode字符集。用户通过JVM取得的字符都是Unicode字符集编码的，而在JVM之外字符可以使用其他编码集。这也是JVM平台无关性的一种体现。JVM使用的Unicode字符集实际上是UTF-16常用字符集部分（双字节编码部分），只能涵盖世界上所有语言中常见字符的一部分。

(2) 一样意义下，Unicode是统一的字符编码标准，而不是一个具体的编码集。UTF-8与UTF-16都是Unicode标准下的字符集。UTF-8是变长字符集，中文占3B；UTF-16计划作为定长的双字节字符集实现，实际上它仍然是变长字符集，UTF-16不常用字符集占4B。基本单位(1B和2B)的不同是UTF-16和UTF-8最本质的区别。UTF-8兼容ASCII码，但由于基本单位，UTF-16无法兼容ASCII编码。

(3) UTF-8 编码中出现的文化不平衡性。对于欧美地区一些以英语为母语的国家,UTF-8 和 ASCII 一样,一个字符只占 1B,没有任何额外的存储负担;带有变音符号的拉丁文、希腊文、西里尔字母、亚美尼亚语、希伯来文、阿拉伯文、叙利亚文等字母则需要 2B 编码;对于使用中日韩文字、东南亚文字、中东文字等的国家来说,一个字符占用 3B,存储和传输的效率不但没有提升,反而下降了。

(4) 处理中文时为了节省内存空间,一般会使用汉字专用的两字节字符集,如 GBK 和 GB18030(2005 版)。GB2312 由于产生年代久远,字符集包含的字符不全,现在已经不推荐使用了。

常用字符集编码如表 4-5 所示。

表 4-5 常用字符集编码

编码名	说 明	字节量
ASCII	英文,标点,基本指令	单字节
ISO-8859-1	ISO-8859-1 收录的字符除 ASCII 收录的字符外,还包括西欧语言、希腊语、泰语、阿拉伯语、希伯来语对应的文字符号。欧元符号出现的比较晚,没有被收录在 ISO-8859-1 当中	单字节编码
GB2312	1980 年中国发布的第一个汉字编码标准,它满足了日常 99% 汉字的使用需求。兼容 ASCII 码,现已被 GBK 取代	英文单字节 中文双字节
BIG5	20 世纪 80 年代出现的繁体中文编码集。使用繁体中文(正体中文)社区中最常用的计算机汉字字符集标准。在 GBK 编码集添加了繁体中文后,由 GBK 统一取代	英文单字节 中文双字节
GBK	1995 年发布,在 GB2312 的基础上添加了一些简化的汉字、特殊人名用字、繁体字、日语和朝鲜语中的汉字。完全兼容 GB2312	英文单字节 中文双字节
GB18030	变长多字节字符集,每个字或字符可以由一、二或四字节组成。GB18030 在 GBK 的基础上增加了中日韩语中的汉字和少数名族的文字及字符,完全兼容 GB2312,基本兼容 GBK	英文单字节,大部分中文双字节,生僻字汉字及其他语言为 4B
UTF-8	变长多字节字符集,UTF-8 编码方式是目前使用最广泛的实现了 Unicode 标准的编码集。使用 1~4B 编码	英文单字节,欧洲语言字符双字节,中文 3B,一些特殊符号 4B
UTF-16	UTF-16 也是实现了 Unicode 标准的编码集,其中无论是拉丁字母、汉字还是其他文字或符号,一律使用 2B 存储。Java 使用的是 Unicode 是 UTF-16 的主字符平面部分	基本语言为双字节,不常用的字符为 4B

不同文字有着不同的字符编码集,如纯英文字符的 ASCII 码、针对西欧字符的 IOS-8859-1、针对繁体中文的 BIG5 码、针对日文的 EUC_JP、针对韩文的 EUC_KR 等。

String 字符串对象调用 getByteArray()方法就可以按指定的字符编码集的规则,将字符串编码为 byte 类型数组。注意,此方法会抛出 UnsupportedEncodingException 表示用户未指定有效的字符集。

```
public byte[] getBytes(String charsetName)
    throws UnsupportedEncodingException
```

使用 String 类的构造方法可以以 byte 类型数组为基础，按照指定的字符编码集将 byte[] 数组解码为字符串，此方法同样会抛出 UnsupportedEncodingException。

```
public String(byte[] bytes, String charsetName)
    throws UnsupportedEncodingException
```

提示

(1) 此处及代码 4-8 中使用 throws 语句为异常处理代码，详见 5.2.3 节。

(2) charsetName 在匹配字符编码集时是忽略大小写的，即 UTF-8 与 utf-8 一致。

```
//代码 4-8 使用字符编码集对字符串编码和解码

public class TestCharCode {
    public static void main(String[] args)
            throws UnsupportedEncodingException {
        String str = "我爱祖国";
        byte [] utf = getByteArray(str, "UTF-8");
        byte [] gbk = getByteArray(str, "GBK");
        byte [] unicode = getByteArray(str, "UNICODE");

        System.out.println(new String(utf, "utf-8"));
        System.out.println(new String(gbk, "gbk"));
        System.out.println(new String(unicode, "unicode"));
        System.out.println(new String(utf, "gbk"));                //编、解码不匹配
        System.out.println(new String(gbk, "unicode"));            //编、解码不匹配
        System.out.println(new String(unicode, "utf-8"));          //编、解码不匹配
    }

    public static byte[] getByteArray(String str, String charSetName)
            throws UnsupportedEncodingException {
        byte [] array = str.getBytes(charSetName);
        System.out.print (charSetName + ":\t[");
        for (int i = 0 ; i<array.length-1; i++) {
            System.out.print(array[i] + ", ");
        }
        System.out.println(array[array.length-1] + "]");
        return array;
    }
}
```

程序输出：

```
UTF-8:  [-26, -120, -111, -25, -120, -79, -25, -91, -106, -27, -101, -67]
GBK:  [-50, -46, -80, -82, -41, -26, -71, -6]
UNICODE:  [-2, -1, 98, 17, 114, 49, 121, 86, 86, -3]
我爱祖国
我爱祖国
```

```
我爱祖国
鎴戠埍绁栧浗                //编、解码不匹配,造成乱码
캚낫ㅃ맷
```

通过上述实验可以看到：同样的字符串，基于不同的编码集的编码结果是不同的。只有在编码和解码都使用同一字符编码集的情况下，才能正确还原字符串内容。

当涉及机器之间字符传输时、程序与数据库进行通信时、程序与网站前端页面交互时，尤其需要注意传输两端程序字符编码集统一的问题，一旦编解码双方使用的编码集不一致，轻则显示乱码，重则导致系统崩溃。

4.4.2　StringBuffer 类字符串

StringBuffer 类字符串对象是字符串的另一种表示方式。StringBuffer 对象在创建之后允许再做更改和变化，多用于表示一些被频繁编辑修改的字符串。

在 StringBuffer 类当中，除了包含 String 类中查找、读取操作以外，还存在大量修改字符串的操作，如表 4-6 所示。

表 4-6　StringBuffer 中典型成员方法(部分)

成员方法	方法说明
StringBuffer append(char c)	在字符串尾部追加字符
StringBuffer delete(int start, int end)	删除[start, end)范围的字符
StringBuffer deleteCharAt(int index)	删除指定位置的字符
StringBuffer insert(int offset, char c)	在 offset 位置插入字符
void setCharAt(int index, char ch)	将 index 位置的字符设置为 ch
void setLength(int newLength)	设置 StringBuffer 的长度，根据实际情况会自动扩容

```
//代码 4-9  去除字符串内的空格
public class TestStringBuffer {
    public static void main(String[] args) {
        String strWithBlank = " a b c d ";
        System.out.println(removeBlank_append(strWithBlank));
        System.out.println(removeBlank_del(strWithBlank));
    }

    public static String removeBlank_append(String str) {
        StringBuffer sb = new StringBuffer();           //空的、可变字符串
        for (int i = 0; i < str.length(); i++) {
            if (str.charAt(i) != ' ') {
                sb.append(str.charAt(i));               //变长字符串不断在尾部添加
            }
```

```
        }
        return sb.toString();
    }

    public static String removeBlank_del(String str) {
        StringBuffer sb = new StringBuffer(str);
        for (int i = sb.length() - 1; i >= 0; i--) { //为了防止下标错乱
            if (sb.charAt(i) == ' ') {
                sb.deleteCharAt(i);
            }
        }
        return sb.toString();
    }
}
```

输出结果都是没有空格的"abcd"字符串。这里注意，无论是 append()还是 deleteCharAt()方法，都没有使用另外的变量存储，这说明 StringBuffer 对象是在原对象上进行修改的(原地修改的)，而不是像 String 对象一样修改后会产生一个新的对象。这也是 StringBuffer 对象修改效率更高的原因之一。

4.4.3 String 类与 StringBuffer 类的区别与联系

String 类与 StringBuffer 类之间是有区别的，在源代码层面 String 和 StringBuffer 虽然在底层都是一个 byte[]数组，但 String 是一个 final 修饰的不可变的 byte 数组，String 对象中字符串是只读不能修改的。StringBuffer 的底层数组没有被 final 修饰，StringBuffer 的初始化容量是 16，当存满之后会调用数组复制的方法 System.arraycopy()进行扩容，StringBuffer 适合于使用字符串的频繁修改操作。

String 类对象与 StringBuffer 类对象可以转换。需要注意：String 类与 StringBuffer 没有继承关系(String 继承自 Object 类，StringBuffer 也同样继承自 Object 类，二者平级)，因此，String 类的字符串与 StringBuffer 类的字符串不能通过强制类型转换进行类型转换，二者之间只能通过各自的成员方法进行转换。

(1) String 类的字符串通过 StringBuffer 的构造方法 StringBuffer(String str)转换为 StringBuffer 类的字符串。

(2) StringBuffer 类的字符串通过 toString()方法转换为 String 类的字符串，如下。

```
String str = "123";
StringBuffer strBuf = new StringBuffer(str);          // String → StringBuffer
String str2 = strBuf.toString();                      // StringBuffer → String
```

又如在代码 4-9 中，方法 removeBlank_append()和 removeBlank_del()的返回 String 对象就是 sb.toString()的返回值；removeBlank_del()方法中使用 String 类对象构建 StringBuffer 对象 StringBuffer sb = new StringBuffer(str)。

String 类对象与 StringBuffer 类对象除了可变和不可变的区别外，在编辑、修改和生成字符串时，String 类与 StringBuffer 类在运行速度和线程安全方面也是有区别的。

(1) 在进行字符串修改时的运行速度方面，StringBuffer 快速于 String。

String 慢的原因：Java 中的字符串是不可变的，每一次拼接都会产生新字符串。这样会生成新的 byte 数组，并占用大量的内存。而 StringBuffer 的对象是变量，对变量进行操作就是直接对该对象进行(原地)更改，而不进行创建和回收的操作，所以速度要比 String 快很多(见代码 4-9)。

(2) StringBuffer 中的很多方法可以带有 synchronized 关键字，所以使用 StringBuffer 的方法是线程安全的。

总的来说，String 类字符串最适用于少量的字符串操作的情况，而 StringBuffer 类字符串更快捷且线程安全，适用于多线程下在字符缓冲区进行大量操作。

4.5　系统时间

对于程序中的时间，用户一般需要考虑时间点的获取、时间的表示和时间的精度这三个问题。程序中的时间点又可以分为“相对时间”和“绝对时间”，相对时间是本地时间，是没有时区属性的，而绝对时间则是带有时区属性的时间点。使用不同体系，时间的表示也是不同的，如 System 类的时间体系、Date 和 Calendar 类的时间体系、Java 8 加入的 Local 时间体系等。另外，时间的表示还关系到精度问题，如精确到天、秒还是毫秒、纳秒，都有不同的表示方法。

下面将简单介绍一下这几个体系下的时间获取方法。

4.5.1　System 类中的时间表示

java.lang.System 类继承自 Object 类，类的声明如下：

```
public final class System
extends Object
```

System 类提供了标准输入、标准输出和错误输出流；访问外部系统属性和环境变量的途径；还提供了一种加载文件和库的方法；以及用于快速复制数组的一部分的实用方法(已用 StringBuffer 中底层数组的扩容)。其中，System.currentTimeMillis()返回从 1970 年 1 月 1 日 00：00：00.000(当天午夜 0 时 0 分 0 秒 0 毫秒)到现在的总毫秒数，返回类型为 long。

> **补充知识：协调世界时间(UTC)——标准时间**
>
> 协调世界时间(Universal Time Coordinated，UTC)是由国际无线电咨询委员会规定，并由国际时间局(BIH)负责保持的以秒为基础的时间标度。现代计算机系统中的时间多是以 1970 年 1 月 1 日 00：00：00.000 作为起始时间记录的标准时间偏移量。

System.nanoTime()返回正在运行的 Java 虚拟机的高分辨率时间源的当前值，以纳秒为单位。此处需要注意的是：

(1) 此方法与标准时间无关，单独使用是无意义的，一般使用前后两个纳秒值来度量一段程序的运行时间。

(2) 此时间值不稳定且不精确，但总体上比毫秒体系更精确一些。

```
//代码 4-10  使用 nanoTime()测定代码 4-7 和代码 4-9 中删除字符串空格方法的执行时间
import c4.s4.TestString;
import c4.s4.TestStringBuffer;

public class RunTime_Nano {
    public static void main(String[] args) {
        String strWithBlank = " a b c d ";
        //冷内存。第一次执行有硬盘到内存的加载过程,消耗较长时间
        //删除后,实验时间出现明显偏差
        TestString.removeBlank(strWithBlank);
        TestStringBuffer.removeBlank_append(strWithBlank);
        long start = 0L, t1 = 0L, t2 = 0L;
        long time1 = 0L, time2 = 0L;
        //热内存,第二次以后,则直接在内存中加载,速度稳定
        for (int i = 0; i < 10; i++) {
            start = System.nanoTime();
            TestString.removeBlank(strWithBlank);
            t1 = System.nanoTime();
            TestStringBuffer.removeBlank_append(strWithBlank);
            t2 = System.nanoTime();
            time1 += (t1 - start);
            time2 += (t2 - t1);
        }
        System.out.println(time1/10 + "|" + time2/10);
    }
}
```

输出结果：

```
5461|2275
```

实验结果反映了使用“逐一添加”方式生成字符串时，StringBuffer 的运行效率较 String 更高。

当然这类问题也可以使用 System.currentTimeMillis()来度量代码运行时间：

```
long start = System.currentTimeMillis();
…          //程序代码
long t1 = System.currentTimeMillis();
long time1 = t1 - start;
```

考虑到这段代码的实际情况：处理的字符串较短，两次获取时间间隔较短无法正确度量，因此，这里选择更精确的 nanoTime。

4.5.2 Date 类

1. 原始的 Date 类

java.util.Date 是 Java 最早提供用来封装日期时间的类。

```
Date date = new Date();          //获取当前时间点
```

由于不支持时区操作不易于国际化且很多参数计算不符合日常认知或不正确(具体可以见源码),很多获取年、月、日、小时等数据的大量成员方法都已过时,不推荐使用(在API文档中被标记为@Deprecated),在Java 2时代就基本被Calendar类的方法代替了,现在只有少量成员方法还在使用,例如:

(1) getTime()方法用来解析Date对象中时间的值,与System.currentTimeMillis()功能类似,也可用于度量代码的运行速度。

```
long start =new Date().getTime();
//程序代码
long t1 =new Date().getTime();
long time1 =t1 -start;
```

(2) setTime(long time)对Date对象的日期时间进行设定(毫秒级别)。

(3) after(Date date)、before(Date date)、compareTo(Date date)可以比较两个时间的前后关系。

2. Date类的派生类

java.sql.Date、java.sql.Time和java.sql.Timestamp都继承自java.util.Date类,是专门用于数据库内时间变量的存储,现在仍然被广泛使用,这也是java.util.Date未被彻底移除的原因之一。以MySQL为例,java.sql.Date类对应于MySQL中的DATE类型变量,java.sql.Time类对应于MySQL中的TIME类型变量,java.sql.Timestamp对应MySQL中的TIMESTAMP类型变量。

补充知识:时间戳

时间戳在传统数据库中已经有广泛应用,在分布式数据库中用于标注多次写入值的前后顺序,以达到不删除数据但改写数据表中值的目的。为了方便比较,时间戳多使用标准时间UTC偏移量的long值。

4.5.3 Calendar类

Calendar类是一个日历抽象类,提供了一组对年、月、日、时、分、秒、星期等日期信息进行操作的函数。同时,针对一些国家和地区的日历提供了相应的子类,如格林尼治时间GregorianCalendar、佛历(泰国使用)BuddhistCalendar、日本历JapaneseImperialCalendar。在设计上,Calendar类的功能要比Date类强大很多,但在实现方式和使用方式上也比Date类要复杂一些。

Calendar类的使用方法如下。

首先获取当前时间以得到一个Calendar对象。因为抽象类不能实例化,需要使用静态方法getInstance()生成Calendar对象。

在生成对象后,若需指定其他时间,可使用set()方法进行一次性指定年、月、日,或按时间组成部分分别设定,如设定时间为2022年5月11日18点10分0秒的代码如下:

```
cal.set(2016, Calendar.MAY, 3, 15, 31, 45);        //Calendar.MAY为Calendar常量
```

若需要查询Calendar对象的时间组成部分,可以使用get()方法:

```
int week =cal.get(Calendar.DAY_OF_WEEK)-1;        //Calendar中周日为一周的第一天
```

需要调整 Calendar 对象的时间值，只要进行直接数值运算即可，无须考虑时间进制的转换问题。

另外，表 4-7 中列出了 Calendar 类定义的部分常用方法。

表 4-7　Calendar 类定义的部分常用方法

方　法	描　述
static Calendar getInstance()	返回使用默认地域和时区的一个 Calendar 对象
Date getTime()	返回一个和调用对象时间相等的 Date 对象
int get(int calendarField)	返回 Calendar 对象的时间组成部分 calendarField 的值，calendarField 由如 Calendar. YEAR、Calendar. MONTH 等常量指定
void add(int which,int val)	将 val 加到 which 所指定的时间或者日期中，可以通过加一个负数实现减的功能。which 必须是 Calendar 类定义常量字段之一，如 Calendar.HOUR 等
void set(int calendarField, int val)	将 Calendar 对象的一个时间组成部分 calendarField 的值设定为 val。此方法会改变整个 Calendar 对象表示的时间点
void set(int year,int month,int date) void set(int year, int month, int date, int hourOfDay, int minute, int second)	设置调用对象的各种日期和时间部分

Calendar 定义了一些 int 常量，当需要取得或设置日历的组成部分时，可以使用它们。这些常量如表 4-8 所示。

表 4-8　Calendar 类的常量

常　量	常　量	常　量	常　量
ALL_STYLES	DST_OFFSET	MARCH	SEPTEMBER
AM	ERA	MAY	SHORT
AM_PM	FEBRUARY	MILLISECOND	SUNDAY
APRIL	FIELD_COUNT	MINUTE	THURSDAY
AUGUST	FRIDAY	MONDAY	TUESDAY
DATE	HOUR	MONTH	UNDECIMBER
DAY_OF_MONTH	HOUR_OF_DAY	NOVEMBER	WEDNESDAY
DAY_OF_WEEK	JANUARY	OCTOBER	WEEK_OF_MONTH
DAY_OF_WEEK_IN_MONTH	JULY	PM	WEEK_OF_YEAR
DAY_OF_YEAR	JUNE	SATURDAY	ZONE_OFFSET
DECEMBER	LONG	SECOND	YEAR

代码 4-11 利用 Calendar 类实现了本地时区的获取，及 Calendar 对象中包含的内容。

```
//代码 4-11  GetTimeZoneName 类
import java.util.Calendar;
import java.util.TimeZone;

public class GetTimeZoneName {
    public static void main(String[] args) {
        Calendar cal =Calendar.getInstance();
        TimeZone timeZone =cal.getTimeZone();
        System.out.println(timeZone.getDisplayName());
        System.out.println(">>>>>>>>>>>>>>>>>>>>>>>>");
        System.out.println(cal);
    }
}
```

程序运行时间为 2022 年 5 月 14 日星期六，这里对运行结果稍加整理。

```
//中国标准时间
>>>>>>>>>>>>>>>>>>>>>>>>
java.util.GregorianCalendar[
time=1652524266031,              //long 值，与 1970 年标准时间的偏差
areFieldsSet=true,
areAllFieldsSet=true,
lenient=true,zone=sun.util.calendar.ZoneInfo[id="Asia/Shanghai",….],
firstDayOfWeek=1,                //在中国，一周的第一天是周一
minimalDaysInFirstWeek=1,        //本月第一周，有几天？
ERA=1,                           //0 表示公元前，1 表示公元后
YEAR=2022,
MONTH=4,                         //比真实月份小 1，现在是 5 月
WEEK_OF_YEAR=20,                 //本年第 20 周
WEEK_OF_MONTH=2,                 //本月第 2 周
DAY_OF_MONTH=14,                 //本月第 14 天
DAY_OF_YEAR=134,                 //本年第 134 天
DAY_OF_WEEK=7,                   //本周的第七天，周日为第一天，周六为第七天
DAY_OF_WEEK_IN_MONTH=2,          //本月的第二个周六
AM_PM=1,                         //下午
HOUR=6,                          //12 时计数：6 时
HOUR_OF_DAY=18,                  //24 时计数：18 时
MINUTE=31,                       //分钟
SECOND=6,                        //秒
MILLISECOND=31,                  //毫秒
ZONE_OFFSET=28800000,            //与格林尼治时间的差值。中国为东 8 区，时间增量为 8h
DST_OFFSET=0                     //是否为夏令时，我国未使用
]
```

借助 Calendar 对象的输出，可以看到一个 Calendar 对象内包含大量的属性值，以及属性值的 calendarField 名称，如 YEAR、Month、WEEK_OF_YEAR、DAY_OF_WEEK 等，通过 Calendar 对象类的 getTime()方法和 setTime()方法进行具体值的提取与设定。示例：100 天后，即 101 天是周几？

```
Calendar cal =Calendar.getInstance();
cal.add(Calendar.DAY_OF_MONTH,100);
int weekDay =cal.get(Calendar.DAY_OF_WEEK) -1 ;     //周日为 1;周一为 2
```

本年第 17 周的周一是几月几日？

```
Calendar cal =Calendar.getInstance();
cal.set(Calendar.WEEK_OF_YEAR,17);                  //设定为 17 周
cal.set(Calendar.DAY_OF_WEEK,1+1);                  //设定为周一,周日为 1,周一为 2
int month =cal.get(Calendar.MONTH) +1;              //一月为 0
int day =cal.get(Calendar.DAY_OF_MONTH);
```

4.5.4　java.time 包中简化的时间表示

Date、Calendar 表示的时间，既包含日期信息又包含时间信息，Calendar 还包含时区信息，并设计了若干的时间计算方法。虽然设计这两个类时希望兼顾各方面需求，但总体来说结构复杂，使用不方便。Java 8 重新组织了时间表示，它们都位于 java.time 包当中。这一系列的时间表示方法较之前的版本更为细化、更贴近实际应用。

首先，java.time 包的时间区分了日期和时间，用户可以按照不同的业务需求找到相应的更专业的时间表示方法；

其次，java.time 包的时间区分了本地时间和带时区的时间的表示。ZonedDateTime 类既可以实例化带时区信息的时间，也可以实现本地时间与不同时区的转换。

再次，java.time 包有了直接计算时间差的方法类，更加专业便捷。

补充知识：计算时间差的麻烦

时间戳 System.currentTime()的单位是毫秒，在这个意义下，明天的含义很难界定，如第一时刻上午 11 点，第二时刻是上午 9 点，我们认为已经是第二天，但因为不足 24 小时，系统中无法通过计算 $x \div 1000 \div 60 \div 60 \geqslant 24$ 来直接认定两个时间点相差一天。同样的问题，还出现在“下个月”“明年”等日常使用的时间描述上。

最重要的是，java.time 包中时间类都是线程安全的，用户可以放心在各种情况下使用。

Java 8 引入的这些处理日期时间的新类，包括 Instant、LocalDate、LocalTime、LocalDateTime、ZonedDateTime、Period、Duration 等，这些类都封装在 java.time 包中。

1. Instant

Instant 表示了时间线上一个确切的点，可以表示纳秒级别的时刻。使用静态方法 now()可以得到 Instant 对象(当前时间快照)。对象中存储了两个值，一个是 long 类型的毫秒值，表示当前时间与 1970 年标准时间的差值，使用 getEpochSecond()方法取出；另一个是 int 类型的纳秒值，表示当前秒中的纳秒值，范围为 0～999 999 999，使用 getNano()方法取出。

2. LocalDate、LocalTime 和 LocalDateTime

LocalDate 表示本地日期，LocalTime 表示本地时间，LocalDateTime 表示日期加时间。

Local 表示“本地时间”，和时区没有关系。LocalTime 类对象只记录时间，不涉及日期；LocalDate 类对象只记录日期，而不涉及时间(在 Date 类和 Calendar 类中的 2022-05-11 表

示的实际是这一天的 00:00 这个瞬间);LocalDateTime 类对象则同时包含日期与时间信息,类似于 Date 类对象。

Local 时间对象可以使用静态方法 now()得到当前时间,使用 get()方法提取时间具体字段的值,使用 of()方法进行指定时间的设定。相关成员方法统一且简单,使用时用户参考 API 文档即可快速上手。代码 4-12 简单展示了这几个类的用法。

```
//代码 4-12   获取当前时刻并生成相应对象

import java.time.*;
public class TestLocal {
    public static void main(String[] args) {
        Instant ins = Instant.now();
        long epTime = ins.getEpochSecond();
        int naTime = ins.getNano();
        System.out.println("Instant: " + epTime + "|" + naTime);
        LocalDate ldate = LocalDate.now();
        System.out.println("LocalDate: " + ldate.getYear() + "|"
            + ldate.getMonth());
        LocalTime ltime = LocalTime.now();
        System.out.println("LocalTime: " + ltime.getHour() + "|"
            + ltime.getNano());
        LocalDateTime lDateTime = LocalDateTime.now();
        System.out.println("LocalDateTime: " + lDateTime.getYear()
            + "|" + lDateTime.getHour());
    }
}
```

本程序在 2022 年 5 月 14 日星期六执行,输出如下。

```
Instant: 1652527993|266000000
LocalDate: 2022|MAY
LocalTime: 19|345000000
LocalDateTime: 2022|19
```

3. Period 和 Duration

Java 8 添加了处理时间差的功能,用 Period 处理两个日期之间的差值,用 Duration 处理两个时间之间的差值。这个类中静态方法 between()等大幅简化了计算两个时间差值的操作,如代码 4-13 所示。

```
//代码 4-13   计算时间差

import java.time.*;

public class TimeMinus {
    public static void main(String[] args) {
        //设定日期为 2019 年 10 月 1 日
        LocalDate origTime = LocalDate.of(2019,10,1);
        LocalDate nowDate = LocalDate.now();          //设定日期为程序运行当日
        Period period = Period.between(origTime, nowDate);
        System.out.print("距离中华人民共和国成立 70 周年已经过去了: "
```

```
            +period.getYears() +"整年,又"
            +period.getMonths()+"整月,又"
            +period.getDays()+"整天");
        LocalTime finish=LocalTime.of(17,0,0);          //设定时间为 17 时整
        LocalTime now =LocalTime.now();                 //设定时间为程序运行时
        Duration dur =Duration.between(finish,now);
        System.out.print("今日已经加班了: "+dur.toHours()
            +"小时,共" +dur.toMinutes() +"分钟");
    }
}
```

本程序在 2022 年 5 月 14 日执行，输出如下。

```
距离中华人民共和国成立 70 周年已经过去了: 2 整年,又 7 整月,又 13 整天
今日已经加班了: 2 小时,共 177 分钟
```

4.6 工 具 类

Java 中会将一部分常用方法声明为静态方法，并归类存放在工具类当中。之所以将这些工具方法封装为静态方法，主要是为使用方便——用户使用“类名.方法”的形式调用即可，无须实例化对象。

4.6.1 数学运算工具类——Math 类

java.lang.Math 继承自 Object 类，声明如下。

```
public final class Math
extends Object
```

该类提供了常用的基础数值计算方法，如绝对值、三角函数、指数、对数等运算，还包含两个静态成员 PI(圆周率 π)和 e(自然常数)。表 4-9 列出部分 Math 类的常用方法。

表 4-9 Math 类定义的常用方法(部分)

方法	描述
static double abs(double a)	返回 double 值的绝对值
static double acos(double a)	返回一个值的反余弦
static double asin(double a)	返回一个值的反正弦
static double atan(double a)	返回一个值的反正切
static double max(double a, double b)	返回两个 double 值中较大的一个
static double min(double a, double b)	返回两个 double 值中较小的一个
static double random()	返回大于或等于 0.0 且小于 1.0 的随机数
static double rint(double a)	返回最接近参数并等于某一整数的 double 值

续表

方　法	描　述
static double sin(double a)	返回角的三角正弦
static double tan(double a)	返回角的三角正切
static double cos(double a)	返回角的三角余弦
static double exp(double a)	返回自然常数 e 的 double 次幂的值

```
//代码 4-14　生成一个 0～99 的随机数
public class MathRandom {
    public static void main(String[] args) {
        int maxNum = 99;
        int randomNum = (int) (Math.random() * (maxNum + 1));
        System.out.println(randomNum);
    }
}
```

某次运行结果如下：

```
59          //结果不稳定
```

4.6.2　数组服务类——Arrays 类

java.util.Arrays 继承自 Object 类，声明如下：

```
public class Arrays
extends Object
```

本类封装了多种与数组相关的功能，如排序和查找的方法。这里以 byte[]数组为例对 Arrays 类中的静态方法进行介绍，对于其他类型数组 Arrays 类也提供了相类似的静态方法。表 4-10 列出了常用的 Arrays 类中服务于 byte[]数组的静态方法。

表 4-10　Arrays 类中服务于 byte[]数组的静态方法(部分)

方　法	描　述
static void sort(byte[] a)	使用“快速排序算法”完成了数组升序排序。注意：此方法会改变原有数组 a 内成员存储顺序
static void parallelSort(byte[] a)	按照数字升序排列指定的数组。若数组长度较大，会激活分组并行排序方法，适用于大量数据的排序
static int binarySearch(byte[] a, byte key)	在排序后 byte 数组中，以二分查找的方式，查找是否存在 key 值。若存在，返回匹配元素位置，否则返回－1。若存在多个重复值，无法保证返回值的位置
static int binarySearch(byte[] a, int fromIndex, int toIndex, byte key)	在排序后 byte 数组中的部分(包含 fromIndex 位置不包含 toIndex 位置)，以二分查找的方式查找
static boolean equals(byte[] a, byte[] a2)	逐个比较两个数组中的元素值，若逐位对应相等，返回 true；否则返回 false

续表

方　　法	描　　述
static void fill(byte[] a, byte val)	使用固定值 val，填充整个数组
static byte[] copyOf(byte[] original, int newLength)	新建一个长度为 newLength 的数组，并使用 original 数组内的数值填充，多余部分舍弃，不足部分以默认值填充
static int hashCode(byte[] a)	返回此数组的 hash 值
static boolean deepEquals(Object[] a1,Object[] a2)	比较两个引用变量类型的数组。若逐位对应使用类定义的 equals()方法比较值为 true，则返回 true，否则返回 false
static String toString(byte[] a)	将数值数组加工成为一个字符串

代码 4-15 简单演示了 Arrays 类中关于 byte[]数组的一些常用工具方法的使用技巧，需要注意的是，Arrays 类很多操作会直接影响原始数组。

```
//代码 4-15  Arrays 类的简单应用
import java.util.Arrays;
public class TestArrays {
    public static void main(String[] args) {
        byte [] barr ="我爱我的祖国".getBytes();
        Arrays.parallelSort(barr);                  //并行数组排序
        //数组转换为字符串
        System.out.println("ParaSort: "+Arrays.toString(barr));
        byte [] b2 ={2,4,3,1};
        Arrays.sort(b2);                            //数组排序
        System.out.println("Sorted: "+Arrays.toString(b2));
        //排序数组的二分查找
        int index =Arrays.binarySearch(b2, (byte)30);
        System.out.println("Location of 30 is at No. "+index);
        Arrays.fill(b2,(byte)100);                  //统一填充固定值
        System.out.println("Fill 100: "+Arrays.toString(b2));
    }
}
```

程序输出如下：

```
ParaSort: [-124, -120, -120, -120, -111, -111, -106, -102, -101, -91, -79, -67,
-27, -26, -26, -25, -25, -25]
Sorted: [1, 2, 3, 4]
Location of 30 is at No. -5
Fill 100: [100, 100, 100, 100]
```

代码 4-15 展示了 Arrays 类中一些常用方法供读者参考，如将数组整体转换为字符串的 toString()方法，可以将数组元素排序的 sort()方法、在排序后数组上进行折半查找的 binaryResearch()方法，以及填充固定值的 fill()方法等。更具体的说明，可参考 java.util.Arrays 的 API 文档。

对于填充数组的方法，这里有两种理解方式：集中式和分布式。

集中式：数组元素排着队依次在服务窗口加载一个值。类似于使用 for 循环遍历赋值。

分布式：就像发放大学录取通知书一样，将这个值或值的生成方法分发到数组元素当中，数组元素自行计算并加载。

哪种更适合并行计算呢？答案显而易见。

4.7　函数式接口与函数式对象

函数式接口(Functional Interface)是 Java 8 实现函数式编程的基础，正是由于函数式接口的存在，我们才能把函数实例化一个对象，作为参数传递出去，达到函数式编程"将函数本身可以作为参数进行传递"的要求。

函数式接口就是有且仅有一个抽象方法，但是可以有多个非抽象默认实现方法的接口。这个函数式接口仅有的抽象方法，称其为函数式接口的功能方法。

在 Java 8 中使用@FunctionalInterface 注解标注该接口则表示它是一个函数式接口。这时接口中只允许一个抽象方法的存在，若存在多个抽象方法则会编译不通过。表 4-11 展示了 Java 8 中提供的四类主要函数式接口。

表 4-11　Java 8 提供的部分函数式接口

类　型	功能方法	输入值及类型	输出值类型	函数式接口(部分)
Supplier	get()	无参数	任意类型	Supplier、IntSupplier
Consumer	accept()	1 个参数	无返回值	Consumer、IntConsumer
Function	apply()	1 个参数	任意类型	Function、IntFunction、ToIntFunction
Predicate	test()	1 个参数	boolean	Predicate、IntPredicate

函数式接口可以友好地支持 Lambda 表达式。通过 Lambda 表达式，用户可快速实例化一个实现了函数式接口的子类对象，我们称之为**函数式对象**。

本节将着重介绍 Java 8 新增加的 java.util.function 包中的函数接口。该包中的函数模板总的来说可以分为 4 类，即如表 4-11 所示的 Supplier、Consumer、Function 和 Predicate，以及一些派生形态(如 Operator 模板)或变异形态(如 BiFunction 模板)的接口。

4.7.1　Supplier 模板

java.util.function.Supplier 接口声明如下。

```
@FunctionalInterface
public interface Supplier<T>
```

该函数接口表示可以在没有任意前置条件下生成一个 T 类型值的函数，其中定义的抽象方法为：

```
T get()            //生成一个 T 类型的值
```

> **注意**
>
> 本节中出现的 T、V、R 等大写单字母均为泛型参数,是某个指定的引用变量类型的占位符,在使用时具体指定即可。

代码 4-16 演示了一个每次都产生一个整数 10 的 Supplier,这里根据要求将 T 指定为 Integer。

```
//代码 4-16  Supplier 接口的使用方法

import java.util.function.Supplier;

public class TestSupplier {
    public static void main(String[] args) {
        //匿名类
        Supplier<Integer> createOne = new Supplier<Integer>() {
            @Override
            public Integer get() {
                return 10;
            }
        };
        Integer n1 = createOne.get();

        //Lambda 表达式
        Supplier<Integer> co = () -> 10;          //get()的 Lambda 表达式实现
        Integer n2 = co.get();

        System.out.println(n1 + "||" + n2);       //打印: 10||10
    }
}
```

4.7.2 Consumer 模板

1. Consumer 接口

java.util.function.Consumer 接口声明如下。

```
@FunctionalInterface
public interface Consumer<T>
```

该函数接口表示接收 T 类型值后完成指定操作且没有返回值的函数,其中定义的功能方法为:

```
void accept(T t)            //根据 T 类型值 t 完成的操作
```

代码 4-17 演示了判断年龄是否大于或等于 60 岁的操作,若小于 60 岁,打印"成人票";否则打印"免票"。

```
//代码 4-17  Consumer 接口的使用方法

import java.util.function.Consumer
public class TestConsumer {
    public static void main(String[] args) {
```

```
        Consumer<Integer>con = (Integer age) ->{   //重写 accept(T t)
            if (age <60){                          //auto-unboxing
                System.out.println("成人票");
            }else{
                System.out.println("免票");
            }
        };
        con.accept(75);                            //调用函数式对象,打印: 免票
        con.accept(15);                            //调用函数式对象,打印: 成人票
    }
}
```

2. BiConsumer 接口

java.util.function.BiConsumer 接口声明如下。

```
@FunctionalInterface
public interface BiConsumer<T,U>
```

该函数接口表示一个接收类型 T 的值和类型 U 的值后完成指定操作且没有返回值的函数,其中定义的功能方法为:

```
void accept(T t, U u)        //根据 T 类型值 t 完成的操作
```

代码 4-18 给出了一个 BiConsumer 接口的简单实例,调用 t 和 u 的 toString()方法,将字符串合并输出。

```
//代码 4-18   双参数 BiConsumer 接口的使用方法

import java.util.Arrays;
import java.util.function.BiConsumer;

public class TestBiConsumer {
    public static void main(String[] args) {
        final String [] name =new String[5];

        BiConsumer<String, Integer>bc = (String key, Integer value) ->{
            int index =value;
            if (index <name.length-1){
                name [index] =key;            //name 建议是 final 的
            }
        };
        bc.accept("孙悟空",1);
        bc.accept("猪八戒",2);
        bc.accept("白龙马",100);              //100,下标越界,未成功录入
        System.out.println(Arrays.toString(name));
    }
}
```

输出结果为:

```
[null, 孙悟空, 猪八戒, null, null]
```

在代码 4-18 中，Lambda 表达式中使用了外部变量 name，根据内部类的相关定义，内部类使用外部的变量必须是 final 的或具有 final 性质的引用变量，这里数组就是一个 final 性质的引用变量。在后续第 7 章的容器遍历过程中，会多次使用 Consumer 函数和 BiConsumer 函数。

4.7.3 Function 模板

java.util.function.Function 接口声明如下。

```
@FunctionalInterface
public interface Function<T,R>
```

该函数接口表示一个接收一个 T 类型值，通过运算返回一个 R 类型值的函数。简言之，Function 就是 T→R 转换过程的抽象。其中定义的功能方法为：

```
R apply(T t) //接收 T 类型的值 t,运算后返回 R 类型值
//返回一个组合函数,表示 T→R→V 的转换过程。有默认实现的方法
default <V> Function<T,V> andThen(Function<R,V> after)
//返回一个组合函数,表示 V→T→R 的转换过程。有默认实现的方法
default <V> Function<V,R> compose(Function<V,T> before)
```

```
//代码 4-19  Function 接口的使用方法
import java.util.function.Function;

public class TestFunction {
    public static void main(String[] args) {
        Function<String, String> f1 = a -> a+"A 大王!";
        System.out.println(f1.apply("大事不好了!"));

        Function<String, String> f2 = a -> a + "B 毛脸和尚又来了!";

        String reply = f1.andThen(f2).apply("大事不好了!");          //先 f1,再 f2
        System.out.println(reply);

        String reply2 = f1.compose(f2).apply("大事不好了!");         //先 f2,再 f1
        System.out.println(reply2);
    }
}
```

输出结果为：

```
大事不好了!A 大王!
大事不好了!A 大王!B 毛脸和尚又来了!
大事不好了!B 毛脸和尚又来了!A 大王!
```

可以看出：

(1) andThen()方法相当于在 Funtion 函数 1 后再续一个 Funtion 函数 2，函数 1 的输出值为函数 2 的输入值。f1.andThen(f2).apply(x)相当于数学上的函数 f2(f1(x))。

(2) compose 方法()相当于在 Funtion 函数 1 前插入一个 Funtion 函数 2,函数 1 的输入值为函数 2 的输出值。f1.compose(f2).apply(x)相当于数学上的函数 f1(f2(x))。

4.7.4　Predicate 模板

java.util.function.Predicate 接口声明如下。

```
@FunctionalInterface
public interface Predicate<T>
```

该函数接口表示一个对给定的输入参数进行判断操作,并返回一个 boolean 类型结果的函数。其中定义的功能方法为:

```
boolean test(T t)          //判断 t 值是否满足断言表达式
```

类似于代码 4-17,代码 4-20 给出了一个关于是否免票的断言函数。

```
//代码 4-20　Predicator 接口的使用方法
import java.util.function.Predicate;
public class TestPredicator {
    public static void main(String[] args) {
        Predicate<Integer> isFree = (Integer age) -> age >= 60;
        boolean free = isFree.test(63);
        boolean full = isFree.test(23);
        System.out.println(free + "||" + full);          //输出: true || false;
    }
}
```

4.7.5　其他模板

除了 Supplier、Function、Consumer、Predicate 这几个基本的函数形式,还有其他派生的函数形式,它们扩展了基本的函数形式,

(1) 继承了现有接口函数的函数,如 UnaryOperator (extends Function) 和 BinaryOperator (extends BiFunction)。

(2) 将指定函数运算中参数类型的函数。

如 DoubleFunction 中的 apply()方法的参数值为 double 类型的数值;DoubleToIntFunction 中的 applyAsInt()方法的参数值为 double 类型的数值,返回值为 int 类型数值;DoubleConsumer 中的 accept()方法的参数值为 double 类型的数值;IntSupplier 中的 getAsInt()方法的返回值为 int 类型的数值等。

Operator 是一类特殊的 Function,它定义的函数输入参数类型与返回值类型相同。如 UnaryOperator、BinaryOperator、IntUnaryOperator、IntBinaryOperator 和 LongUnaryOperator 等。它们的功能方法分别为:

```
T apply (T t)                    //接口 UnaryOperator<T>的功能方法
T apply(T t1, T t2)              //接口 BinaryOperator<T>的功能方法
```

```
int applyAsInt(int i)              //接口 IntUnaryOperator 的功能方法
int applyAsInt(int i1, int i2)     //接口 IntBinaryOperator 的功能方法
long applyAsLong(long lo)          //接口 LongUnaryOperator 的功能方法
```

(3) 双参数输入值的函数类型，如 BiPredicate 中的 test()方法的参数列表长度为 2；BiConsumer 中的 accept()方法的参数列表长度为 2；BiFunction 中的 apply()方法的参数列表长度为 2，以及上面提及的 BinaryOperator 和 IntBinaryOperator 等。

一般来说，函数接口不单独使用，而是适配一些特定类的成员方法，如 java.lang.Iterable 中的 forEach()方法，其中需要用户提供一个 Consumer 函数；如 java.util.Map 类中的 forEachRemaining()方法需要用户提供一个 BiConsumer 函数；如在 Arrays 类中的 parallelPrefix()方法，需要用户提供 BinaryOperator 类型函数对象补全前缀计算框架。

4.7.6 Arrays 类中使用的函数式接口

在 Arrays 类中，parallelPrefix()方法和 setAll()方法使用到函数接口。可以看到通过函数接口对象的加入，我们可以补全原先的计算框架缺失的元素计算规则。在此期间，请读者体会分发函数接口对象给每一个数组成员，完成数组成员遍历计算的方法。

1. setAll()方法

在 Arrays 类当中，setAll()/parallelSetAll()方法声明如下。

```
public static void setAll(int[] array, IntUnaryOperator generator)
public static void parallelSetAll(int[] array,
    IntUnaryOperator generator)        //int->int 因此是 IntUnaryOperator

public static void setAll(long[] array, IntToLongFunction generator)
public static void parallelSetAll(long[] array,
    IntToLongFunction generator)       //int->long 因此是 IntToLongFunction

public static void setAll(double[] array, IntToDoubleFunction generator)
public static void parallelSetAll(double[] array,
    IntToDoubleFunction gen)           //int->double 因此是 IntToDoubleFunction

public static <T>void setAll(T[] array, IntFunction<T>generator)
public static <T>void parallelSetAll(T[] array,
    IntFunction<T>generator)           //int->T 因此是 IntFunction<T>
```

对于数组每个元素按指定规则填写数值时，可以使用 setAll()方法，规则存储在函数式接口对象当中。不同类型的函数式接口对象中的功能方法，借助数组下标生成数组中的元素。在数组较大时，parallelSetAll()可以使用并行的算法更有效率地利用计算机资源。例如：

```
int a [] =new int [10];
Arrays.setAll(a,(int i)->i * 10);
```

可以为 a 中每个成员赋值“下标 * 10”，即 a={0,10,20,…}。

```
double d[] =new double[4];
Arrays.parallelSetAll(d,(int i)->Math.random());
```

可以为 d 中每个成员赋一个[0,1)的随机值。

2. parallelPrefix()方法

在 Arrays 类当中,parallelPrefix()方法声明如下。

```
public static void parallelPrefix(int[] array, IntBinaryOperator op)
public static void parallelPrefix(long[] array, LongBinaryOperator op)
public static void parallelPrefix(double[] array, DoubleBinaryOperator op)
public static <T>void parallelPrefix(T[] array, BinaryOperator<T>op)
```

parallelPrefix()的计算逻辑过程如下(如图 4-8 所示)。

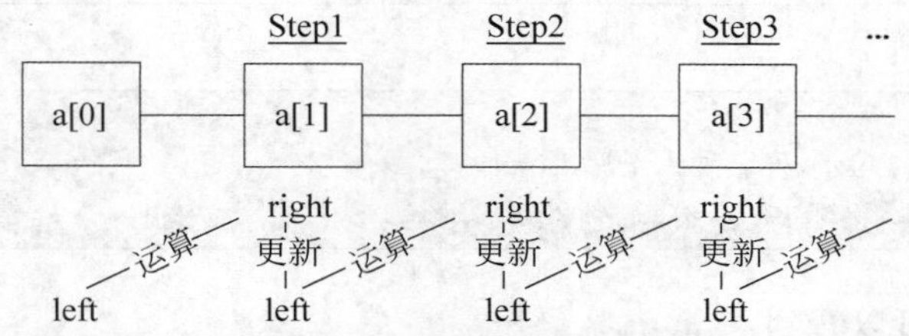

图 4-8　parallelPrefix()方法中数组内运算方法示意图

(1) 初始化 prefixResult(前缀计算结果)为数组中第 0 位元素。

(2) 读取下一位元素,若此时下标越界则结束计算;若下标不越界则读入,将 prefixResult 作为 left,当前位置值作为 right,调用 BinaryOperator 接口对象进行二元运算,将结果更新当前位置为 prefixResult。重复本步骤,直到下标越界为止。

在实际过程中,parallelPrefix 会按照程序运行环境,使用并行策略对前缀计算进行相应的优化。

```
//代码 4-21　使用函数式对象补全框架的示例
import java.util.Arrays;
import java.util.function.DoubleBinaryOperator;

public class PrefixParallelComputation {
    public static void main(String[] args) {
        long[] a =new long [4];
        Arrays.setAll(a, i->(i+1) ); // a ={1,2,3,4};
        //叠加运算,最后一位是数组元素的和
        Arrays.parallelPrefix(a,
            (int prefixResult, int now) ->prefixResult+now);
        System.out.println(Arrays.toString(a));


        String [] name ={"吴正江","毋东","王海涛","翟海霞"};
```

```
        //效果类似于“与循环状态无关的循环”,但第一位不同
        Arrays.parallelPrefix(name,
            (String prefix, String now) ->now +"老师");
        System.out.println(Arrays.toString(name));

        double [] d =new double [3] ;
        Arrays.parallelPrefix(d, new DoubleBinaryOperator() {
            public double applyAsDouble(double prefixResult, double now) {
                return Math.random();
            }
        });
        System.out.println(Arrays.toString(d));
    }
}
```

程序输出结果为：

```
[1, 3, 6, 10]
[吴正江, 毋东老师, 王海涛老师, 翟海霞老师]
[0.0, 0.05447421922939477, 0.9642226072711961]
```

通过代码 4-21 可以看到：

(1) parallelPrefix()方法会修改数组第 1 位以后的所有值,但对于第 0 位是不操作的。

(2) BinaryOperator 是一种较为通用的方法,可以灵活地实现多种函数,如标准的前缀计算,如作用于 int [] a 的运算,在 applyAsInt()方法中同时使用了 left 和 right 值;也可以变成一元 Operator,如作用于 name 的运算,在 apply<Sring>()方法中只使用了 right 值;也可以变成一个 Supplier,如作用于 double [] d 的运算,在 applyAsDouble()方法中没有什么任何现有值,与之前 setAll()效果一致。

(3) Lambda 表达式的出现极大地简化了程序代码。只需要按函数式接口的名称明确地告诉我们的输入输出元素的个数和类型来定义运算方法即可,而不需要了解函数式接口的功能方法名称、默认方法等细节,降低了用户的工作负担。

(4) 使用 Lambda 表达式实例化的 LongBinaryOperator 函数式对象时,LongBinaryOperator 并未出现在 import 语句当中,由系统推定并默认 import。而使用匿名类声明函数式对象时使用的 DoubleBinaryOperator,因为显式出现在代码中,所以需要使用 import 语句,显式引入。

小　　结

本章首先介绍了 Java 标准库的类的管理机制——包的使用和建立机制。接下来,介绍了 Java 中所有类的父类——Object 类,讲述了其中的 equal()方法和 toString()方法的意义。之后,本章分别围绕基础数据与字符串的转换、字符串处理和计算机中的时间三个问题,介绍了 Java SE 的一些常用类和两个工具类,并展示了一个 Java 函数式编程的实例。

习　题

1. 什么是Jar包？如何创建包中的类？尝试在IDEA中将一个工程打包，在另一个工程中应用该包中的类。

2. 常见的8种Java基本数据类型是什么？它们对应的包装类是什么？如何实现数字与字符串之间的相互转换？

3. String类与StringBuffer类有什么差异？

4. 请通过程序main()方法的运行参数args，完成一个简单的计算器。如你在运行时输入一个参数：

```
1,+,2
```

此处注意字符串1,+,2是一个整体，中间不能加入空格，否则JVM会将其认为多个参数。运行程序得结果1+2的计算结果：3。

5. 设计程序(使用多种方法)计算第4题中代码的运行时间。

第5章

异常处理

本章内容

JVM会将程序运行过程中出现导致程序中断的信息封装成异常对象返回用户。Java官方为各类异常情况建立了丰富的异常类。基于异常对象，程序就可以通过匹配机制识别出异常信息并激活一整套异常处理的代码。异常对象的出现从根本上实现了程序中核心业务代码与防护性代码的分离。本章将介绍Java中异常的定义和分类，以及捕获和处理异常对象的方法，最后是自定义异常的一些规范。

学习目标

- 了解异常的定义，理解在Java中Exception和Error的区别。
- 掌握异常的分类，理解RuntimeException的特殊性，知道一些常用的RuntimeException子类。
- 熟练掌握异常的处理方法。
- 掌握异常的声明和抛出。
- 了解自定义异常类的方法。

5.1 异常基础

5.1.1 程序出错和解决方案

异常状态是指程序在运行过程中发生的、由外部问题导致的程序运行异常事件。异常的发生往往会中断程序的运行，而这种中断出现是否就意味着程序编写出现了错误吗？不尽然，这种运行时异常情况产生的原因有很多，有的是用户错误引起的，如在计算器中除以0；有的是程序错误引起的，如给出的数组下标为负值；有的是其他一些物理硬件错误引起的，如用户的内存容量不足。归根到底，异常状态的出现就是由于代码实际工作状态与预计的工作状态不一致。虽然不是全部，但很多异常状态都是可以通过防护性代码在程序内部解决的。

程序出现的异常状态可以分为3种，不同类型异常状态的解决方式也是不同的。

1. 语法错误

在编译过程中因为没有遵循语法规则而导致的程序异常状态称为语法错误或编译错误，如缺少必要的标点符号、关键字输入错误、数据类型不匹配等。对于语法错误，一般程序编译器会自动提示相应的错误地点和错误原因。因此，这类异常状态在三类异常状态中最容易发现。通过修正代码中错误的语法、查阅API文档或其他资料，这类异常状态基本都

可以在程序编写阶段得到修正。

2. 逻辑错误

逻辑错误是指程序没有按期望的要求、预期的逻辑顺序执行而产生的异常状态。程序的逻辑错误仅依靠编译器是无法检测的，大多数逻辑错误是程序运行时出现，甚至是特定时刻才会出现的，而产生的原因也是多样且复杂的。逻辑错误是现阶段最复杂的一类异常状态，而且没有通用的解决方案，因此人们在设计程序语言时，会尽量将逻辑错误转换为语法错误或运行错误，从代码层面以一种规范的方法，明确异常状态处理的流程，以降低程序出现逻辑错误的可能性。本章所讲的异常处理就是这一逻辑下的产物。

3. 运行错误

运行错误是指程序在运行过程中，运行环境发现了超出程序代码承载能力的情况下出现的异常状态，一个开放的尤其是与用户互动的程序在运行时不可避免会出现不符合程序主逻辑的分支，如一个读写文件内容的程序在运行时发现无法打开指定文件；一个可以运行整数加法的加法器，被赋予了两个浮点数；用户输入的用户名和密码不匹配等。

为了让程序可以在可控的条件下正常运行，一个最直观的想法就是限定并规范程序的输入内容，即建立黑白名单。然而，黑白名单的建立会大大影响核心程序的开发速度，如一个加法计算器，如果使用黑名单限制非字母的字符输入，那么科学记数法的E、十六制的ABCDEF是否要加入例外？如果使用重载的方法标定白名单，用户输入整数和浮点数，甚至是虚数都是合理的，程序里需要大量的重载方法。另外，使用黑白名单的方式处理各类错误和异常的方法，需要程序员了解程序运行细节，方能定制各种情况的处理代码，这样建立的异常处理代码必然与核心代码是强耦合的，在修改时会出现牵一发动全身的情况。

> **例**
>
> 程序员送给他的女朋友一支精美的口红(主逻辑)。为了确保送口红的过程顺利进行，他可能还需要确定口红包装精美、口红是否与女朋友的造型匹配、女朋友对颜色的喜好等问题(黑白名单处理方案)……等待他的将会是一个异常状态爆炸性增长的局面。

"陷阱式"的异常生成机制为我们处理程序异常提供了一种新思路。在Java这个面向对象程序语言中，JVM会根据内存状态、异常状态产生的条件或程序预先定义条件产生特定异常类对象。这个异常对象包含该异常状态生成时的栈轨迹，它包括异常栈所指向方法的名字，方法所在的类名、文件名及在代码第几行触发了错误、异常等信息。

异常对象的出现，改变了程序员应对异常的方式。通过异常对象包含的信息，程序员知道程序哪里出现了问题，出了什么类型的问题。问题的原因和类型被封装成一个独立的对象，这个对象与正常运行的代码是分离的。这意味着，程序员可以更专注于代码核心逻辑的编写，所有不适合该逻辑核心的异常状态都被封装为一个个异常对象抛出给系统。面对出现的异常对象，程序员可以选择自己处理，还是交给其他人来处理。基于异常对象的处理代码与核心逻辑是弱耦合，甚至是解耦合的。在Java中这种基于捕获的异常处理方案，实现了程序主体与异常处理代码的分离，简化主逻辑功能设计时的代码复杂度，也丰富了异常情况的处理手段，让专业的人员做专业的事情，十分符合现阶段大规模软件合作开发模式。

续例

“陷阱式”的异常处理机制可以将那个送口红的程序员从包装的选择、氛围的营造、喜好调查等问题的漩涡中“解救”出来，他只需要关注送口红这个主进程就行。出现包装问题就交给导购员小姐姐，出现造型问题就交给 Tony 老师……高效甩锅！成功地将所有异常情况排除到送口红这个主进程之外。

5.1.2 Error 和 Exception

Java 将程序运行过程中的异常状态分为 Error 和 Excpetion，它们都是 java.lang.Throwable 类的子类。Throwable 类型的对象在出现异常状态时由 JVM 抛出，或者可以由程序中 throw 语句主动抛出。Java 中异常类的继承关系，如图 5-1 所示。

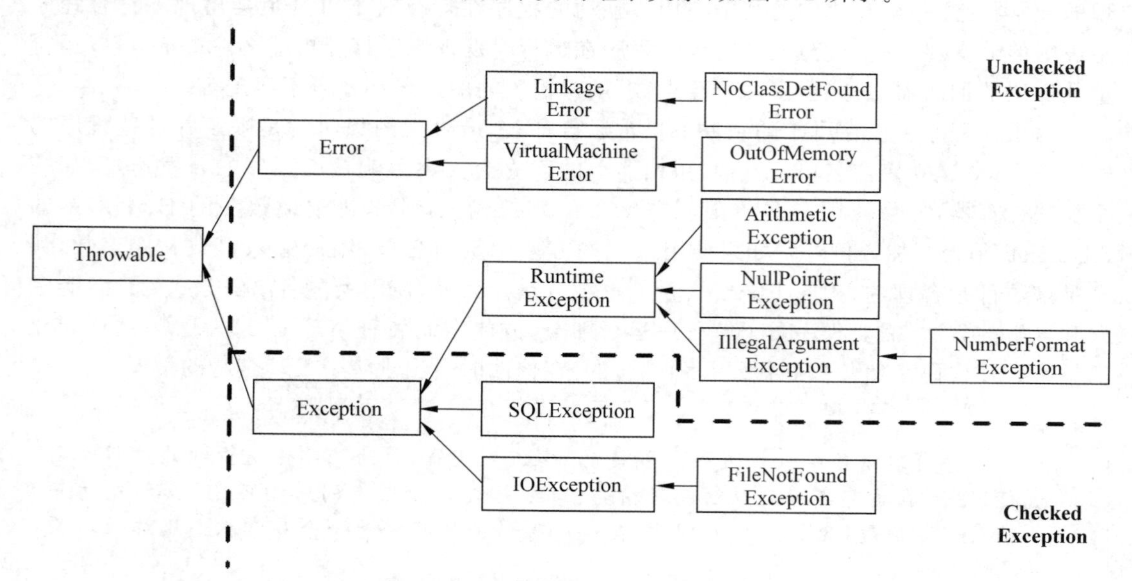

图 5-1　Java 中异常类的继承关系图（局部）

1. Error

Error 是程序无法处理的异常状态。在 Java 中，这类程序异常状态通过 Error 的子类描述，且程序在编译时也不会要求程序处理 Error，因为它们在应用程序的控制和处理能力之外。Error 是程序不可自查的，且无法自我修正的。在 Error 发生时，JVM 一般会选择线程终止，大多数 Error 与代码执行环境有关，例如：

JVM 在为程序分配内存时，发现物理内存不足时，JVM 会抛出 OutOfMemoryError 对象。

JVM 在加载类的定义时，但无法找到该类的定义时，会抛出 NoClassDefFoundError 对象。

2. Exception

Exception 是程序本身可以处理的异常，它是由程序或外部环境不匹配所引起的，程序中应当尽可能去捕获和处理这些异常。Exception 类对象可以被 Java 异常处理机制所捕获，它是异常处理的核心。Java 中的 Exception 主要分为以下两类。

(1) 非检查型异常(Unchecked Exception)。

Java语言在编译时,在程序中不要求用户给出(也可以选择给出)处理这些异常的代码。从继承结构来看,这类异常都是RuntimeException以及它们的子类异常对象。RuntimeException类异常对象出现的原因多半是代码中出现了明显的逻辑问题。例如:

当程序中用数字除以0时会抛出ArithmeticException异常对象。

当强制类型转换失败时会抛出ClassCastException类型转换异常对象。

当使用数组索引越界时就会抛出ArrayIndexOutOfBoundsException异常对象。

当程序中引用变量在未持有对象的情况下,引用变量调用成员方法或访问成员属性时就会抛出NullPointerException异常对象。

(2) 检查型异常(Checked Exception)。

Java语言强制要求程序员为这类异常对象编写异常处理代码,否则编译不会通过。Exception自身及非RuntimeException分支的子类都是检查型异常,这样的异常一般是由程序的运行环境导致的,Checked Exception是Java中异常处理的主要工作目标。

检查型异常对象的处理可以让程序更加健壮稳定,因为程序可能被运行在各种未知的环境下,而程序员无法干预用户如何使用他编写的程序,程序员就应该为这些可预见的异常(各类具体异常子类)和不可预见的异常(Exception类)准备好处理代码。例如:

程序与数据源进行交互时数据库报错时抛出的SQLException的异常对象。

程序使用I/O资源时出现异常时抛出的IOException异常。

将应用试图通过字符串名加载类,但没有找到指定名称的类的定义时,会抛出ClassNotFoundException异常对象。

续例

对于那个送口红的程序员来说,各类异常都会导致主进程中断。

(1) Error运行环境的问题。它是送口红这个程序依附的,但这个程序无法解决的问题,如程序员没有女朋友。

(2) Unchecked Exception是常识性的问题,一般人不会犯。程序员希望女友告诉他她喜欢口红颜色的RGB值。

(3) Checked Exception是程序员必须处理的问题。女友家有熊孩子,玩具必须备上,否则口红难逃被偷去练书法的下场。

所有异常都是绑定在具体的方法之上的。会抛出异常的方法有成员方法、构造方法和静态方法。例如:

- String类的成员方法substring(int beginIndex)会抛出IndexOutOfBoundsException。
- String类的构造方法String(byte[] bytes, String charsetName)会抛出UnsupportedEncodingException。
- Integer类中的静态方法parseInt(String str)会抛出NumberFormatException。

在调用相关方法时可以多看看API文档,确定程序中调用的方法是否会抛出异常。如果抛出异常,异常是什么类型的,以及抛出异常是Checked Exception还是Unchecked Exception,了解这些情况对用户编写代码都是至关重要的。

5.2 异常处理

本节将以java.lang包中的ArithmeticException异常为例介绍如何编写异常处理代码。需要注意ArithmeticException是Unchecked Exception,这种异常即使不附加异常处理代码,编译依然可以通过。基于这个Unchecked Exception,可以更全面地展示各种处理异常的方法。通过比较,也可以更直观地看到Java中异常处理的思路和各种方案的优缺点。

5.2.1 异常出现

这是一个有潜在风险的例子:两个随机整数相除,打印它们的商。如代码5-1所示,x是1~3的随机数,y是0~2的随机数。若y随机到0,因为除数不能为0,程序会出现ArithmeticException异常。

```
//代码 5-1  可能出现异常的程序
public class TestArException {
    public static void computer(){
        int x =(int) (1 +(Math.random() * 2));          //x=1,2,3
        int y =(int) (Math.random() * 2);               //y=0,1,2
        int result;
        result =x/y;
        System.out.println("the result is:" +result);
    }

  public static void main(String[] args){
        computer();
    }
}
```

某一次运行结果可能显示为:

```
Exception in thread "main" java.lang.ArithmeticException:/by zero
at * * * .TestArException.computer(TestArException.java:8)
at * * * .TestArException.main(TestArException.java:12)
```

上面的程序在运行时报告了算术异常(ArithmeticException),程序运行停止,代码中输出语句System.out.println("the result is:"+result)未被执行,main()主线程在异常抛出处中止。

建立黑白名单,程序可以通过添加一个if条件对除数的值进行测试,避免异常发生,如代码5-2所示。

```
//代码 5-2  使用 if 语句屏蔽异常情况出现
public class TestArithmeticException_If {
    public static void computer() {
        int x =(int) (1 +(Math.random() * 2));
```

```
        int y = (int) (Math.random() * 2);
        int result ;
        if (y != 0) {
            result = x/y;
            System.out.println("the result is:" + result);
        } else {
            System.out.println("Devisor cannot be zero");
        }
    }
    public static void main(String[] args) {
        computer();
    }
}
```

如果 y 的值为 0,那么运行结果为:

```
Devisor cannot be zero
```

在代码 5-2 中,if 分支语句用来防止出现除数 y 为 0 的情况。这意味着程序员需要预先具备两个知识“除法中除零是一种错误,以及除数是 y”这两条先验知识,同时将错误预防代码嵌入程序当中。随着问题规模的不断扩大,这种上知天文、下知地理的要求,对于程序设计人员来说几乎是不可能实现的。

现在解决异常的主流思路是将异常情况的处理交给专业处理异常的代码去处理。Java 中采用的就是“陷阱式”异常处理机制——如果不触发异常这个陷阱,程序正常运行;一旦触发异常陷阱,生成异常对象,将异常对象转交给异常处理代码。这就是 Java 的异常处理方法的核心。

5.2.2 主动异常处理——定义异常处理代码

Java 使用 try 和 catch 关键字可以捕获程序段出现的异常,并将程序引向指定的异常处理代码段。具体来说就是:我们需要通过查阅 API 文档或测试代码确定哪些语句会抛出异常,抛出哪些类型的异常,然后按异常类型使用 catch 语句进行匹配异常,将程序导向异常处理代码块。

主动异常处理的 try-catch-finally 代码块的 Java 语法为:

```
try{
    语句块;          //可能出现异常的语句块
} catch ( * * * Exception e) {
    语句块;          //该类异常对象出现后的语句块
} finally {
    语句块;          //异常无论是否发生, 总是要执行的代码
}
```

在 try…catch…finally 代码块中:

try 语句块是必须存在且只能存在一块的语句块。用户将被监视运行的代码放入 try 语句块中。如果被监视运行的语句抛出异常对象,则代码在异常出现处中断,转而在 catch

中查找可以匹配异常对象的引用变量(异常类型),并激活该 catch 语句段。

> **注意**
>
> try 语句块中只会抛出一个异常对象,在第一个异常出现时立即中断 try 语句段的代码执行。因为代码不再执行,即使后续语句也可以抛出异常对象,后续的异常对象也不会出现。

catch 语句也是必须存在的。它可以有多个并列的语句块。当 try 语句段中出现异常对象时,catch 会捕获到发生的异常,并执行相应的 catch 块中代码。需要额外说明的是,持有异常对象的引用变量 e 是 final 的,用户不能在 catch 块中修改它的值。如果 try 段没有抛出任何异常或抛出的异常无法匹配(需要委托处理),则被略过所有 catch 语句块。

finally 语句块是可选的。finally 语句块为异常处理代码提供了统一的出口,使得控制流程在转到程序其他部分之前,能够对程序的状态做统一的管理。在 finally 语句中,通常使用 finally 可以进行资源的清除、回收物理资源工作,如关闭打开的文件、删除临时文件、变量还原默认值、网络的断开等。finally 语句块紧跟在 catch 语句之后,无论 try 语句块和 catch 语句块执行情况如何,该语句块都会被执行。

try…catch…finally 代码块的执行流程为:若 try 段语句正常执行完毕,就会跳过 catch 段,之后进入 finally 段;若 try 段中语句出现异常,则匹配 catch 语句块,之后进入 finally 段。

> **注意**
>
> (1) try、catch、finally 三个代码块中变量的作用域为独立代码块,彼此之间局部变量不能通用。若需要在代码块中统一使用一个变量,需要在异常处理代码块外声明,如 6.2.1 节中所示的异常处理框架,在 try 段及 finally 段都需要使用变量 fis 的情况下,将其声明在 try…catch…finally 代码块之外就是必然的选择。
>
> (2) Java 垃圾回收机制不会回收任何物理资源,垃圾回收机制只能回收堆内存中对象所占用的内存。虽然物理资源的持有者会在其生命周期结束后自动释放,但是对于相对稀缺的物理资源还是建议使用 finally 语句段立即释放回收,以免后续程序因为物理资源访问受限出现异常。

这里使用主动异常处理技术对代码 5-2 进行改造,如代码 5-3 所示。

```
//代码 5-3  主动异常处理除 0 异常
public class TestTry {
    public static void computer() {
        try {
            int x = (int) (1 + (Math.random() * 2));
            int y = (int) (Math.random() * 2);
            int result = x/y;                //可能产生异常的语句
            System.out.println("the result is:" + result);
        } catch (ArithmeticException e) {
            System.out.println("ArithmeticException 类的对象出现");
            e.printStackTrace();
        } finally {
```

```
                System.out.println("这是 finally 语句块,总会被执行的!");
            }
        }
        public static void main(String[] args) {
            computer();
        }
    }
```

在代码5-3中,程序的主体 result = x/y 放置在 try 语句块当中,被监视起来,而未对该语句的运行做任何限制(如 y! =0)。

如果 x 的值是2,y 的值是1,那么 try 块中程序段正常执行,就像没有使用 try 段进行包裹一样。结果如下。

```
the result is: 2
这是 finally 语句块,总会被执行的!
```

如果 y 的值是0,那么 result = x/y 出现 ArithmeticException 异常对象。因为该语句被 try 段监视,异常对象出现后正常代码中断,语句 System.out.println("the result is:" + result)不再执行,转而执行异常处理段代码:

```
catch (ArithmeticException e) {
    System.out.println("ArithmeticException 类的对象出现");
    e.printStackTrace();
}
```

输出结果如下。

```
ArithmeticException 类的对象出现
这是 finally 语句块,总会被执行的!
java.lang.ArithmeticException:/by zero
at * * * .TestTry.computer(TestTry.java:9)
at * * * .TestTry.main(TestTry.java:21)
```

上面例子中对捕获到的异常对象的处理方式虽然仅仅是输出了异常的信息,但是有这个框架,用户就可以将更专业的异常处理代码引入其中。另外,为了方便 debug 程序,一般会使用 printStackTrace()方法打印异常对象 e 中包含的异常堆栈信息。

在主动异常处理过程中,业务逻辑与异常处理代码在一个方法内实现了分离,业务逻辑在 try 段,异常处理代码在 catch 语句群中。这种代码的分离可以让核心业务逻辑更加清晰。

5.2.3　委托异常处理——方法抛出异常

在主动异常处理的过程中,业务代码和异常处理代码的分离是在方法体内实现的。比方法体内分离更彻底的分离就是将异常处理代码分离到方法体之外,这就需要使用异常处理的第二种技术:委托异常处理。

如果方法体内出现异常对象,本方法不处理,用户可以将异常对象返回给方法的调用者

（就像发现犯罪要报警一样），主逻辑与异常处理分离到不同的方法当中了。在代码层面，只需要在可能出现异常对象的方法声明处，通过throws关键字声明在运行过程中方法体抛出异常类型即可。一个方法可以同时声明抛出多种异常，各异常类之间用逗号隔开，Java的基本语法为：

```
访问控制字符 其他状态修饰符 返回值类型 方法名(参数列表) throws
        Exception1,Exception2,… {
    //语句块;
}
```

需要注意的是：

(1) throws后罗列的异常类型必须可以覆盖所有可能抛出异常对象。这里“可能抛出”还包括方法体主动处理异常的漏网之鱼，即catch语句段无法匹配处理的异常类型。

(2) 对于所有可能抛出的异常类型，用户可以通过简单罗列的方式或写父类异常类覆盖若干子类异常的方式编写，但一定要全面覆盖方法体中可能出现的异常对象涉及的种类。一个极端的写法就是throws Exception，但这样的“覆盖”无助于后继程序识别异常对象的种类，因此标准Java代码一般会选择在throws语句后罗列所有的异常类。

(3) throws中委托抛出的异常会由最精确的子类类型异常类型变量所持有，与throws后面登记的异常类型顺序无关。例如：

```
public void f() throws IOException, FileNotFoundException{ … }
```

FileNotFoundException继承自IOException，若f()方法中出现FileNotFoundException类型的异常，则该异常由FileNotFoundException类型变量持有，而不是IOException类型变量，尽管IOException写在前面。

异常处理将程序员从庞大的异常维护if分支中解放出来，这也意味着Java的异常处理具有if分支的逻辑功能，在Java中通过throws关键字声明方法可能抛出的异常，这些异常对象的出现就可以理解为一个激活分支的信号，让方法调用者可以以信号为契机做一些分支操作。只不过通过throws语法实现的分支跨越了方法。这种向外throws异常对象行为，像是一种令人鄙视的甩锅操作，然而，这种行为也为用户提供了解决问题的契机。这种将解决问题的契机交给用户自行处理是一种开放的编程态度，也是Java中异常处理的核心设计理念，因此，我们在Java的API中经常可以看到方法会抛出异常。

使用这种方法本身不处理异常的方案，可以极大地提高程序设计的自由度。例如，一个检查密码匹配的方法只专心于“检查用户名与密码是否匹配”这个主要的业务逻辑即可，至于用户名不存在或密码为空等问题被封装为异常对象，由本方法抛出，提醒方法调用者专门处理用户名不存在和密码为空两种情况。前面除0问题使用throws技术，委托调用方法处理异常的代码如代码5-4所示。

```
//代码 5-4  委托处理除 0 异常
public class TestThrows {                  //委托调用方法处理异常
    public static void computer() throws ArithmeticException{
```

```
        int x =(int) (1 +(Math.random() * 2));
        int y =(int) (Math.random() * 2);
        int result;
        result =x/y;
        System.out.println("the result is:" +result);
    }

    public static void exp(ArithmeticException e){
        System.out.println("ArithmeticException类的对象出现");
        e.printStackTrace();
    }

    public static void main(String[] args){
        try {                                       //在调用方法中主动处理异常
            computer();
        }catch (ArithmeticException e) {
            exp(e);
        }
    }
}
```

如果 y 的值是 0，那么运行结果如下。

```
ArithmeticException类的对象出现
java.lang.ArithmeticException:/by zero
at * * * .TestThrows.computer(TestThrows.java:8)
at * * * .TestThrows.main(TestThrows.java:14)
```

在上述代码中，computer()方法本地不处理 ArithmeticException 对象，而是将这个异常委托给调用它的 main()方法。在 main()方法中，程序员可以选择主动处理，如代码 5-3 所示，也可以不处理，将其抛出，委托给调用 main()方法的 JVM，而 JVM 使用默认处理异常对象的方法 printStackTrace()打印异常堆栈。例如，main()方法抛出 ArithmeticException 异常的写法如下。

```
public static void main(String[] args) throws ArithmeticException {
    computer();
}
```

如果 y 的值是 0，那么运行结果如下。

```
Exception in thread "main" java.lang.ArithmeticException: /by zero
at * * * .TestThrows.computer(TestThrows.java:9)
at * * * .TestThrows.main(TestThrows.java:22)
```

与代码 5-1 的错误显示一致。这就是默认的 Java 异常处理 RuntimeException 的方法，从出现 RuntimeException 对象后，逐层上报到 main()方法、JVM，然后打印异常堆栈信息。

5.2.4 异常处理的一些注意事项

1. Checked Exception 和 Unchecked Exception

Exception 分为 Checked Exception 和 Unchecked Exception。在调用方法时，程序遇到的 Checked Exception 必须处理，而用户可以选择处理或不处理 Unchecked Exception。

编译器不会检查代码块中抛出的所有 Unchecked Exception。Unchecked Exception 包括运行时异常（RuntimeException 与其子类）和错误（Error）。因为 Error 程序无法处理，所以异常处理代码中 Unchecked Exception 通常专指 RuntimeException 类型的异常。若不显式声明，则按 JVM 默认方法处理——全部使用委托异常处理将异常对象交给方法调用者。从异常对象生成地开始，逐级抛出委托给调用方法处理，直到 JVM 层为止，打印输出异常堆栈信息。

编译器要求用户对代码块中抛出的所有 Checked Exception 设定异常处理方案。一是主动处理异常：使用 try…catch…语句块在方法体内捕获异常对象并处理异常；二是委托处理异常：使用 throws 语句声明本方法中会将捕获异常对象的类型，在产生异常对象时将异常返回给方法调用者。

2. 确定代码中会出现的异常类型

对于 Java 官方或第三方提供的方法，用户可以通过阅读 API 文档中类中成员方法或静态方法的声明，获知本段代码中调用的方法是否会抛出异常以及抛出异常的种类，然后继续查阅确定这些异常类型是否为 Checked Exception。如果它是 Checked Exception，那么用户必须指定异常处理的代码。如果它是 Unchecked Exception，那么可以按实际情况自行选择是否显式指定处理方案，例如，java.lang.Integer 类当中的 parseInt()方法，其方法声明为：

```
public static int parseInt(String s) throws NumberFormatException
```

其抛出的 NumberFormatException，通过继承树（如图 5-1 所示）可以看到它是 Unchecked Exception。在编写程序时可以选择默认处理，也可以选择如代码 5-5 所示的方式自定义异常处理方案。

```
//代码 5-5  RuntimeExcept 处理示例
public class TestRuntimeException {
    public static void main(String[] args) {
        String s ="123";
        int a =Integer.parseInt(s);
        System.out.println("字符串: "+s +", 转换成功!" +(a * 10) );

        try{
            s ="abc";
            a =Integer.parseInt(s);
        }catch(NumberFormatException e){
            System.out.println("字符串: "+s +", 转换失败!" );
        }
    }
}
```

再如,java.io.FileInputStream 类中的成员方法 read()方法会抛出 IOException。

```
public FileInputStream (String path) throws FileNotFoundException
public int read() throws IOException
```

FileNotFoundException 的继承关系如图 5-1 所示,它是一个 Checked Exception。在实例化 FileInputStream 对象和调用 read()方法时必须指定处理异常对象的方案。

3. 同时处理多个不同类型的异常

一个代码段有可能会先后抛出多个不同类型的 Checked Exception 对象。例如,有这样两行代码,新建 I/O 流对象 fis 链接到路径为 path 的文件之上,然后使用 read()方法读取文件中的一个字节的内容。

```
FileInputStream fis =new FileInputStream(path);
int read =fis.read();
```

其中,FileInputStream 的构造方法抛出 FileNotFoundException,而 read()方法抛出 IOException。FileNotFoundException 和 IOException 都是 Checked Exception,都需要用户指定异常处理方案,且 FileNotFoundException 是 IOException 的子类。

(1) 使用 try…catch 主动处理异常。

在主动异常处理的语法中,一个 try 语句块后可以跟多个 catch 语句块以匹配不同异常类型,形如:

```
try{
    语句块;          //可能出现异常的语句块
} catch (* * * Exception e) {
    语句块;          //该类异常对象出现后的语句块
} catch (* * * Exception e2) {
    语句块;          //该类异常对象出现后的语句块
} catch (* * * Exception e3) {
    语句块;          //该类异常对象出现后的语句块
} finally {
    语句块;          //异常无论是否发生, 总是要执行的代码
}
```

当 try 语句块捕获异常对象后,从上至下,逐一匹配异常类型的引用与异常对象。若匹配成功,则进入该 catch 语句块,执行相关代码。

根据 Java 中关于多态和引用类型自动转型的原理,在引用变量与异常对象匹配过程中,会激活自动类型转换,因此,在使用 catch 罗列异常类时,需要将父类异常放在子类异常下面,否则就会出现子类异常无法匹配的情况,IDE(Integrated Developmet Environment,集成开发环境)会提示编译错误(Exception '* * *' has already been caught)。就如上面 I/O 流的语句中主动异常处理代码应该写为:

```
try{
      FileInputStream is =new FileInputStream("data/reader.java");
      is.read();
```

```
}catch(FileNotFoundException e){
    ...
}catch(IOException e ){
    ...
}
```

在一些特殊情况下，若多种异常对象出现拥有一样的处理方案，catch判断条件可以简写成：

```
catch( * * * Exception1 |…| * * * ExceptionN e){
    语句块
}
```

这里 * * * Exception1 与 * * * ExceptionN 是并列的、无前后顺序的异常类型，异常对象只要匹配任意一个异常类型，本语句块都被激活。这里Java语法要求，异常类型列表中不能存在有继承关系的两种异常类型。

(2) 使用throws委托处理异常。

委托异常处理很简单，在方法声明处将异常类型罗列在throws的后面，当然这里的异常类型顺序没有硬性要求，但还是建议将父类异常写在子类异常后面，否则在调用该方法时，子类异常不可见。

这里需要注意的是，委托异常处理的原则是只要方法体内没有主动处理的异常都需要委托处理，若I/O流的语句只主动捕获了FileNotFoundException对象，但没有捕获IOException，如下：

```
try{
    FileInputStream is =new FileInputStream("data/reader.java");
    is.read();
}catch(FileNotFoundException e){
    ...
}
```

这时代码所在方法就需要在声明处throws后面加入IOException。

注意

异常类型之间的继承关系很重要，它决定了catch语句的排列、throws后异常类型的排列，以及multi-catch中异常类型的书写。

有时为了更全面地覆盖代码中可能出现的不在预料范围内的异常类型，程序员会在catch语句段的最后加入catch (Exception e)，或在方法throws声明最后加入Exception，以处理代码中遇到的所有异常类型，并在后续改进中加入具体异常类型。

5.3 异常对象的抛出与定义

之前内容讲述了主动处理和委托处理异常的方法，过程中抛出和捕获的多为Java系统指定的异常类对象。在Java的语法结构中，程序员还可以自定义异常对象的生成抛出时机和自定义异常类。

5.3.1　异常主动抛出——自定义异常对象的生成与抛出

在编程过程中，用户也可以按照实际情况自定义异常对象出现的时机，如用 int 变量记录人的年龄，正常情况下该值是 0～200 岁，如果这个值被赋予－1，则程序继续运行就会导致逻辑错误。这时为了程序逻辑安全可选择抛出异常对象通知程序“异常情况出现”。

异常的主动抛出需要使用 throw 关键字。Java 语法为：

```
throw 异常对象;
```

这个对象必须是实现了 throwable 接口的对象，一般为 Exception 的子异常类实例化后的对象。现有异常类实例化方法，可参考 API 中相应异常类的构造方法声明，例如：

```
Exception e =new Exception();           //public Exception()
//public IOException(String message)
IOException ioe =new IOException("指定详细消息");
```

与自动抛出异常对象一样，手动抛出异常后，JVM 会根据异常对象是否为 Checked Exception 进行分别处理。

(1) 若 throw 的异常对象是 Unchecked Exception，则 JVM 不检查。用户可以灵活选择主动处理，也可以选择不处理——若异常对象出现，JVM 会使用默认的方式进行处理。

(2) 若 throw 的异常对象是 Checked Exception，则用户需要给出此异常对象的主动处理或委托处理的方案，如代码 5-6 所示。

```
//代码 5-6  自定义异常对象出现的时机
import java.io.IOException;

public class TestThrow {
    public void f1(int age) throws IOException {   //委托处理
        if (age >200 || age <0) {
            throw new IOException("年龄越界!" +age);
        }
        System.out.println("I'm " +age +"years old.");
    }

    public void f2(int age) {                      //主动处理,这种模式与分支判断意义等价
        try {
            if (age >200 || age <0) {
                throw new IOException("The age is out of boundary. " +age);
            }
            System.out.println("I'm " +age +"years old.");
        } catch (IOException e) {
            e.printStackTrace();
        }
    }
```

```
    public static void main(String[] args) {
        TestThrow tt =new TestThrow();
        try {
            tt.f1(-10);
        } catch (IOException e) {
            e.printStackTrace();
        }

        tt.f2(2300);
    }
}
```

运行结果：

```
java.io.IOException: 年龄越界!-10
at * * * .TestThrow.f1(TestThrow.java:8)
at * * * .TestThrow.main(TestThrow.java:27)
java.io.IOException: The age is out of boundary. 2300
at * * * .TestThrow.f2(TestThrow.java:16)
at * * * .TestThrow.main(TestThrow.java:32)
```

在代码 5-6 中，选用了 IOException 类对象，它是 Checked Exception，作为异常状态的标志物，其中字符串“年龄越界！”和“The age is out of boundary.”就是实例化异常对象时加入的特定信息。在调用 printStackTrace()方法打印时，它们会出现在打印信息中。

5.3.2 自定义异常类

如果 Java 官方及第三方库提供的异常类不能满足用户要求，程序员可以选择自定义异常类。为了让自定义的异常类具备现有异常类可以被 JVM 捕获的特性，用户需要为自定义的类选择一个非 final 的异常类作为父类，像定义子类一样自定义异常类。一般不会重写里面的成员方法，只是构造方法里显式地调用父类的构造方法，代码如下。

```
class 异常类名 extends Exception 或其子类{
    public 异常类名(String msg){
        super(msg);
    }
}
```

```
//代码 5-7  自定义异常类
```

```
//自定义异常类 DivisorZeroException,Unchecked Exception
public class DivisorZeroException extends RuntimeException {
    public DivisorZeroException(){
        super();
    }
    public DivisorZeroException(String info){
```

```
        super(info);
    }
}

//自定义异常类 DNException, Checked Exception
public class DNException extends Exception{
    public DNException(){
        super();
    }
    public DNException(String info){
        super(info);
    }
}

//测试类 TestDefineException
public class TestDefineException {
    public static int divisor(int a, int b) throws DNException {
        if (b ==0){
            //Unchecked Exception,throws 内不用声明
            throw new DivisorZeroException("除数为 0");
        }
        if (b<0){
            //Checked Exception,throws 内必须声明
            throw new DNException("除数为负");
        }
        return a/b;
    }

    public static void main(String[] args){
        try {
            divisor(10,-1);     //主动处理异常
        } catch (DNException e) {
            e.printStackTrace();
        }
        try {
            divisor(10,0);      //抛出 RuntimeException 异常,无匹配的 catch 段,
                                //默认向 JVM 委托处理,从 main()中抛出,中断执行
        } catch (DNException e) {
            e.printStackTrace();
        }
        try {                   //不再执行
            divisor(10,-1);
        } catch (DNException e) {
            e.printStackTrace();
        }
    }
}
```

输出结果:

```
* * * .DNException: 除数为负
at * * * .TestDefineException.divisor(TestDefineException.java:10)
at * * * .TestDefineException.main(TestDefineException.java:17)
Exception in thread "main" * * * .DivisorZeroException: 除数为 0
at * * * .TestDefineException.divisor(TestDefineException.java:7)
at * * * .TestDefineException.main(TestDefineException.java:22)
```

在代码 5-7 中，用户首先自定义了 DivisorZeroException 异常（继承自 RuntimeException，是 Unchecked Exception）和 DNException 异常（继承自 Exception，是 Checked Exception）。

接下来，用户在 TestDefineException 类中的 divisor()方法中定义不能除以 0 和负数，在除数为 0 的情况下抛出 DivisorZeroException 异常对象；在除数是负数时抛出 DNException 异常对象。注意到 DivisorZeroException 是 Unchecked Exception，所以在 divisor()方法声明处只声明了该方法会抛出 DNException 即可。

从运行结果来看，divisor(10,0)激活了一个 DivisorZeroException 异常对象，因其不在 catch 的异常列表中，因此按照 Unchecked Exception 的默认处理流程 JVM 打印异常堆栈，并就此结束 main()线程，下面的 divisor(10,－1)语句将不再执行。

小　　结

本章主要介绍了 Java 异常和错误的基本概念、异常处理方法、自定义异常三方面的知识。

使用 try-catch 或 throws 处理异常较使用 if 分支处理异常更专业。原因有二：

(1) 使用主动异常处理或委托异常处理技术，既可达到监视异常发生的目的，又可以清晰地不被打断地反映所有程序主逻辑。

(2) 在出现异常时，程序员可以选择主动处理或交给更专业的程序来处理，这有助于代码的分工，而 if 语句则需要程序员必须就地且明确地指定异常处理方式，这会增加程序设计的复杂度，也降低了程序设计的灵活性。

习　　题

1. Java 中的 Exception 和 Error 有什么区别？

2. 在 Exception 的子类中，哪些异常类是 Checked Exception？哪些异常类是 Unchecked Exception？它们有什么特点？

3. 比较 final、finally 关键字的差异。

4. 出现异常状态后，Java 虚拟机会做什么？如何捕获一个异常？

5. 关键字 throw 的作用是什么？关键字 throws 的作用是什么？它们有什么联系？

主题3　CSV格式数据转换

T3.1　主题设计目标

我们希望通过本主题的讨论，让读者熟悉API文档的使用方法，掌握字符串与数值之间的转换操作，理解数据预处理的简要步骤，熟练使用异常处理技术保持程序的健壮性和简洁性。

T3.2　实验数据的记录

逗号分隔值文件(Comma－Separated Values File，CSV文件，有时也称为字符分隔值文件)，以纯文本形式存储表格数据文本。CSV文件由任意数目的记录组成，整个文件可以很大，甚至达到十几个GB级别。CSV文件中记录间以某种换行符分隔，每条记录由字段组成，字段间有分隔符，最常见的是逗号或制表符。通常，所有记录都有完全相同的字段序列，如同数据库中的一张数据表。简单来说，CSV格式文件就是一张文本化的二维表。

CSV文件格式是一个相对松散的数据存储格式，这些文件的扩展名可以是csv，也可以是其他扩展名，但是其本质还是一个文本文件。CSV数据文件可以使用文本编辑器打开或使用IO流程序打开。CSV文件作为一种通用的、相对简单的文件格式，被广泛地应用在程序之间离线转移表格数据，而无须考虑数据兼容问题(如C语言的int和Java语言的int就存在差别)。若一个用户需要从数据库程序导出数据到一个数据格式完全不同的电子表格当中，以CSV格式的数据文档作为中转文件就是一种不错的选择，过程只需要两步：第一步，将数据库中的数据表导出为CSV文件；第二步，将中转CSV文件中的数据导入目标数据表中。

一般来说，CSV文件满足以下约束。

(1) 一条完整记录的数据不跨行。

(2) 以固定符号作分隔符，列值为空也要表达其存在。例如：

```
1,2,3,YES
3,,1,NO
```

这里可以看到文本中每行都有3个逗号，将一行文本分成4个部分，对应表格中的4列。在第二行第二列没有值，需要使用“,,”来表示当前位置没有值。

另外，CSV文件还可能包含一些辅助信息：

(1) 可能在文件第一行包含各列列名的信息。

(2) 允许有一些注释的行，如#、%、/开头的字符串，来记录数据文档相关信息。

UCI数据库是加州大学欧文分校(University of California，Irvine)维护的用于机器学习的数据库(http://archive.ics.uci.edu/ml/index.php)，数据库现有662个数据集，其数目仍然在不断增加。UCI数据集中的数据大多满足CSV规范。其中下载量最多、最受欢迎的两个数据集是Iris和Adult，就是CSV标准的数据文件。其内容局部如图主题3-1所示。

```
5.1,3.5,1.4,0.2,Iris-setosa
4.9,3.0,1.4,0.2,Iris-setosa
4.7,3.2,1.3,0.2,Iris-setosa
4.6,3.1,1.5,0.2,Iris-setosa
5.0,3.6,1.4,0.2,Iris-setosa
5.4,3.9,1.7,0.4,Iris-setosa
4.6,3.4,1.4,0.3,Iris-setosa
5.0,3.4,1.5,0.2,Iris-setosa
4.4,2.9,1.4,0.2,Iris-setosa
4.9,3.1,1.5,0.1,Iris-setosa
5.4,3.7,1.5,0.2,Iris-setosa
4.8,3.4,1.6,0.2,Iris-setosa
4.8,3.0,1.4,0.1,Iris-setosa
4.3,3.0,1.1,0.1,Iris-setosa
5.8,4.0,1.2,0.2,Iris-setosa
5.7,4.4,1.5,0.4,Iris-setosa
5.4,3.9,1.3,0.4,Iris-setosa
5.1,3.5,1.4,0.3,Iris-setosa
5.7,3.8,1.7,0.3,Iris-setosa
```

(a) Iris 数据局部

```
39, State-gov, 77516, Bachelors, 13, Never-married, Adm-clerical, Not-in-
family, White, Male, 2174, 0, 40, United-States, <=50K
50, Self-emp-not-inc, 83311, Bachelors, 13, Married-civ-spouse, Exec-
managerial, Husband, White, Male, 0, 0, 13, United-States, <=50K
38, Private, 215646, HS-grad, 9, Divorced, Handlers-cleaners, Not-in-family,
White, Male, 0, 0, 40, United-States, <=50K
53, Private, 234721, 11th, 7, Married-civ-spouse, Handlers-cleaners, Husband,
Black, Male, 0, 0, 40, United-States, <=50K
28, Private, 338409, Bachelors, 13, Married-civ-spouse, Prof-specialty, Wife,
Black, Female, 0, 0, 40, Cuba, <=50K
37, Private, 284582, Masters, 14, Married-civ-spouse, Exec-managerial, Wife,
White, Female, 0, 0, 40, United-States, <=50K
49, Private, 160187, 9th, 5, Married-spouse-absent, Other-service, Not-in-
family, Black, Female, 0, 0, 16, Jamaica, <=50K
52, Self-emp-not-inc, 209642, HS-grad, 9, Married-civ-spouse, Exec-managerial,
Husband, White, Male, 0, 0, 45, United-States, >50K
31, Private, 45781, Masters, 14, Never-married, Prof-specialty, Not-in-family,
White, Female, 14084, 0, 50, United-States, >50K
42, Private, 159449, Bachelors, 13, Married-civ-spouse, Exec-managerial,
Husband, White, Male, 5178, 0, 40, United-States, >50K
37, Private, 280464, Some-college, 10, Married-civ-spouse, Exec-managerial,
Husband, Black, Male, 0, 0, 80, United-States, >50K
30, State-gov, 141297, Bachelors, 13, Married-civ-spouse, Prof-specialty,
Husband, Asian-Pac-Islander, Male, 0, 0, 40, India, >50K
23, Private, 122272, Bachelors, 13, Never-married, Adm-clerical, Own-child,
White, Female, 0, 0, 30, United-States, <=50K
```

(b) Adult 数据局部

图主题 3-1 CSV 文件中数据内容示例

T3.3 主题问题的提出

CSV 文件作为数据载体，是与程序独立的。在使用过程中，程序需要构建数据读取或生成模块，方能与 CSV 文件进行信息交换，其中涉及以下三项技术。

(1) 字符串的读写。

从 CSV 文件中读入记录形成的字符串，或将记录形成的字符串写入 CSV 文件。此项功能可以通过学习 I/O 流的知识完美解决，本主题略过。

(2) 将记录转换为字符串。

此项功能可以通过 Java 中字符串拼接操作“+”很容易实现，这个技术也不是技术难点，只是需要注意系统换行符的问题即可。

(3) 将字符串还原为记录。

String 类对象无法直接转换为基础数据类型数值。期间需要对原始的字符串进行清洗、分隔等准备工作。本次主题讨论将围绕着字符串与数字相互转换这个专题展开。

下面展示了从 Iris 和 Adult 读入的三行记录，并保存在一个数组当中，可以从这里开始讨论。

```
//wine.data
String [] wine ={"5.1,3.5,1.4,0.2,Iris-setosa",
               "7.0,3.2,4.7,1.4,Iris-versicolor",
               "6.3,3.3,6.0,2.5,Iris-virginica"};

//adult.data
String [] adult ={"39, State-gov, 77516, Bachelors, 13, Never-married,
                 Adm-clerical, Not-in-family, White, Male, 2174, 0, 40,
                 United-States, <=50K", "50, Self-emp-not-inc, 83311,
                 Bachelors, 13, Married-civ-spouse, Exec-managerial,
```

```
Husband, White, Male, 0, 0, 13, United-States, <=50K",
"38, Private, 215646, HS-grad, 9, Divorced,
Handlers-cleaners, Not-in-family, White, Male, 0, 0, 40,
United-States, <=50K"};
```

提示：表示原始数据的String数组要如何建立呢？

下载数据集，使用编辑器(vi,gedit或Notepad++等)打开data文件，将数据复制到IDEA开发环境，用户进行简单编辑即可得到这个字符串数组。

问题：如何使用现有技术手段，正确地解析出一个字符串数组中保存的数据表？

T3.4 主题讨论

请分小组进行讨论，将你思考的结果写到问题下方，并分享给你的同学。

引导问题1(从字符串提取数据)

请结合自身所学知识，谈一谈如何将字符串转换为整数、浮点数。需要借助哪些类？写两个基本的语句，测试你的想法。

子问题1：在上述数据中，数据都是什么类型的数据？之前学习的哪些知识可以完成字符串到数据的转换？

子问题2：将字符串转换为数值的前提是什么？

子问题3：空格在数据转换过程中是有害的。如何删除字符串内的空格，完成诸如"□<=□50K""3.□50"的数据清洗工作？

引导问题2(原始数据的切分与简单处理)

如何从整个字符串中截取出一个一个的数据？

```
"5.1,3.5,1.4,0.2,Iris-setosa"
"39, State-gov, 77516, Bachelors, 13, Never-married, Adm-clerical, Not-in-family, White, Male, 2174, 0, 40, United-States, <=50K"
```

这个功能应该如何实现？

子问题1：观察每一行数据的特征，找到相应的分隔符，以此为突破口，尝试自行设计程序完成此项功能，写出伪代码，并交流看看别人的程序有什么漏洞。

子问题 2：是否有成熟的方法可以实现快速实现字符串的分隔，及其分隔后结果的存储？

引导问题 3（核心问题）

面对分隔开来的字符串，如“5.1”“39”和“Iris-setosa”，如何让计算机分辨出这个字符串代表的是整数、浮点数还是一个不能转换为数值的字符串？

提示：主动告诉计算机，每一个字符串的处理方案是一个好办法！

子问题 1：如何设计提示信息，让程序可以理解它们的含义？
子问题 2：回顾问题 1 的解决方案。如果你的提示出错了，程序会出现什么问题？ 例如：在 Adult 数据集中有这样的一行数据： 54，?，180211，Some-college，10，Married-civ-spouse，?，Husband，Asian-Pac-Islander，Male，0，0，60，South，>50K 此记录的第 7 列是“?”（表示此值缺失），在其他记录中该位置是一个整数值。让“?”转换为一个整数很显然会出错。
子问题 3：如何让你的程序在出错的时候给出一些有用的提示信息？如哪条记录的哪个部分，在做什么操作时出现问题，而不是简单打印一些错误。

主动告知类型这种“好办法”有时也会出现一些问题。若 CSV 文件中一行记录有超过 100 项数值，这时手动配置会让人头晕眼花。若一条记录中有超过 1000 项数值，这种“好办法”就不再可行。需要一种“智能”方法，让程序可以自动检测数据类型。

子问题 4：如何利用字符串转换为数字过程中出现的错误来解决数值类型自动识别问题？
子问题 5：如果自己编程完成类型检测，需要分为几个步骤？尝试观察 UCI 数据库的 Wine 数据集，让你的检测程序可以有效地识别数值类型。

T3.5 主题拓展

引导问题 4（数据的存储）

在成功配置每列数据的转换方法后，代表着我们已经可以将 CSV 文件中使用字符存储的数值还原到计算机当中成为可以计算的 int 或 double 等数值类型。最后一个问题，如何在内存当中存储这些转换的数据？

子问题 1：目前题目中演示的记录数为 3，那么需要建立几个数组存储记录中的数值呢？如果一条记录有 100 项内容呢？二维数组是否可行？如果不行，如何封装这一条条的记录？

子问题 2：很显然，数据表中的记录数多于 3 条，到底有多少条呢？该如何探测？比较横向存储与纵向存储的优缺点。

引导问题 5(数据的过滤)

文件内容被程序直接读入(或被复制)程序当中，其中可能包含一些以＃或@或/＊开头的注释行、空白内容的行(有一些空白不可显示的字符)。

如果在原始的数组中加入两个新的字符串来模拟 CSV 文件中的注释行：

```
"#download from * * * *"
"        "
```

如何将它们从原始数组中过滤出来？

子问题 1：如何根据已知的注释行的标记，识别出注释行？实现“过滤”操作。

子问题 2：如何识别空行和只有空白内容的空行？

子问题 3：如何将它们从数组中彻底删除？

引导问题 6(关于缺失值的讨论)

如果记录中出现缺失值“?”，应该如何处理？请观察后，分享你的观点。

引导问题 7(输出字符串的加工)

最后简要说明一下 CSV 文件格式的数据准备。与数据的读入相比，只要将一条数据加工成为一个使用固定分隔符分隔数值的字符串即可满足 CSV 文件的要求。假设：

```
double [] sepal_length ={5.1,7.0,6.3};
double [] sepal_width ={3.5,3.2,3.3};
double [] petal_length ={1.4,4.7,6.0};
double [] petal_widith ={0.2,1.4,2.5};
String [] decision ={"Iris-setosa","Iris-versicolor", "Iris-virginica"};
```

只要按顺序在多个数组中同时读取，将其组装成字符串，即可完成CSV文件一条记录的组装，依次循环，将数据还原为最初字符串数组形态，即T3.3所示的形态。之后，只要加入一个可以输出字符串I/O输出流，即可将数据导出到文件当中，完成在CSV格式的文件中存储数据的操作。即：

```
for (int i =0; i<3; i++){
    String str =sepal_length[i] +"," +sepal_width[i] +"," +… … +
        "," +decision[i];
    //为 str 字符串加入行分隔符 line.separator 后输出到 output 流对象当中
}
```

如果一条记录有100个属性、10 000个属性，有没有更好的选择？

第6章

数据的输入与输出

本章内容

程序处理的数据大部分是从外面导入的，而程序产生的数据几乎都需要向外部传输，因此建立一套程序与外部资源交换数据的通道是每种程序设计语言都必备的功能。Java 提供的 I/O 流对象就可以灵活地完成处理数据输入/输出工作。本章将介绍 Java 中 I/O 系统的基本设计概念，I/O 流对象构造及使用方法。本章内容围绕着数据的读写和文件系统管理等内容展开。本章也可认为是一个程序与外部资源交互的重要案例。

学习目标

- 理解流及输入/输出的相关概念。
- 掌握流的分类及应用。
- 掌握文件的管理方法。

6.1 Java 中的 I/O 流对象

6.1.1 I/O 流的概念

I/O 在计算机中指 Input/Output，也就是输入和输出。程序运行在内存中，I/O 本质上就是程序与程序外部的键盘、磁盘、网络、其他程序等外部资源的数据交互。为了更方便与复杂多变的外部资源进行通信，Java 设计了层次化的、可插接的 I/O 流对象，以灵活地实现程序与各种外部资源的交互通信，如图 6-1 所示。

图 6-1　I/O 流对象如同一个机械臂由程序操纵与程序外部资源进行信息交互

Java 中的 I/O 流是一个对象，在进行数据传输前需要构造完成。I/O 流对象是一个处于程序与数据资源之间的、独立于程序与外部资源的类。对于用户而言，I/O 流对象在构造完成后，外部资源就变成透明的——与外部资源的数据交互，就变成了调用流对象成员方法的读写方法。在 Java 中，I/O 流对象不同，功能也会不同。结点流可以关联不同外部资源，处理流可以不同的方式传输数据。I/O 流对象之间通过在已有流对象的基础上包装新的处理流的方式，实现 I/O 流对象功能的转变。

6.1.2 I/O 流的分类

不同的 I/O 流对象具有不同的功能，Java 提供了相当数量的 I/O 流处理类，目前这些类已经超过了 50 种。分类可以帮助我们更好地了解这些 I/O 流对象的功能。

1. 输入流和输出流

按照数据传输方向，I/O 流可以分为输入流和输出流。

输入流对象负责将数据从外部资源处导入程序中，如标准输入流对象 System.in 和 java.io 包中提供的 InputStream、Reader 类及相关子类对象。

输出流对象负责将程序内的数据写出到外部资源处，如标准输出流 System.out 和 java.io 包中提供的 OutputStream、Writer 类及相关子类对象。

用户可以通过以下两个方法快速理解和挑选出输入流和输出流。

第一种方法是可以从类名和作用做出判断。凡是以 InputStream 和 Reader 这两个单词作为后缀类名的 I/O 流一般都是输入流，如 FileInputStream、FileReader；以 OutputStream 和 Writer 两个单词作为后缀类名的 I/O 流一般都是输出流，如 FileOutputStream、FileWriter。

第二种方法是可以从数据的流出方向进行区分。从数据源将数据有序地提取出来供程序使用的对象，称为输入流对象；反之，从程序中取出数据并有序地输出到数据终端的对象，称为输出流对象。

2. 字节流和字符流

按照数据传输的基本单位，I/O 流可以分为字节流和字符流。

字节流的数据存储单位是字节，底层是以字节、字节数组为基本单位进行读写数据；字符流的存储单位是字符，底层是以字符、字符数组、字符串为基本单位进行读写数据。

Java 对于字节流与字符流使用不同类名进行组织。InputStream 和 OutputStream 这类以 Stream 作为后缀类名的 I/O 流一般为字节流，如 FileInputStream 和 FileOutputStream、DataInputStream 等；以 Reader 或 Writer 作为后缀类名的 I/O 流一般为字符流，如 FileReader 和 FileWriter、InputStreamReader 等。

3. 结点流和处理流

按照流连接的对象具有的功能，I/O 流可以分为结点流和处理流。

结点流对象是程序与外部资源之间数据交互的基础通道。例如，FileInputStream 连接文件系统中的文件作为输入源、ByteArrayInputStream 连接把内存中的一个缓冲区作为输入源。

补充知识：Buffer

缓冲区是一块特殊的内存。程序使用缓冲技术，一次性尽可能多地连续从低速设备中读入或写出数据，可以提高高速设备与低速设备的数据交互速度。这些为了加速数据读写的内存区就是程序的缓冲区。很多硬件设备都使用了缓冲技术，如机械硬盘的缓存，CPU 的 L1、L2、L3 Cache，打印机的内存，路由器的内存等。

处理流对象则是以流对象为服务对象，通过包装原有流对象，将原有 I/O 流管道转换为更丰富输入(输出)功能的 I/O 流管道。例如，DataInputStream 可以基于字节数值组装成一个多字节的 int 或 double 类型的数值；InputStreamReader 增加了一次性读取多个字节数据，并按编码集组装一个字符的功能，在流对象中支持不同字符编码，实现字节流到字符流的转换。

使用 I/O 流对象进行程序与外部资源进行交互，结点流对象是 I/O 流管道的基础，可以单独使用或被处理流包装，处理流是附加在已有流对象上，不能单独使用，它可以改变 I/O 流管道处理数据的底层结构，赋予 I/O 流管道更强大的性能。I/O 流管道多是以处理流对象的形式出现在程序当中。构建 I/O 流管道的过程，用户使用了分层构建的方法——使用结点流对象构造程序与外部资源交互通道，然后根据程序需要选择一个或多个处理流包装这个流对象，以达到简化数据读写代码、丰富读写数据类型、优化读写速度的目的，如图 6-2 所示。

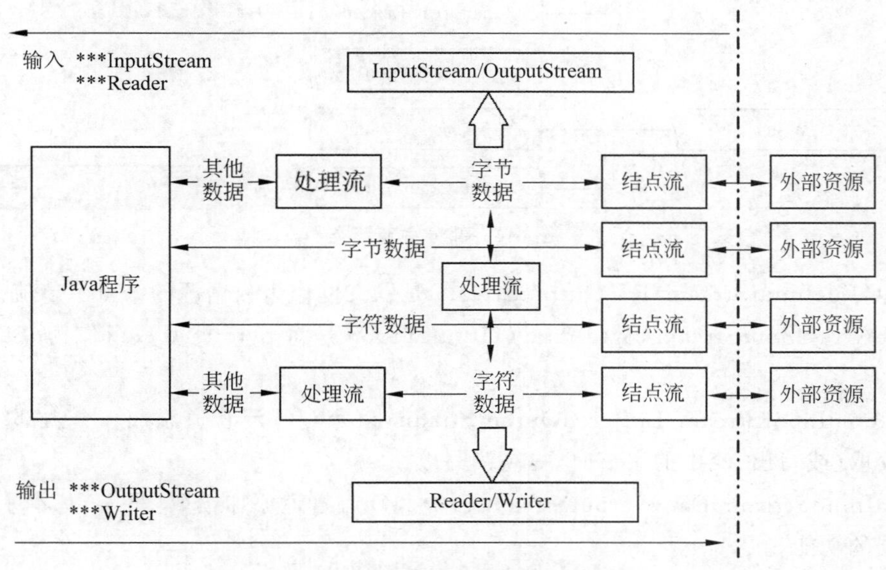

图 6-2　Java I/O 流管道的构建图

6.1.3　I/O 流四个基础类：InputStream、OutputStream、Reader、Writer

整个 Java I/O 流类都是围绕字符和字节流进行组织构建的，即 InputStream 和 OutputStream，及 Reader 和 Writer 这四个顶层抽象类。根据使用功能需求，Java 分离出来处理流和结点流。图 6-3 及图 6-4 展示了部分 I/O 流类，其中，灰色底为结点流，白色底为

处理流。

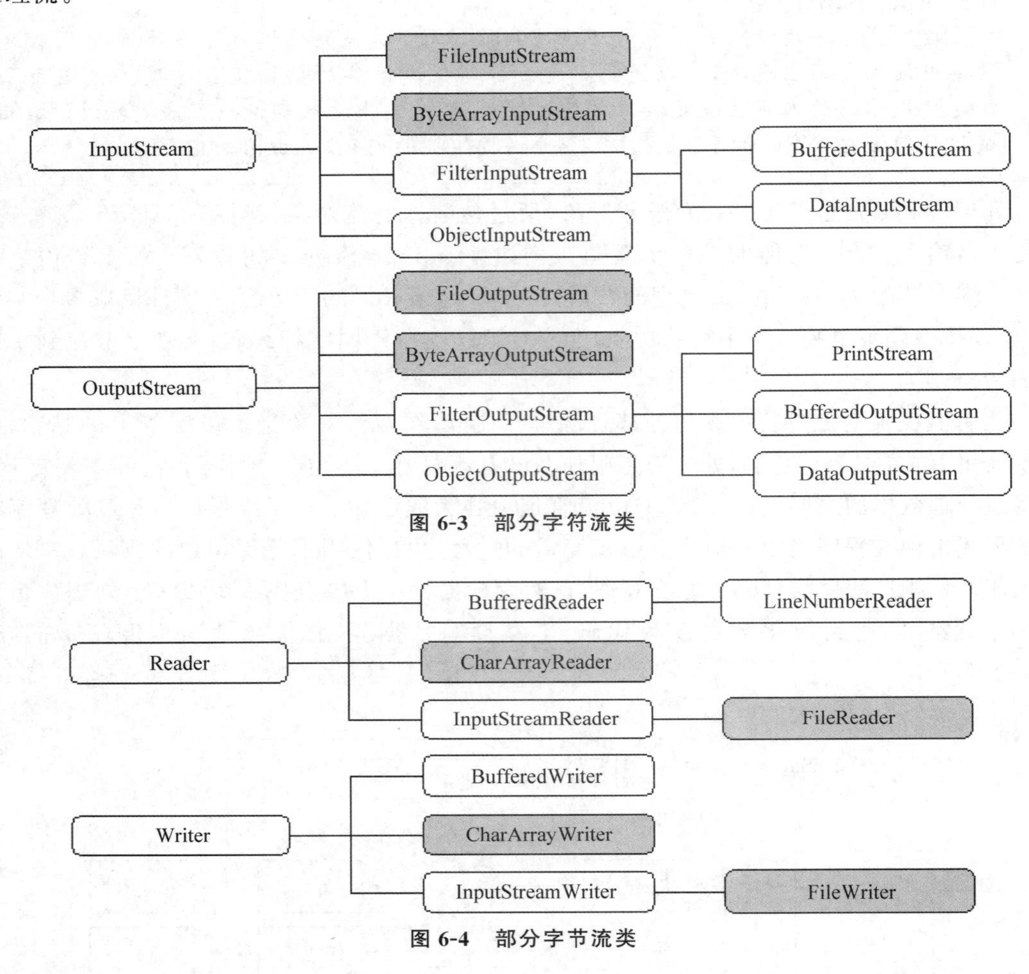

图 6-3　部分字符流类

图 6-4　部分字节流类

其中，FileInputStream/FileOutputStream 是以文件作为数据源的结点字节流。

ByteArrayInputStream/ByteArrayOutputStream 是将 byte 类型数组作为外部资源的结点流。

BufferedInputStream/BufferedOutputStream 会为 I/O 流管道添加一个内部缓冲区数组。在读取(或写出)流中的字节时，提高读写效率。

DataInputStream/DataOutputStream 会为 I/O 流管道添加读取(写入)基本 Java 数据类型数据的功能。

ObjectInputStream/ObjectOutputStream 会为 I/O 流管道添加多种类型数据(包括内存中对象)的读写功能。

PrintStream 可以让输出流拥有 println()和 print()方法，像标准输出流对象 System.out 一样轻松直观地完成文本格式化的输出。

在图 6-4 中，BufferedReader/BufferedWriter 从底层字符输入流中读取(向底层字符输出流中写入)文本，利用缓冲区作为数据中转站，实现字符、数组和行的高效读取(写入)。

CharArrayReader/ CharArrayWriter 是将 char 类型数组作为外部资源的结点流。

InputStreamReader 将字节输入流转换为字符输入流对象，从底层字节输入流中读取若干字节，并按指定的字符集，如 ASCII、UTF-8、GBK 等将其解码为字符；OutputStreamWriter 将字符输出流转换为字节输出流对象，把程序中的字符，按指定的字符集编码成若干字节，再向底层字节输出流写出。

> **提示**
>
> InputStreamReader/OutputStreamWriter 是字符流和字节流之间的桥梁。这两个流对象及其子类流对象，如 FileReader 和 FileWriter 都是自带缓冲区的，因此，FileReader 和 FileWriter 对象的读写效率通常会高于 FileInputStream 和 FileOutputStream。

FileReader/FileWriter 是以文件作为数据源的结点字符流。

1. InputStream

java.io.InputStream 类是所有字节输入流的父类，它是一个抽象类，类的声明为：

```
public abstract class InputStream
extends Object
implements Closeable
```

InputStream 类的主要成员方法(抽象方法)如表 6-1 所示。

表 6-1　InputStream 类的常用成员方法

返回值	方法声明	抛出异常	说　明
int	available()	IOException	返回流关联文件中剩余字节数量的一个估计值。如果现在处于外部资源数据的结尾处，则返回 0
void	close()	IOException	关闭此输入流，并释放与此流相关的系统资源
int	read()	IOException	从此输入流中读取一字节的数据。若至外部资源数据的结尾处，则返回－1
int	read(byte[] b)	IOException	从此输入流读取一些字节将其存储到缓存数组 b 当中。返回值是实际读入的数据量。若至外部资源数据的结尾处返回 －1。相当于 read(b, 0, b.length)
int	read(byte[] b, int off, int len)	IOException	从此输入流读取最多 len 字节的数据(根据实际情况，读取数据长度可能会少于 len)，并将其存储到缓存数组 b 当中，存储位置从 off 位(包含 off 位)开始。返回值是实际读入的数据量。若至外部资源数据的结尾处返回－1

2. OutputStream

java.io.OutputStream 类是所有字节输出流的父类，它是一个抽象类，类的声明为：

```
public abstract class OutputStream
extends Object
implements Closeable, Flushable
```

OutputStream 类的主要成员方法(抽象方法)如表 6-2 所示。

表 6-2　OutputStream 类的常用成员方法

返回值	方法声明	抛出异常	说　明
void	close()	IOException	关闭此输出流，并释放与此流相关的所有系统资源
void	flush()	IOException	强制将缓存中的字节写出到输出流中，冲刷输出流管道，确保输出数据的完整性。需在 close 之前使用
void	write(byte[] b)	IOException	将 byte 数组中数值全部写入输出流中。相当于 write(b，0，b.length)
void	write (byte [ ] b, int off, int len)	IOException	从数组 b 中 off 位置(包含 off 位置)元素开始，向输出流中写出 len 字节
void	write(int b)	IOException	将一字节的数据写入输出流当中，字节数据来源于 int 值 b 的低 8 位，b 的高 24 位将被忽略

3. Reader

java.io.Reader 类是所有字符输入流的父类，它是一个抽象类，类的声明为：

```
public abstract class Reader
extends Object
implements Readable, Closeable
```

Reader 类的主要成员方法(抽象方法)如表 6-3 所示。

表 6-3　Reader 类的常用成员方法

返回值	方法声明	抛出异常	说　明
void	close()	IOException	关闭此输入流，并释放与此流相关的所有系统资源
int	read()	IOException	从此输入流中读取一个使用整数表示的字符，整数范围为 0～65 535(int 的低 16 位)。若至外部资源数据的结尾处，则返回－1
int	read (char [ ] cbuf)	IOException	从此输入流读取一些字符将其存储到缓存数组 cbuf 当中。返回值是实际读入的字符数量。若至外部资源数据的结尾处，则返回－1。相当于 read(cbuf，0，cbuf.length)
int	read (char [ ] cbuf, int off, int len)	IOException	从此输入流读取最多 len 个字符的数据(根据实际情况，读取数据长度可能会少于 len)，并将其存储到缓存数组 cbuf 当中，存储位置从 off 位(包含 off 位)开始。返回值是实际读入的数据量。若至外部资源数据的结尾处，则返回－1

4. Writer

java.io.Writer 类是所有字符输出流的父类，它是一个抽象类，类的声明为：

```
public abstract class Writer
extends Object
implements Appendable, Closeable, Flushable
```

Writer 类的主要成员方法(抽象方法)如表 6-4 所示。

表 6-4 Writer 类的常用成员方法

返回值	方法声明	抛出异常	说明
void	close()	IOException	关闭此输出流并释放与此流相关的所有系统资源
void	flush()	IOException	强制将缓存中的字节写出到输出流中，冲刷输出流管道，确保输出数据的完整性。需在 close 之前使用
void	write(char[] cbuf)	IOException	将 char 数组中数值全部写入输出流中。相当于 write(cbuf, 0, cbuf.length)
void	write(char[] cbuf, int off, int len)	IOException	从数组 cbuf 中 off 位置(包含 off 位置)元素开始，向输出流中写出 len 个字节
void	write(int b)	IOException	将一个字节的数据写入输出流当中，字节数据来源于 int 值 b 的低 16 位，b 的高 16 位将被忽略
void	write(String str)	IOException	向输出流写出一个字符串。相当于 write(str, 0, str.length())
void	writer(String str, int off, int len)	IOException	向输出流写出一个字符串的子串，从 off 位(包含 off 位)开始，长度为 len 的子串

注意

Reader 和 Writer 处理的字符在外部资源处可能使用各种字符编码集，但是其在内存当中，字符统一使用 Unicode 编码，每个字符都占两字节，因此，在字符读写过程中需要注意字符集的正确使用。

6.1.4 使用 I/O 流对象的数据输入/输出基本框架

使用 I/O 流对象进行数据输入/输出主要分为以下三步。

第一步：建立 I/O 流管道。

需要先根据外部资源情况建立结点流，将外部资源中的数据连接到程序当中。再根据需要传输的数据类型等具体要求，选择是否需要在原有流的基础上包装处理流。

第二步：读/写数据。

若 I/O 流对象只是结点流，这个 I/O 流管道只能使用一些基本的字节或字符的读写方法；若 I/O 流对象被处理流包装过后，则这个 I/O 流管道可以应用处理流对象中更为高效、丰富的输入/输出方法进行数据读写。

第三步：关闭 I/O 流管道，释放资源。

若为输入流，直接关闭流即可；若为输出流，则需要先调用 flush()方法将 I/O 流管道中缓存数据推送到外部资源当中，清空管道中数据，保证输出数据的完整性，再关闭流。

6.2 结 点 流

结点流是功能最简单的 I/O 流对象。结点流主要目标就是为程序与外部资源交互提供底层透明的通道，它为 I/O 流管道的构建提供基础平台。单独的结点流就可以形成最简单的 I/O 流管道，任何可以提供连接外部资源的 I/O 流管道都可以作为(广义的)结点流使用。

6.2.1 结点流之 FileInputStream 和 FileOutputStream

1. FileInputStream 的构造方法

FileInputStream 作为结点流，其主要作用是建立一个从文件到程序的、可传输数据的 I/O 流对象。

FileInputStream 的类继承结构为：

```
java.lang.Object
    java.io.InputStream
        java.io.FileInputStream
```

java.io.FileInputStream 的类声明为：

```
public class FileInputStream
extends InputStream
```

FileInputStream 常用的构造方法有两种：

```
public FileInputStream(File file) throws FileNotFoundException
public FileInputStream(String name) throws FileNotFoundException
```

创建一个连接到文件的字节输入流对象，该文件路径可以由 File 对象表示，也可以由字符串 name 定义。若文件路径指向的文件不存在，则抛出 FileNotFoundException。

2. 使用 FileInputStream 流对象读入数据

FileInputStream 流对象的成员方法较为简单，与 InputStream 声明是一致的。

面对 FileInputStream 成员方法（包括构造方法）抛出的异常，用户可以使用 try…catch 框架对异常对象进行主动处理，并在 finally 代码段中释放所有资源，避免出现资源死锁现象。下面是以 FileInputStream 作为输入流管道包含异常处理方案的 I/O 流程序框架。

```
String path ="… …";
FileInputStream fis =null;                    //方便在 finally 中使用
try {
    fis =new FileInputStream(path);           //实例化流对象，连接到文件之上
    /**********将读入数据的代码写在这里**************/
    … …
    … …
    /**********将读入数据的代码写在这里**************/
} catch (FileNotFoundException e) {           //构造方法抛出此异常对象
    /**********异常处理代码*************/
} catch (IOException e) {                     //read()方法抛出此异常对象
    /**********异常处理代码*************/
} finally {
    try{
        //若构造方法抛出 FileNotFoundException，则 fis 有可能为 null，
        //因此此处需要判断 fis 是否为空
            if (fis !=null){
```

```
                fis.close();
                fis =null;
            }
        }catch(IOException e){              //close()方法抛出此异常对象
            /**********异常处理代码*************/
        }
    }
```

作为异常处理的另一种方法,用户也可以选择将所有异常委托给调用方法处理,即在方法(包含 main()方法)的声明处 throws 相关异常类,如下。

```
public void function() throws FileNotFoundException, IOException{
FileInputStream fis =new FileInputStream("…");
    /**********将读入数据的代码写在这里**************/
    …
    /**********将读入数据的代码写在这里**************/
    fis.close();
}
```

注意

(1) 程序员应该避免将异常委托给 JVM。在实际使用过程中,程序的输出有时被定位到 log 日志当中,而不是屏幕当中,这时默认的异常报警信息很容易被监控人员所忽略,给程序运行带来不必要的麻烦。

(2) 我们不提倡将异常委托给 JVM 处理,然而为了让代码更聚焦于 I/O 流对象成员方法的使用上,本章的示例代码会大量使用委托处理的方式处理异常。

(3) 在 catch 异常时,注意 FileNotFoundException 和 IOException 的顺序。子类异常 FileNotFoundException 在前,父类异常 IOException 在后。

代码 6-1 展示了使用 FileInputStream 流对象读取 data/fileInput.txt 文件内容的方法,其中,fileInput.txt 文件内容为“Hi! 12”。

```
//代码 6-1  使用 FileInputStream 读取文件内容 Linux 中路径分隔符

import java.io.FileInputStream;
import java.io.IOException;

public class TestFileIStream {
    public static void main(String[] args) throws IOException {
        String path ="data/fileInput.txt";
        System.out.println("按字节读");
        readByByte(path);
        System.out.println("使用 byte 数组读");
        readByByteArray(path);
    }

    public static void readByByte(String path) throws IOException {
        //建立 FileInputStream 输入流连接
```

```
        FileInputStream fin =new FileInputStream(path);
        while (true) {
            int in =fin.read();
            if (in ==-1) {
                break;
            }
            System.out.println("Code: "+in+"--Char: " +(char) (in) +"|");
        }
        System.out.println();
        fin.close();
    }

    public static void readByByteArray(String path) throws IOException {
        FileInputStream fin =new FileInputStream(path);
        byte[] buffer =new byte[3];
        while (true) {
            int in =fin.read(buffer);
            if (in ==-1) {
                break;
            }
            for (int i =0; i <in; i++) {      //在文件最后一次读取时,长度是 2,不是 3
                System.out.print("Code: " +buffer[i] +"--Char: " +
                    (char) (buffer[i]) +"|");
            }
            System.out.println();
        }
    }
}
```

执行结果为：

```
按字节读
Code: 72--Char: H|
Code: 105--Char: i|
Code: 33--Char: !|
Code: 49--Char: 1|
Code: 50--Char: 2|

使用 byte 数组读
Code: 72--Char: H|Code: 105--Char: i|Code: 33--Char: !|          //读取长度为 3
Code: 49--Char: 1|Code: 50--Char: 2|                             //读取长度为 2
```

代码 6-1 展示了 FileInputStream 流对象成员方法的使用方式。

(1) read()方法一次可以读取文件中的一字节。虽然返回一个 int 值，但只有低 8 位被填充，需要强制转型为 char 类型才能展示为字符。

(2) read(byte [] b)方法可以通过 fis 这个流对象，尽量多地从外部资源处(文件中)读取字节，填充 byte[]数组。代码 6-1 中使用了长度为 3 的 byte 数组作为缓存，流对象只调用了两次 read(byte [] b)方法即完成了文件内容的读取，而在 readByByte()方法中，逐字

节读入文件内容时先后调用了5次read()方法。使用buffer缓存数组后,程序与外部资源交互的次数明显变少。

(3) API文档中显示,在使用FileInputStream(String name)构造方法时会抛出FileNotFoundException,使用read()、read(byte [] b)和close()方法时会抛出IOException。同时,还应该注意到FileNotFoundException是IOException的子类异常,这里为了简化在throws之后只声明了IOException。结果就是语法正确,但无法有效识别FileNotFound Exception子类对象,少了灵活性。

3. 构造FileOutputStream流对象

FileOutputStream作为结点流,其主要作用是建立一个从程序到文件可传输数据的I/O流对象。

FileOutputStream的类继承结构为:

```
java.lang.Object
    java.io.OutputStream
        java.io.FileOutputStream
```

java.io.FileOutputStream的类声明为:

```
public class FileOutputStream
extends OutputStream
```

FileOutputStream这个结点流对象在输出文件内容时可以选择追加式写入和覆盖式写入两种方案,FileOutputStream常用的构造方法主要有4种。

```
public FileOutputStream(String name) throws FileNotFoundException
public FileOutputStream(File file) throws FileNotFoundException
```

创建一个连接到文件的字节输出流对象,该文件路径由File对象表示或由字符串name定义。若文件路径指向的文件不存在,但父目录存在,则创建空文件。若文件存在,则覆盖重写,相当于FileOutputStream (name, false)。若路径指向一个目录或其他原因导致文件无法打开,则抛出FileNotFoundException。

```
public FileOutputStream(String name, boolean append)
    throws FileNotFoundException
public FileOutputStream(File file, boolean append)
    throws FileNotFoundException
```

创建一个连接到文件的字节输出流对象,该文件路径由File对象表示或由字符串name定义。若append为true,则在文件尾部添加数据;否则从文件开始写入,相当于覆盖文件原有内容,重新记录信息。若路径指向一个目录或其他原因导致文件无法打开,则抛出FileNotFoundException。

> **注意**
>
> FileOutputStream流对象可以创建文件,但不能创建目录。

下面是以FileOutputStream作为输出流管道包含异常处理方案的I/O流程序框架。

```
import java.io.FileOutputStream;        //java.io 包中类需要主动引入
import java.io.IOException;

String path ="…";
FileOutputStream fos =null;
try {
    fos =new FileOutputStream(path);
    /**********将输出数据的代码写在这里**************/
    …
    /**********将输出数据的代码写在这里**************/
} catch (IOException e) {              //处理 FileNotFoundException 的父类异常
    /**********异常处理代码*************/
} finally {
    try{
        if (fos !=null){
            fos.flush();               //清空缓存中残留数据,保证输出数据的完整性
            fos.close();
            fos =null;
        }
    }catch (IOException e){
        /**********异常处理代码*************/
    }
}
```

或：

```
public void f() throws IOException{
    FileOutputStream fos =new FileOutputStream("…");
    /**********将输出数据的代码写在这里**************/
        …
    /**********将输出数据的代码写在这里**************/
    fos.flush();
    fos.close();
}
```

4. 使用 FileOutputStream 流对象输出数据

FileOutputStream 流对象的成员方法较为简单，与 OutputStream 声明是一致的，详见表 6-2。

代码 6-2 展示了一个连接到 data/fileOutput.txt 的 FileOutputStream 流对象，通过 I/O 流管道，以追加输出的方式，向文件输出了“China”这个字符串。

```
//代码 6-2  使用 FileOutputStream 向文本文件输出内容

import java.io.FileOutputStream;
import java.io.IOException;
import java.nio.charset.StandardCharsets;
import java.util.Arrays;

public class TestFileOStream {
    public static void main(String[] args) throws IOException {
```

```
        //data perparation
        String str ="China";
        byte [] b =str.getBytes(StandardCharsets.UTF_8);

        String path ="data/fileOutput.txt";
        fileOut_Array(path,b);
        fileOut_Int(path,b);
    }

    public static void fileOut_Int(String path, byte[] b)
            throws IOException{
        FileOutputStream fou =new FileOutputStream(path,true);
        for (int i =0 ; i<b.length; i++){
            fou.write(b[i]);
            System.out.println("第"+i +"次输出字符: " +(char)(b[i]));
        }
        fou.flush();
        fou.close();
    }

    public static void fileOut_Array(String path, byte[] b)
            throws IOException{
        FileOutputStream fou =new FileOutputStream(path,true);
        fou.write(b);
        System.out.println("一次性输出字符: " +Arrays.toString(b));
        fou.flush();
        fou.close();
    }
}
```

在将China字符串输出到外部资源的同时，程序还会输出：

```
一次性输出字符：[67, 104, 105, 110, 97]
第 0 次输出字符：C
第 1 次输出字符：h
第 2 次输出字符：i
第 3 次输出字符：n
第 4 次输出字符：a
```

注意：

（1）频繁地调用write()方法会因为硬盘缓慢的读写速度，降低程序整体的执行速度。修改一下上面的程序，向data/fileOutput.txt文件输出较多的数据，如10 000个“China”字符串，测试程序执行速度，见代码6-3。

```
//代码 6-3  不同的方案，不同的执行速度

import java.io.FileOutputStream;
import java.io.IOException;
```

```
import java.nio.charset.StandardCharsets;
import java.util.Date;

public class TestSpeed {
    public static void main(String[] args) throws IOException {
        StringBuffer str =new StringBuffer();  //可变的字符串类
        for (int i =0; i <10000; i++) {
            str.append("China ");              //将 10 000 个"China"字符串合并
        }
        //toString()转换为 String 对象
        byte[] b =str.toString().getBytes(StandardCharsets.UTF_8);

        String path ="data/fileOutput.txt";
        FileOutputStream fou =new FileOutputStream(path, true);

        long start =System.nanoTime();;        //开始时间,单位为纳秒
        for (int i =0; i <b.length; i++) {
         fou.write(b[i]);                      //逐字节写入
        }
        fou.flush();                           //保证数据全部写入

        long t1 =System.nanoTime();            //第一阶段完成

        fou.write(b);                          //完整字节数组一次性写入
        fou.flush();                           //保证数据全部写入
        long t2 =System.nanoTime();;           //第二阶段完成

        fou.close();
        System.out.println("逐字节写入使用时间(ns):"+(t1 -start));
        System.out.println("一次性写入使用时间(ns):"+(t2 -t1));
    }
}
```

结果如下。

```
逐字节写入使用时间: 244610357
一次性写入使用时间: 101262
```

可以看到只调用一次 write()的方式可以更加节省时间。

(2) 同时打开文件输入流对象和输出流对象可以实现文件复制,不仅对于文本文件有效,对于其他格式的文件同样有效。如代码 6-4 所示,将 data 目录下的一个普通文件 MyJar.jar 复制为 YourJar.jar,这里使用的 byte 数组作为 buffer 使用,可以减少读写次数,加速 I/O 程序执行的效率。

```
//代码 6-4  文件复制

import java.io.FileInputStream;
import java.io.FileOutputStream;
import java.io.IOException;
```

```
public class FileCopy {
    public static void main(String[] args) throws IOException {
        byte [] buffer =new byte[1024];

        //MyJar.jar 为 4.1.3 节中导出的 Jar 包。现将其复制到工程 data 目录当中
        FileInputStream fis =new FileInputStream("data/MyJar.jar");
        FileOutputStream fos =new FileOutputStream("data/YourJar.jar");

        while(true){
            int readLength =fis.read(buffer);
            if (readLength ==-1){
                break;
            }
            fos.write(buffer,0,readLength);
        }
        fos.flush();
        fos.close();
        fis.close();
    }
}
```

执行结果读者可以在文件系统中自行查看。

6.2.2　结点流之 FileReader 和 FileWriter

FileReader 和 FileWriter 是两个字符结点流，顾名思义，这两个流主要用于读写以字符为内容的文件，且基本成员方法在 Reader 和 Writer 类中基本都有定义(见表 6-3 与表 6-4)。

1. FileReader

FileReader 是一个结点流，用于连接程序与本地文件系统中的文件，提供简单的以字符为单位的文本读取功能。

FileReader 的类继承结构为：

```
java.lang.Object
    java.io.Reader
        java.io.InputStreamReader
            java.io.FileReader
```

java.io.FileReader 的类声明为：

```
public class FileReader
extends InputStreamReader
```

FileReader 常用的构造方法有以下两种。

```
public FileReader(FilefileName) throws FileNotFoundException
public FileReader(String name) throws FileNotFoundException
```

创建一个连接到文件的字符输入流对象，该文件路径由 File 对象表示或字符串 name 定义。此 I/O 流管道，从外界资源处读取的字符，使用 IDE 默认字符集进行解码(有可能出

现乱码）。若文件路径指向的文件不存在，则抛出 FileNotFoundException。

> **提示**
>
> 对于中文的支持，不同集成开发环境（IDE）使用的默认编码集有时是不同的。Eclipse 默认使用 GBK，IDEA 默认使用 UTF-8，因此 Eclipse 编写的 Java 源代码中的中文在 IDEA 中会出现乱码，可以通过相关设置进行默认编码集的调整。

FileReader 流对象可以将文件内容以字符的方式读取，每次读取的字符长度由其编码方式确定。FileReader 读取字符的过程分为两步：第一步以 byte 方式读取信息到缓冲区，第二步是使用字符编码集进行解读，详见后继 6.3.1 节中对 InputStreamReader 的介绍。FileReader 主要用于文本内容读取，而 FileInputStream 则主要处理一般文件内容的读取。

FileReader 类是 Reader 抽象类的一个子类。除了 Reader 类中按字符读取文件内容的方法外，还有来自于 InputStreamReader 类的 getEncoding()，可以返回流中使用的字符编码集名称。FileReader 流对象的使用方法，见代码 6-5。

```
//代码 6-5  按字符读文本内容

import java.io.FileNotFoundException;
import java.io.FileReader;
import java.io.IOException;

public class TestFileReader {
    public static void main(String[] args) {
        FileReader fr =null;
        try {
            fr =new FileReader("data/FileChinese.txt");
            char[] data =new char[1024];
            int num =fr.read(data);                    //将数据读入字符列表 data 内
            String str =new String(data, 0, num);      //将字符列表转换成字符串
            System.out.println("Characters code=" +fr.getEncoding());
            System.out.println("Characters read=" +num);
            System.out.println("转为字符串取的结果: ");
            System.out.println(str);
        } catch (FileNotFoundException e) {
            e.printStackTrace();
        } catch (IOException e) {
            e.printStackTrace();
        }finally{
            try {
                if (fr !=null)
                  fr.close();
            } catch (IOException e) {
                e.printStackTrace();
            }
        }
    }
}
```

执行结果为：

```
Characters code=UTF-8
Characters read=7            //Windows 系统中该值为 8
转为字符串取的结果:
我爱我的祖国                  //第 7 个字符为 line.separator 不可见
```

2. FileWriter

FileWriter 是一个结点流,用于连接程序与本地文件系统中的文件,提供简单的以字符为单位的文本输出功能。

FileWriter 的类继承结构为:

```
java.lang.Object
    java.io.Writer
        java.io.OutputStreamWriter
            java.io.FileWriter
```

java.io.FileWriter 的类声明为:

```
public class FileWriter
extends OutputStreamWriter
```

FileWriter 常用的构造方法主要有四种,功能与 FileOutputStream 类似,可创建文件、可选择输出信息是追加式写入和覆盖式写入。区别在于 FileWriter 是字符流,而 FileOutputStream 是字节流。

```
public FileWriter (String name) throws FileNotFoundException
public FileWriter (File file) throws FileNotFoundException
```

创建一个连接到文件的字符输出流对象,该文件路径由 File 对象表示或字符串 name 定义。若文件路径指向的文件不存在,但父目录存在,则创建空文件。若文件存在,则覆盖重写,相当于 FileOutputStream (name, false)。若路径指向一个目录或其他原因导致文件无法打开,则抛出 FileNotFoundException。

```
public FileWriter (String name, boolean append)
    throws FileNotFoundException
public FileWriter (File file, boolean append)
    throws FileNotFoundException
```

创建一个连接到文件的字符输出流对象,该文件路径由 File 对象表示或字符串 name 定义。若 append 为 true,则在文件尾部添加数据;否则从文件开始写入,相当于覆盖文件原有内容,重新记录信息。若路径指向一个目录或其他原因导致文件无法打开,则抛出 FileNotFoundException。

FileWriter 类是 Writer 的一个子类。FileWriter 流对象既可以输出单个字符,也可以直接输出字符串,如代码 6-6 所示。

```
//代码 6-6  按字符写出文本
import java.io.FileWriter;
```

```
import java.io.IOException;
class TestFileWriter {
    public static void main(String args[]) throws IOException {
        String source ="我爱我的祖国\n";
        String path ="data/fileOutput_Chi.txt";
        output_String(path,source);
        output_Int(path,source);
    }

    public static void output_String(String path, String content)
            throws IOException {
        FileWriter fw =new FileWriter(path,true);
        fw.write(content);
        fw.flush();
        System.out.println(fw.getEncoding());
        fw.close();
    }

    public static void output_Int(String path, String content)
            throws IOException {
        char[] charArray =content.toCharArray();
        FileWriter fw =new FileWriter(path, true);
        for (int i =0; i <charArray.length; i++) {
            fw.write(charArray[i]);              //char 自动转型为 int
        }
        fw.flush();

        System.out.println(fw.getEncoding());
        fw.close();
    }
}
```

程序输出:

```
UTF-8
UTF-8
```

代码 6-6 中使用两种方法(按字符、按字符串)分别将“我爱我的祖国\n”输出到流对象连接的 fileOutput_Chi.txt 中。FileWriter 流对象在输出字符时使用的字符编码集,通过 getEncoding()方法进行获取。

6.2.3 结点流之 ByteArrayInputStream 和 ByteArrayOutputStream

ByteArrayInputStream 和 ByteArrayOutputStream 是结点流,与连接到硬盘上的文件的结点流 FileInputStream、FileOutputStream、FileReader、FileWriter 类似。区别在于 ByteArrayInput Stream 和 ByteArrayOutputStream 流对象连接的外部数据源是内存数组,而其他结点流连接的外部数据源是文件。

ByteArrayInputStream 和 ByteArrayOutputStream 流对象主要作用是利用内存中一

块临时性存储区域作为临时文件，这可以避免频繁地访问硬盘，达到提高运行效率的目的。这个流对象主要服务于需要临时性存储的程序网络数据的传输、压缩数据的传输等情况。

ByteArrayInputStream 的类继承结构为：

```
java.lang.Object
    java.io.InputStream
        java.io.ByteArrayInputStream
```

java.io.ByteArrayInputStream 的类声明为：

```
public class ByteArrayInputStream
extends InputStream
```

ByteArrayInputStream 的构造方法为：

```
public ByteArrayInputStream(byte[] buf)
public ByteArrayInputStream(byte[] buf, int offset, int length)
```

使用数组 byte[] buf 全部或从 off 位置(包含 off 位)开始长度为 length 的部分作为输入源，创建一个字节输入流。

ByteArrayOutputStream 的类继承结构为：

```
java.lang.Object
    java.io.OutputStream
        java.io.ByteArrayOutputStream
```

java.io.ByteArrayOutputStream 的类声明为：

```
public class ByteArrayOutputStream
extends OutputStream
```

ByteArrayOutputStream 的构造方法为：

```
public ByteArrayOutputStream()
public ByteArrayOutputStream(int size)
```

创建一个连接到内存变长列表的字节输出流对象，该列表会随着数值输出而自动增长，初始缓存容量为 32B 或自定义初始缓存容量为 size 字节。

ByteArrayOutputStream 会将数据写入一个 byte 序列当中，这个序列会随着数据输出而自动增长。输出过程的任何阶段，用户都可以使用 toByteArray()方法将流对象连接的变长列表重新整理成为数组。从效果来看，ByteArrayOutputStream 对象相当于为用户提供了一个任意拼接、不定长度的 byte[]数组。

注意

ByteArrayInputStream 和 ByteArrayOutputStream 类中的所有方法，包括构造方法都不抛出异常。ByteArrayInputStream 和 ByteArrayOutputStream 实例化的流对象不需要关闭。

代码 6-7 展示了 ByteArrayInputStream 和 ByteArrayOutputStream 的使用方法。这里通过两个静态方法展示两个小功能。

（1）不使用 length 属性，复制 byte 类型数组。

（2）建立一个 byte 数组，恰好存储文件中所有数据。

```
//代码 6-7  ByteArray I/O 流对象的应用

import java.io.ByteArrayInputStream;
import java.io.ByteArrayOutputStream;
import java.io.IOException;
import java.util.Arrays;

public class TestByteArrayIO {
    public static void main(String[] args)throws IOException{
        arrayCopy();
        readInByteArray();
    }

    public static void arrayCopy() {
        byte [] a ={1,2,3,4,5};

        ByteArrayInputStream bis =new ByteArrayInputStream(a);
        ByteArrayOutputStream bos =new ByteArrayOutputStream();
        while(true){
            int ret =bis.read();
            if(ret ==-1){
                break;
            }
            bos.write(ret);
        }
        byte [] b =bos.toByteArray();
        System.out.println(Arrays.toString(b));
    }

    public static void readInByteArray() throws IOException{
        FileInputStream fis =new FileInputStream("data/fileInput.txt");
        ByteArrayOutputStream bos =new ByteArrayOutputStream();
        while(true){
            int ret =fis.read();
            if (ret ==-1){
                break;
            }
            bos.write(ret);
        }
        fis.close();
        byte [] a =bos.toByteArray();
        System.out.println(Arrays.toString(a));
    }
}
```

输出以下内容：

```
[1,2,3,4,5]
[72, 105, 46, 49, 50, 51]
```

这里注意 ByteArrayInputStream 和 ByteArrayOutputStream 流对象中 close()方法是

无意义的，但 FileInputStream 对象仍然需要 close()方法来释放物理资源。

6.2.4 结点流对象 System.out 与 System.in

1. System.in

System.in 是标准输入流对象，该对象可以作为结点字节流对象使用。System.in 对象可以从键盘或其他主机系统定义的标准输入设备处读取数据。

代码 6-8 展示了如何接收 System.in 流中的一行文字（以键盘上输入回车符为结尾标志）的方法，这里使用了 ByteArrayOutputStream 作为一个临时性的存储区域，一次一字节地从 System.in 中接收数据，然后提取出 byte 类型数组，使用 String 的构造方法将其还原。

```
//代码 6-8  从输入终端提取内容
import java.io.ByteArrayOutputStream;
import java.io.IOException;
import java.io.InputStream;
import java.util.Arrays;

public class TestSystemIn {
    public static void main(String[] args) throws IOException {
        InputStream is = System.in;
        ByteArrayOutputStream baos = new ByteArrayOutputStream();

        while(true) {
            int value = is.read();
            if(value == '\r' || value == '\n') {   //检测行分隔符
                break;
            }
            baos.write(value);
        }
        //is.close();                              //ByteArrayOutputStream 无须关闭
        byte[] receive = baos.toByteArray();

        System.out.print(receive.length + "||" + Arrays.toString(receive));
        System.out.println("||" + new String(receive));
    }
}
```

输入：

```
我爱我的祖国
```

IDEA 默认使用 UTF-8 编码集，输出结果为：

```
18||[-26, -120, -111, -25, -120, -79, -26, -120, -111, -25, -102, -124, -25, -91,
-106, -27, -101, -67]||我爱我的祖国
```

Eclipse 默认使用 GBK 编码集，输出结果为：

```
12||[-50,-46,-80,-82,-50,-46,-75,-60,-41,-26,-71,-6]||我爱我的祖国
```

2. System.out

System.out 是标准输出流对象，可以作为结点输出流对象使用。它作为 PrintStream 类的对象实现标准输出。通常标准输出为屏幕，或其他系统指定设备。之前一直使用的 println()方法和 print()方法都是 java.io.PrintStream 类中的成员方法。

本节介绍了多个结点流对象的生成方法。通过成员方法和代码案例，可以看到结点流对象的主要区别是连接外部资源的声明部分，即配适外部资源的构造方法。例如，FileInputStream 和 FileReader 需要指定文件路径；ByteArrayInputStream 需要指定一个 byte 类型数组；System.in 对象直接从 JVM 中取得，并连接系统默认输入设备。一旦输入/输出流对象建立后，其成员方法——输入/输出方法几乎没有什么区别，甚至程序是可以相互通用的。例如，代码 6-4 中展示的两个文件内容复制，只需要将代码 6-4 FileOutputStream 中的代码替换为 ByteArrayOutputStream 即可实现代码 6-7 中的目标 2：使用合适长度的 byte 数组一次性全部存储文件中的全部数据；继续将 FileInputStream 替换为 ByteArrayInputStream，即可实现代码 6-7 中的 byte 类型数组复制；还是这个核心读写代码，将输入流对象指定为 System.in，输出流对象指定为 ByteArrayOutputStream 对象，实现了键盘输入到内存的输出；若将实现中的 ByteArrayOutputStream 对象替换为 FileOutputStream 对象，就可以实现键盘录入内容输出到文件，就是最简单文本编辑器的实现。

通过组合不同类型的输入/输出流，可以实现多种数据源间数据的自由移动。反过来，实现数据自由流动重要的基础就是取得连接外部资源的输入/输出流对象。现在是使用构造方法构造 I/O 流对象，后面还会遇到直接取得 I/O 流对象的情况，就像 System.in 和 System.out 一样。在持有这些 I/O 对象之后，用户可以将其直接视为一个普通的 I/O 流对象，大胆地使用 read()或 write()方法就可以实现外部资源中数据的输入和输出。

6.3 处 理 流

在 I/O 流中处理流与结点流是相辅相成、各自分工的。如果说结点流是一个发动机，那么处理流就像是发动机驱动的机械装置，可以将简单机械运动转换为更加复杂的机械运动方式。结点流主要负责程序与外部数据源连接；而处理流则负责包装 I/O 流管道——让底层的管道透明化，同时让 I/O 流管道具有更多的功能（由处理流对象提供），如基础类型数据的读写、对于非默认编码的字符读写、对象的读写、格式化地输出等。总体来说，处理流的主要功能就是：改变流对象的性质、扩展 I/O 流管道的数据服务功能。

6.3.1 为字符串服务的处理流

1. InputStreamReader 与 OutputStreamWriter

经过 InputStreamReader 与 OutputStreamWriter 包装的 I/O 流管道可以实现字节流与字符流的转换。通过两个处理流的构造方法，用户可以指定字节与字符转换过程使用的字符编码集。

从 String 类的构造过程可知，即使是同样一个字符串，使用不同的字符编码方式，其中对应的字节数组也是不同的。当输入流从底层读入一个 byte 数组，使用不同的字符编码集，解读出来字符的结果是不同的；反过来，将输出的字符编码成为 byte 数组的过程也是依

赖于字符编码集的。在中文环境中常用的字符编码集有GBK，GB18030，UTF-8等，见表4-5。

InputStreamReader实现字节输入流到字符输入流的转换。OutputStreamWriter实现字符输出流到字节输出流的转换，其主要功能是使用指定或默认的字符编码集编码或解码String字符串，它们默认使用缓存机制，一次性可读取和输出若干字节，以方便字符的转换。

InputStreamReader的类继承结构为：

```
java.lang.Object
    java.io.Reader
        java.io.InputStreamReader
```

java.io.InputStreamReader的类声明为：

```
public class InputStreamReader
extends Reader
```

InputStreamReader的主要构造方法有：

```
public InputStreamReader(InputStream in)
```

使用默认字符集，在字符输入流的基础上包装出来一个字符输入流对象。

```
public InputStreamReader(InputStream in, String charsetName)
    throws UnsupportedEncodingException
```

字符集通过字符串charsetName标定，若系统中无匹配(忽略大小写匹配)字符集，则抛出UnsupportedEncodingException异常。

OutputStreamWriter的类继承结构为：

```
java.lang.Object
    java.io.Writer
        java.io.OutputStreamWriter
```

java.io.OutputStreamWriter的类声明为：

```
public class OutputStreamWriter
extends Writer
```

OutputStreamWriter的主要构造方法有：

```
public OutputStreamWriter(OutputStream out)
```

使用默认字符集，在字节输出流的基础上包装出来一个字符输出流对象。

```
public OutputStreamWriter(OutputStream out, String charsetName)
    throws UnsupportedEncodingException
```

字符集通过字符串charsetName标定，若系统中无匹配(忽略大小写匹配)字符集，则抛出UnsupportedEncodingException异常。

InputStreamReader和OutputStreamWriter的构造方法参数都包含一个流对象，这是处理流的一个特征。根据引用变量在实际应用中自动转型的特点，InputStreamReader 可以将所有字节输出流转换为字符输入流，而 OutputStreamWriter 则可以将所有的字节输出流转换为字符输出流，同时它们在字节与字符转换时可以指定相应的字符编码集。

从图 6-4 可以看到，InputStreamReader 与 OutputStreamWriter 分别是 Reader 和 Writer 的子类，成员方法不但包含表 6-3 和表 6-4 中包含的 Reader 和 Writer 成员方法，而且增加了可以返回流中使用字符编码集名称的方法：

```
public String getEncoding()
```

代码 6-9 中，在构造 InputStreamReader 与 OutputStreamWriter 对象时指定的字符编码集后，在进行读写字符时，系统就会按指定编码集进行字符的编解码。

```
//代码 6-9  指定编码集的字符与字节转换流
import java.io.*;

public class TestTransformStream {
    public static void main(String[] args) throws IOException {
        String content = "我爱我的祖国";
        String filePath = "data/trans_chi.txt";

        //内容写出,编码 GBK
        OutputStreamWriter osw = new OutputStreamWriter(
            new FileOutputStream(filePath), "GBK");
        osw.write(content);
        System.out.println("OutputStream Code: " + osw.getEncoding());
        osw.flush();
        osw.close();

        //内容读入,编码 GBK
        InputStreamReader isr = new InputStreamReader(
            new FileInputStream(filePath), "GBK");
        System.out.println("InputStream Code: " + isr.getEncoding());
        char[] buffer = new char[100];
        String pr = "";
        while (true) {
            int readNumber = isr.read(buffer);
            if (readNumber == -1) {
                break;
            }
            pr += new String (buffer, 0, readNumber);
        }
        isr.close();

        //内容读入,编码 UTF-8
        System.out.println("\n编码方案不一致导致文字解码错误");
        InputStreamReader isr2 = new InputStreamReader(
            new FileInputStream(filePath), "UTF-8");
        System.out.println("InputStream Code: " + isr2.getEncoding());
```

```
        //注意：此处代码有风险！若文件长度大于 100，会出现文件无法读全的情况
        int readNumber = isr2.read(buffer);
        System.out.print(new String(buffer, 0, readNumber);

        isr2.close();
    }
}
```

输出结果：

```
OutputStream Code: GBK
InputStream Code: GBK
我爱我的祖国

编码方案不一致导致文字解码错误
InputStream Code: UTF8
� ¥ �� ш ����
```

此处出现乱码就是因为isr2输入管道在构造时InputStreamReader处理流对象时使用字符编码集为UTF-8，与osw输出管道使用的字符集GBK不同。

2. BufferedReader 与 BufferedWriter

BufferedReader与BufferedWriter增加了以行为单位的字符串输入和输出功能。经过BufferedReader包装的I/O流管道具有按行读取文字的功能；经过BufferedWriter包装的I/O流管道可以正确地写出行的结束符。

补充知识：字符文件中的行

在字符文件中一行是通过行分隔符来定义的，但是行分隔符在不同的操作系统中是存在差异的，如Windows是"\r\n"，UNIX与Linux是"\n"，MacOS是"\r"。也正是由于系统中行分隔符的差异，有些Linux文本在Windows系统打开是没有分行的，而有些Windows系统的文本在Linux中打开会出现空行的现象。在Java中可以通过代码

```
String str = System.getProperty("line.separator");
```

查看JVM从所属系统中提取的行分隔符，但因为该字符串不可显示，建议转换为byte数组查看其ASCⅡ码对应的int值，其中"\r"的int值是10，"\n"的int值是13。

BufferedReader是从一个字符流对象中获取字符，缓存到buffer当中，以提高按簇、行读取字符的读取效率。buffer大小可以指定或使用默认。BufferedWriter也是使用buffer，提高字符写入效率。

BufferedReader的类继承结构为：

```
java.lang.Object
    java.io.Reader
        java.io.BufferedReader
```

java.io.BufferedReader的类声明为：

```
public class BufferedReader
extends Reader
```

BufferedReader 的主要构造方法有:

```
public BufferedReader(Reader in)
public BufferedReader(Reader in, int sz)
```

创建一个带缓冲区的字符输入流,缓冲器大小为默认或 sz 字节。

BufferedWriter 的类继承结构为:

```
java.lang.Object
    java.io.Writer
        java.io.BufferedWriter
```

java.io.BufferedWriter 的类声明为:

```
public class BufferedWriter
extends Writer
```

BufferedWriter 的主要构造方法有:

```
public BufferedWriter(Writer out)
public BufferedWriter(Writer out, int sz)
```

创建一个带缓冲区的字符输出流,缓冲器大小为默认或为 sz 字节。

从构造方法来看,作为处理流的 BufferedReader 和 BufferedWriter 只能包装字符流,不能直接包装字节流。如需要对接字符流,需要先使用 InputStreamReader 和 OutputStreamWriter 将字节流包装为字符流后方能继续包装。

从图 6-4 可以看到,BufferedReader 与 BufferedWriter 分别是 Reader 和 Writer 的子类,它们的成员方法不仅包含 Reader 和 Writer 定义的成员方法,而且增加了关于按行处理字符的特殊方法。

在 BufferedReader 当中增加按行读取字符的方法:

```
public String readLine() throws IOException
```

在 BufferedWriter 当中增加行结束符的方法:

```
public void newLine() throws IOException
```

代码 6-10 展示了按行读/写的 I/O 流管道内容的使用方法。代码中程序将键盘输入内容按行读入,再以行的方式写出到文件当中。这段代码涉及以下两个结点流。

(1) 连接到键盘结点流——System.in 对象。需要注意,System.in 是 InputStream 类型的对象,是字节流,在使用 BufferedReader 之前,需要使用 InputStreamReader 进行字符字节的转换。

(2) 向文件输出的结点流。选择 FileWriter 和 FileOutputStream 都可以。只需要注意它们一个是字符流,一个是字节流,使用 BufferedWriter 装饰之前,FileOutputStream 需要使用 OutputStreamWriter 进行字符字节的转换。

```
//代码 6-10  带有处理流修饰的 I/O 流对象
import java.io.*;
public class TestBuffered {
    public static void main(String[] args) throws IOException{
        //结点字节流 -->包装-->多个字节变一个字符 -->包装-->按行读的字符流
        BufferedReader br =new BufferedReader(
            new InputStreamReader(System.in));

        //字符结点流 -->包装-->可以写入行标志的字符流
        BufferedWriter bw =new BufferedWriter(
            new FileWriter("data/keyboardInput.txt"));
        while(true){
            String receive =br.readLine();          //BufferReader 特有方法
            if (receive.equals("quit")){            //接到特殊字符串退出输入
                break;
            }
            bw.write(receive);
            bw.newLine();                           //BufferedWriter 特有方法
        }
        br.close();
        bw.flush();
        bw.close();
    }
}
```

分三次输入三行文本：

```
123
祖国
quit
```

代码 6-10 可以将以下两行文本

```
123
祖国
```

输出到文件 keyboardInput.txt 当中，程序接收到“quit”字符串时结束输入，并关闭输入/输出流。

> **注意**
>
> BufferedWriter 使用了缓存技术，每次输出并不是真实写到外部资源处，数据有可能还留在内存的缓存区，因此这里特别强调，在 close()方法释放资源之前，一定要使用 flush()方法强制将缓存区数据写到外部资源处。

6.3.2 为数据服务的处理流

字节是信息和数据的基本单位，计算机中所有的信息都可以使用一个或多个字节表示。因此，Java 中所有变量值，包括基础数据类型的变量值、实例化的对象都可以使用字节表

示。在Java中字符串使用getBytes()方法和String类的构造方法实现字节数组与字符串的互转。其他类型的数据则需要专业的方法来完成,Java将这些方法封装到java.io包内DataInput和DataOutput这两个接口当中,如表6-5所示。

补充知识:为什么是byte数组,而不是其他数据类型的数组?

字节是网络上传输文件的基本单位,根据TCP/IP相关内容,其他类型数据在传输前都需要先转换为byte数组,到达后再根据相关协议进行信息还原。

表6-5 DataInputStream和DataOutputStream类的部分成员方法

接　口	成员方法	抛出异常	主要功能
DataInputStream	boolean readBoolean()	IOException	读取1字节,如果该byte值非零,则返回true;如果是零,则返回false
	byte readByte()	IOException	读取1字节并返回一个带符号的byte值
	short readShort()	IOException	读取2字节并返回一个short值
	charreadChar()	IOException	读取2字节并返回一个char值
	intreadInt()	IOException	读取4字节并返回一个int值
	long readLong()	IOException	读取8字节并返回一个long值
	float readFloat()	IOException	读取4字节并返回一个float值
	double readDouble()	IOException	读取8字节并返回一个double值
	String readUTF()	IOException	读入一个改进的UTF-8编码的字符串
DataOutputStream	void writeBoolean(boolean v)	IOException	将一个boolean值以1字节值形式写出到基础输出流。值true以值(byte)1的形式被写出;值false以值(byte)0的形式被写出
	void writeByte(int v)	IOException	将一个byte值以1字节值形式写出到基础输出流中,写出低8位
	void writeShort(int v)	IOException	将一个short值以2字节形式写出到基础输出流中,写出低16位,先写出高字节
	void writeChar(int v)	IOException	将一个char值以2字节形式写出到基础输出流中,写出低16位,先写出高字节
	void writeInt(int v)	IOException	将一个int值以4字节形式写出到基础输出流中,先写出高字节
	void writeLong(long v)	IOException	将一个long值以8字节形式写出到基础输出流中,先写出高字节
	void writeFloat(float v)	IOException	将一个float值写出到输出流,该值由4字节组成
	void writeDouble(double v)	IOException	将一个double值写出到输出流,该值由8字节组成
	void writeUTF(String s)	IOException	以改进UTF-8编码的方式写出一个字符串

1. DataInputStream与DataOutputStream

经过DataInputStream与DataOutputStream包装的I/O流管道实现了直接读写基础

数据类型的数据这一重要功能。在使用 DataInputStream 与 DataOutputStream 流对象进行数据输入与输出时要注意：数据存储与读出的顺序和类型都必须严格一致，否则无法正确读出。

DataInputStream 的继承结构为：

```
java.lang.Object
    java.io.InputStream
        java.io.FilterInputStream
            java.io.DataInputStream
```

java.io.DataInputStream 类声明为：

```
public class DataInputStream
extends FilterInputStream
implements DataInput
```

DataOutputStream 的继承结构为：

```
java.lang.Object
    java.io.OutputStream
        java.io.FilterOutputStream
            java.io.DataOutputStream
```

java.io.DataOutputStream 类声明为：

```
public class DataOutputStream
extends FilterOutputStream
implements DataOutput
```

DataInputStream 类和 DataOutputStream 类的构造方法是典型的处理流构造方法，其参数为字节流对象。

DataInputStream 的构造方法：

```
DataInputStream(InputStream in)
```

DataOutputStream 的构造方法：

```
DataOutputStream(OutputStream out)
```

通过实现 java. io 包中的 DataInput 和 DataOutput 接口，DataInputStream 与 DataOutputStream 包装后 I/O 流管道具有传输基础类型数据的功能——从流中读取（向流中写入）基本数据类型数据和 UTF 编码字符串的方法。代码 6-11 演示了 DataInputStream 与 DataOutStream 的典型方法。

```
//代码 6-11  Data I/O 流对象的使用方法
import java.io.*;
public class TestDataIO {
    public static void main(String[] args) throws Exception{
        String path ="data/dataio.txt";
```

```
        OutputStream fos =new FileOutputStream(path);
        DataOutputStream dos =new DataOutputStream(fos);

        String str="hey 老吴";
        dos.writeUTF(str);
        dos.writeInt(100);
        dos.writeBoolean(false);

        dos.flush();
        dos.close();

        InputStream fis =new FileInputStream(path);
        DataInputStream dis =new DataInputStream(fis);

        String str1 =dis.readUTF();
        int in =dis.readInt();
        boolean bo =dis.readBoolean();

        System.out.println(str1+"|"+in+"|"+bo);

        dis.close();
    }
}
```

执行结果为：

```
hey 老吴|100|false
```

在使用 DataInputStream 与 DataOutputStream 两类对象时需要注意：

(1) 数据存入顺序要与读出顺序一致，否则会出现不可预测的结果。如果代码 6-11 中将 readInt()与 readBoolean()调换读取顺序，输出结果将出现错误：

```
hey 老吴|25600|false
```

(2) 数据读取类型要与写入类型一致，否则也会出现不可预测的结果。如果代码 6-11 中将 readInt()换为 readFloat()，同为读入 4 字节的数据，不影响后续 boolean 值的读取，但输出结果将出现错误：

```
hey 老吴|1.4E-43|false
```

(3) 以 DataOutputStream 包装的 I/O 流管道写出的数据是机器编码，而非字符。若以文本编辑器打开，很多内容是不可读的。如使用 vim 打开代码 6-11 输出文件 data/dataio.txt，显示如下。

```
NUL hey老吴NULNULNULdNUL
```

补充知识：不使用 DataInputStream 与 DataOutputStream 可以读写数据吗？

可以。现在很多数据文件都是以文本的方式进行存储的。只需要将这些数据都转换成为字符串即可进行存储，读取时需要将字符串转换为原先的类型即可。见主题3：CSV格式数据转换。在很多分布式数据库中，如HBase，为了容纳更多种类的数据，表中所有数据都是以不加解释的字符串进行存储的。

2. ObjectInputStream 与 ObjectOutputStream

经过 ObjectInputStream 与 ObjectOutputStream 包装的 I/O 流管道除了可实现直接读写所有基础数据类型的数据以外，还增加了对于可序列化对象的读写功能。与上面两个 Data 处理流对象一样，在使用 ObjectInputStream 与 ObjectOutputStream 流对象进行数据读写时要注意：读出数据的类型和顺序必须要与存储数据的类型和顺序严格一致，否则无法正确读出。

补充知识：对象序列化

类通过实现 java.io.Serializable 接口以启用对象序列化功能。实现此接口的类实例化的对象可以进行序列化(写出时使用)成为 byte 数组或从 byte 数组反序列化(读入时使用)还原为内存中的对象。Serializable 接口与 Cloneable 接口一样，是一个没有抽象方法的接口。只需要在类声明的接口列表中加入 implements Serializable 即可。String 以及基础类型数值的包装类一般都实现了序列化。

ObjectInputStream 的继承结构为：

```
java.lang.Object
    java.io.InputStream
        java.io.ObjectInputStream
```

java.io.ObjectInputStream 类声明为：

```
public class ObjectInputStream
extends InputStream
implements ObjectInput, ObjectStreamConstants
```

ObjectInputStream 的构造方法为典型的处理流的构造方法，用于包装字节输入流：

```
public ObjectInputStream(InputStream in) throws IOException
```

ObjectOutputStream 的继承结构为：

```
java.lang.Object
    java.io.OutputStream
        java.io.ObjectOutputStream
```

java.io.ObjectOutputStream 类声明为：

```
public class ObjectOutputStream
extends OutputStream
implements ObjectOutput, ObjectStreamConstants
```

ObjectOutputStream 的构造方法为典型的处理流的构造方法，用于包装字节输出流：

```
public ObjectOutputStream(OutputStream out) throws IOException
```

ObjectInputStream 实现的 ObjectInput 接口是 DataInput 的子接口。ObjectInputStream 流对象除了可以读取基础数据类型的数据以外，还增加了可序列化对象的读取方法：

```
public final Object readObject() throws
    IOException, ClassNotFoundException
```

其作用是从 ObjectInputStream 流对象读取对象，具体包括对象的类及所有其父类对象中的非静态成员变量的值。注意这时对象是由 Object 类型变量引用，如果需要拓展引用变量权利列表，需要对引用变量进行强制类型转换，如果不确定可以先使用 instanceof 进行测试。

ObjectOutputStream 实现的 ObjectOutput 接口是 DataOutput 的子接口。这意味着，ObjectOutputStream 流对象除了可以写入基础数据类型的数值以外，主要增加了可序列化对象的写入方法：

```
public final void writeObject(Object obj) throws IOException
```

其作用是将指定对象的非静态成员变量的值写入 ObjectOutputStream 流对象当中。

在代码 6-12 中，首先定义了一个可序列化的类 User，然后将 User 对象使用 ObjectInputStream 流包装的 I/O 流管道存储到文件 data/ObjectIO.txt 当中，最后构建相应的输入 I/O 流管道，将文件中内容读入还原为 User 类型变量。

```
//代码 6-12  Object I/O 流对象的使用方法

//User.java
import java.io.Serializable;

public class User implements Serializable {
    private String name;
    private int age;
    public User(String name, int age) {
        this.name =name;
        this.age =age;
    }
    @Override
    public String toString() {
        return "User{name:" +name +", age: " +age +'}';
    }
}

//TestObjectIO.java
import java.io.*;

public class TestObjectIO {
    public static void main(String[] args)
            throws IOException, ClassNotFoundException {
        String path ="data/ObjectIO.txt";
```

```
        output(path);
        input(path);
    }
    public static void output(String path) throws IOException {
        //文件内容
        User ll =new User("LiLei", 21);
        User hmm =new User("HanMeimei", 20);

        FileOutputStream fos =new FileOutputStream(path);
        ObjectOutputStream oop =new ObjectOutputStream(fos);
        oop.writeObject(ll);          //输出一个 User 对象,方法来源于 ObjectOutput
        oop.writeObject(hmm);
        oop.flush();
        oop.close();
    }

    public static void input(String path)
            throws IOException, ClassNotFoundException {
        FileInputStream fis =new FileInputStream(path);
        ObjectInputStream oip =new ObjectInputStream(fis);
        while (true) {
            System.out.println(oip.available() +"||" +fis.available());
            if (fis.available() !=0) {//是 fis 而不是 oip
                Object obj =oip.readObject();
                User user = (User) obj;
                System.out.println(user);
            } else {
                break;
            }
        }
        oip.close();
    }
}
```

输出:

```
0||94
User{name:LiLei, age: 21}
0||21
User{name:HanMeimei, age: 20}
0||0
```

虽然 ObjectInputStream 与 ObjectOutputStream 在功能上覆盖了 DataInputStream 与 DataOutputStream,但是两者之间不存在继承关系。同时,两类输入/输出流都要求数据读取顺序和写入顺序一致,需要特别留心。此外还需要注意:

(1) 并非每个 InputStream 子类都重写了 available()方法,若重写,则可以取得文件剩余容量 byte 值;若没有重写实现,则返回值为 0。ObjectInputStream 类未重写 available()方法,因此,才使用 FileInputStream 类的 available()方法作为输入流结束的判断条件。

（2）在读取文件中的对象时，读出对象由 Object 类引用变量持有，需要强制转型才能还原为 User 类型变量。

（3）在某些资料中，会使用这样的代码完成文件中对象的全部读取：

```
Object obj =null;
while ((obj =oip.readObject())!=null){
    User user = (User) obj;
}
```

经过实验，这种方式并不可取，因为在文件剩余容量为 0 时，继续调用 readObject()方法抛出 EOFException 异常。

6.3.3 PrintStream

PrintStream 对象是一个既可以做结点流，又可以做处理流的 I/O 流对象。作为结点流，它可以直接连接到文件系统中的文件，但不可以连接其他类型的外部资源，如内存、其他程序；作为处理流，可以为 I/O 流管道添加 print()和 println()方法，其中的 println()方法与 BufferedWriter 中的 newLine()方法一样，使用系统定义 line.separator 结束一行文本。

PrintStream 类的继承结构为：

```
java.lang.Object
    java.io.OutputStream
        java.io.FilterOutputStream
            java.io.PrintStream
```

java.io.PrintStream 的类声明为：

```
public class PrintStream
extends FilterOutputStream
implements Appendable, Closeable
```

PrintStream 的主要构造方法有以下两类。

一类是通过 PrintStream 直接创建结点流对象。

```
public PrintStream(String fileName) throws FileNotFoundException
public PrintStream(File file) throws FileNotFoundException
public PrintStream(String fileName, String charSetName)
     throws FileNotFoundException, UnsupportedEncodingException
public PrintStream(File file, String charSetName)
     throws FileNotFoundException, UnsupportedEncodingException
```

创建一个连接到文件的字节输出打印流对象，该文件路径由字符串 fileName 或 File 对象定义。该流对象对应的 I/O 流管道隐含加载了一个使用默认字符编码集或指定 charSetName 字符编码集的 OutputStreamWriter 流对象。注意这个处理流带有缓存，在关闭前必须使用 flush()冲刷 I/O 管道。

另一类构造方法则是将 PrintStream 作为处理流，包装其他字节输出流。

```
public PrintStream(OutputStream out)
public PrintStream(OutputStream out, boolean autoFlush)
```

基于一个字节输出流包装出来一个打印流，默认的 autoFlush 的值为 false。可以选择是否自动冲刷输出流管道，若 autoFlush 为 true，在接收到任意一个字节、字节数组、println()方法或"\n"字符时都会向外部资源处写出信息。（注意：少量频繁地写会降低输出流的效率。）

```
public PrintStream(OutputStream out, boolean autoFlush, String encoding)
    throws UnsupportedEncodingException
```

基于一个字节输出流包装出来一个打印流。可以选择是否自动冲刷输出流管道，及字符编码集。若字符编码集指定失败，抛出 UnsupportedEncodingException。

与 PrintStream 相对应，PrintWriter 是字节流，其构造方法与使用方法几乎一致，其中字符编码只是默认字符集，少了指定字符集编码的步骤，不如 PrintStream 灵活。

PrintStream 类有一个人所共知的对象——System.out。System.out 对象的 println()和 print()方法都可以不加修改地应用到 PrintStream 对象之上。唯一的区别就是 System.out 是一个连接到系统默认输出资源的 PrintStream 对象，自定义的 PrintStream 对象生成的 I/O 流道可以连接种类更丰富的其他外部资源。

```
//代码 6-13  PrintStream 对象的使用方法
import java.io.ByteArrayOutputStream;
import java.io.FileNotFoundException;
import java.io.PrintStream;
import java.util.Arrays;

public class TestPrinter {
    public static void main(String[] args)
            throws FileNotFoundException{
        printer_Processing();
        printer_Node("data/printOutput.txt");
    }

    //作为结点流的 PrintStream
    public static void printer_Node (String path)
            throws FileNotFoundException {
        PrintStream ps =new PrintStream(path);
        int age =17;
        String name ="LiLei";
        ps.println("name: " +name +", age =" +age);
        ps.flush();
        ps.close();
    }

    //作为处理流的 PrintStream
    public static void printer_Processing(){
        ByteArrayOutputStream baos =new ByteArrayOutputStream();    //结点流
        PrintStream ps =new PrintStream(baos);                      //处理流
```

```
        int age =17;
        String name ="LiLei";
        ps.println("name: " +name +", age =" +age);
        ps.flush();
        ps.close();

        byte [] result =baos.toByteArray();
        System.out.println(Arrays.toString(result));
        System.out.println(new String(result));
    }
}
```

系统输出：

```
[110, 97, 109, 101, 58, 32, 76, 105, 76, 101, 105, 44, 32, 97, 103, 101, 32, 61, 32, 49,
55, 10]
name: LiLei, age =17
```

如果在 printer_Processing()方法中将 ps.println("name：" ＋ name ＋ ", age ＝ " ＋ age)中的 println()方法改为 print()方法，最终结果就是：

```
[110, 97, 109, 101, 58, 32, 76, 105, 76, 101, 105, 44, 32, 97, 103, 101, 32, 61, 32, 49,
55]
name: LiLei, age =17
```

可以看到 println()与 print()方法相差 1B 值，即上面数值为 10，对应 Linux 环境中 line.separator 值换行符——"\n"。

6.3.4 I/O 流管道的构建

I/O 流管道是连接程序与外部资源的重要工具，一个 I/O 流管道是以结点流为基础，并按功能需要包装上处理流之后的处理流对象。在 I/O 流管道构建过程中需要注意：

(1) 多层处理流包装一个 I/O 流管道，唯一起作用的是各个 I/O 流类的构造方法。从代码上来看，一个 I/O 流管道从结点流开始一层一层地包装构造，只有构造方法被调用，其他成员方法未调用。通过包装在 I/O 流管道上的构造方法改变了 I/O 流管道的底层结构，如 InputStreamReader 可以将 I/O 流管道从字节流修改为字符流，BufferedInputStream 可以为输入 I/O 流管道加入 Buffer 缓存机制提高读取数值的速率。

(2) I/O 流管道如果被多个处理流前后包装，那么该 I/O 流管道最终表现为一个最外层处理流的实例对象，而内层处理流对象的成员方法是无法调用的。

(3) 处理流是否可以包装 I/O 流管道，只与 I/O 流管道最外层流的分类有关，与流的功能无关。

提示

结点流不一定要自己构建，有时也可以从其他服务对象中直接获取。如 Socket 网络编程中服务端和客户端对象都可以提供用于远程通信的结点流；文件系统服务对象，如 java.nio.file.Files 类和 org.apache.hadoop.fs.FileSystem 都可以提供连接文件系统中文件的 I/O 流对象等。

实际上，只要确定一个I/O流管道可用，则这个I/O流管道对应的I/O流对象就可以被认定为（广义的）结点流对象。

```
//代码 6-14  I/O 流对象的构造

import java.io.*;
import java.nio.charset.StandardCharsets;

public class TestMultiProcessIO {
    public static void main(String[] args) throws IOException {
        activiteOuter();            //包含结点流的 I/O 流管道都可以被认为是一个结点流
        userfulConstrutor();        //多层处理流包装 I/O 流管道,只有构造方法起效
    }

public static void activiteOuter() throws IOException {
    //包含结点流的 I/O 流管道——DataInputStream 对象也可以认为是一个广义的结点流
     DataInputStream dis =getInputStream();
     BufferedReader isr =new BufferedReader(
        new InputStreamReader(dis,"UTF-8")
    );
     System.out.println(isr.readLine());
     //isr.readInt();
        //被处理流包装后无法调用 DataInputStream 特有方法无法执行
        isr.close();
    }

    //包含结点流的 I/O 流管道都可以被认为是一个结点流
    private static DataInputStream getInputStream()
            throws UnsupportedEncodingException {
        String str ="我爱我的祖国";
        byte[] utfCode =str.getBytes("UTF-8");
        return new DataInputStream(new ByteArrayInputStream(utfCode));
    }

    //使用处理流一层一层地包装 I/O 流管道时,只有各层处理流的构造方法会起作用
    public static void userfulConstrutor() throws IOException {
        BufferedReader br1 =new BufferedReader(
            new InputStreamReader(
                new FileInputStream("data/fileInput_Chi.txt"), "GBK"
            )
        );

        System.out.println(br1.readLine());
        br1.close();                 //在读文件时,多次打开不会出现异常,但仍然建议关闭

        BufferedReader br2 =new BufferedReader(
            new InputStreamReader(
                new FileInputStream("data/fileInput_Chi.txt"), "UTF-8"
            )
        );
```

```
            System.out.println(br2.readLine());
            br2.close();
        }
    }
```

输出：

```
我爱我的祖国                //正确解码
鎴戠埍鎴戠殑绁栧浗          //乱码,错误解码
我爱我的祖国                //正确解码
```

通过代码 6-14 可以看到：

(1) DataInputStream 流对象在被 InputStreamReader 包装后，就无法使用 DataInputStream 类中诸如 readInt()、readDouble()这样的特有成员方法，因此"isr.readInt()"语句非法。

(2) getInputStream()返回的 DataInputStream 对象所对应的 I/O 流管道因为包含结点流 ByteArrayInputStream 对象，所以它可以被当作结点流使用。这个 I/O 流管道先后被 InputStreamReader 和 BufferedReader 包装后就成为一个支持按行读取的字符流。

(3) 在 userfulConstrutor()中，一个 FileInputStream 结点流先后被 InputStreamReader 和 BufferedReader 包装成两个 I/O 流对象 br1 和 br2，两个对象中 InputStreamReader 的构造方法中指定字符集(charSetName)不同。结果如输出显示，编解码字符集一致的可以正确解析出中文字符，而不一致的则出现乱码。

6.4 文件系统的管理方法

一般来说，我们想对磁盘中保存的文件和目录进行操作，首先需要确定文件(目录)的路径。Java 在 java.io 包中提供了一个 File 类，就是对于本地文件系统中路径的抽象表示，这个路径可以是绝对路径，也可以是相对路径。实例化的 File 对象，指向一个文件系统中的位置(文件或目录)。通过 File 类对象表示的抽象路径，程序可以完成对文件系统中文件和目录的管理操作，如创建、删除文件或目录，或修改文件的读写权限、创建日期等。需要注意：File 类对象的主要功能是对文件及目录本身进行相关的管理操作，而对于文件内容的读写操作仍需要使用 I/O 流对象。

注意

在文件系统中，扩展名只是一个标识，不应是判断该路径是文件还是目录的依据。有扩展名不一定是文件，没有扩展名也不一定是目录。从路径的属性判断才是最标准的做法。

6.4.1 File 类的构造方法

File 类的继承结构为：

```
java.lang.Object
    java.io.File
```

java.io.File 的类声明为：

```
public class File
extends Object
implements Serializable, Comparable<File>
```

File 类常用的三个构造方法有：

```
public File(String pathname)
```

将路径字符串 pathname 转换为一个抽象的路径名，并基于此抽象的路径名创建一个新 File 实例。File 类可以按照路径，自动将一个描述路径的字符串转换为与系统无关的抽象路径，这样这个路径就可以指向一个文件，也可以指向一个目录。

```
File fileD =new File("/home/hadoop/data/test.java");        //绝对路径
File fileD =new File("data/test.java");                     //相对路径
```

对于 File(String parent, String child)与 File(File parent, String child)这两个构造方法：

```
public File(String parent, String child)
public File(File parent, String child)
```

根据 parent 路径字符串或抽象路径名和 child 路径名字符串创建一个新 File 实例，若 parent 为空，则方法等价于 File(String child)。该构造方法经常用于构建一个目录下面的子路径，例如：

```
File f1 =new File("/");
File f2 =new File("/","home");
File f3 =new File(f1,"home");
```

虽然初始化方法不同，但是 f2 与 f3 表示的抽象路径一致，都表示"/home"。

6.4.2　File 类的常用方法

通过 File 类的成员方法，可以实现对于 File 连接对象（文件或目录）的状态查询、增删改等操作。File 的成员方法众多，这里只介绍一些常用的方法。

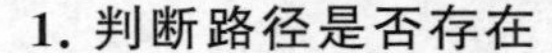

1. 判断路径是否存在

（1）判断 File 对象 f 中的抽象路径（连接的文件或目录）是否存在可以使用 exists()方法。

```
public boolean exists()
```

（2）判断 File 对象 f 中抽象路径是否为文件，使用 isFile()方法。

```
public boolean isFile()
```

（3）判断 File 对象 f 中抽象路径是否为目录，使用 isDirectory()方法。

```
public boolean isDirectory()
```

在代码 6-15 中，File 类对象使用 exists()方法确定路径是否存在，若路径存在，使用

isFile()方法判断该路径是否指向一个文件,使用 isDirectory()判断路径是否为目录。

```
//代码 6-15  CheckFile 类
import java.io.File;

public class CheckFile {
    public static void main(String[] args) {
        String pathname = "data/tmp";
        File f = new File(pathname);

        if (f.isFile()){
            System.out.println(pathname + " 文件存在!");
        }
        if (f.isDirectory()){
            System.out.println(pathname + " 目录存在!");
        }
        if (f.exists()){
            System.out.println("指定路径存在!");
        }else{
            System.out.println("指定路径不存在!");
        }
    }
}
```

代码 6-15 中 pathname 设定的路径可以指向任意当前用户可读的目录或文件。虽然从用户角度来看目录与文件区别明显,但从路径(File 对象)的角度来看,二者是没有区别的,在具体操作时需要调用相应的方法通过检测来区分路径目标匹配的是目录还是文件。

2. 新建文件或目录

使用 mkdir()方法创建抽象路径指定的目录。当目录被创建后,则返回 true。

```
public boolean mkdir()
```

此方法要求最终创建目录的上级目录是存在的。如使用关联到路径/home/hadoop/data/newdir 的 File 对象,使用 mkdir 创建目录,则要求目录/home/hadoop/data 是存在的。若路径中有部分父目录不存在,则创建不成功。这时就需要使用 mkdirs()递归地创建路径上的所有目录。

```
public boolean mkdirs()
```

使用 createNewFile()方法在路径上新建一个空文件,若路径指向一个已存在的目录或文件,则创建失败。若路径上有目录不存在,则抛出 IOException。

```
public boolean createNewFile() throws IOException
```

注意

(1) mkdir()、mkdirs()和 createNewFile()方法没有覆盖已有目录或文件的功能,若路径指向不存在的目录或文件,则按要求新建目录或文件,并返回 true;若路径上已有目录或文件存在,则保留现状,返回 false 而不是抛出异常。

(2) 使用 mkdirs()方法新建目录时,即使执行失败,也有可能会创建部分目录。

(3) 如果创建空文件只是为了接收 I/O 流管道中的数据,用户可以直接使用 FileOutputStream 和 FileWriter 结点流对象,它们可以在文件不存在的情况下,直接创建一个空文件。

代码 6-16 演示了创建目录以及文件的简单示例。这里假设 data 目录下不存在名为 tmp、tmp2 的目录或文件。

```
//代码 6-16  使用 File 类管理创建文件和目录
import java.io.File;
import java.io.IOException;

public class CreateNewFile {
    public static void main(String[] args) throws IOException {
        String dir = "data/tmp";                //T0 时刻: 只有 data 目录
        File dirFile = new File(dir);
        System.out.println("mkdir: "+dirFile.mkdir());
        System.out.println("creatNewFile: " +dirFile.createNewFile() );

        String dir2 = "data/tmp2/newFile";  //T0 时刻: 没有 data/tmp2 目录
        File fileFile = new File(dir2);
        fileFile.createNewFile();               //出现 IOException
    }
}
```

执行结果为:

```
mkdir: true
creatNewFile: false
Exception in thread "main" java.io.IOException: 系统找不到指定的路径。
at java.io.UnixFileSystem.createFileExclusively(Native Method)
at java.io.File.createNewFile(File.java:1023)
at * * * .TestCreate.main(TestCreate.java:15)
```

在代码 6-16 中,先执行了 dirFile.mkdir(),因此,程序创建了 tmp 目录;而在执行 dirFile.createNewFile()时,因为路径相同,无法再创建同名的文件了。若将二者次序调整,则程序只会创建 tmp 文件。

代码 6-17 演示了按路径 data/tmp2/newFile 创建文件的方法。在创建过程中因为目录 data/tmp2 不存在而抛出异常,解决思路是使用主动处理异常的模式,在捕获到 IOException 异常后,获取其父目录路径,创建之后,继续创建文件。

```
//代码 6-17  CreateNewFileWithDir 类
import java.io.File;
import java.io.IOException;

public class CreateNewFileWithDir {
    public static void main(String[] args) {
```

```
        String filePath ="data/tmp2/newFile";
        File file =new File(filePath);
        try{
            file.createNewFile();                   //出现 IOException
        }catch(IOException e ){
            e.printStackTrace();                    //输出与代码 6-16 一致的异常信息
            createParentDir(filePath);              //分解路径(方法一)
            //createParentDir(file);                //getParentFile()方法(方法二)
            try {                                   //建立成功后,再试一次
                file.createNewFile();               //出现 IOException
                System.out.println("文件创建成功: "+file.toString());
            } catch (IOException ex) {
                ex.printStackTrace();
            }
        }
    }

    //方法二: 使用 getParent()方法直接获取父目录路径
    private static void createParentDir(File file) {
        File parentDir =file.getParentFile(); //得到父路径的抽象表示
        parentDir.mkdirs();
        System.out.println("父目录创建成功: "+parentDir.toString());
    }

    //方法一: 将路径分解为一个数组,忽略最后一个文件名后,组成父目录的路径
    private static void createParentDir(String filePath) {
        String [] path =filePath.split("/");

        String dirPath =path[0];
        for (int i =1; i<path.length -1; i++){
            dirPath +="/"+path[i];
        }

        File parentDir =new File (dirPath);
        parentDir.mkdirs();
        System.out.println("父目录创建成功: "+parentDir.toString());
    }
}
```

输出：

```
java.io.IOException: 系统找不到指定的路径。
at java.io.UnixFileSystem.createFileExclusively(Native Method)
at java.io.File.createNewFile(File.java:1023)
at * * * .CreateNewFile.main(CreateNewFile.java:12)
父目录创建成功: data/tmp2
文件创建成功:data/tmp2/newFile
```

3. 删除文件或目录

File类提供了一个delete()方法删除指定虚拟路径上的文件或目录，当删除的路径是一个目录时，该目录必须为空目录。

> **注意**
>
> 一般不直接使用delete()方法删除一个文件或目录，而是需要判断抽象路径连接对象后方能执行，否则容易产生IOException，并建议将删除过程封装成方法，抛出带有一定信息的异常对象表示删除失败的原因。

代码6-18演示了使用delete()方法删除文件、空目录和非空目录的代码。这里假设存在一个空目录data/tmp和一个非空目录data/tmp2，其中存在文件newFile、F1和子目录D1及子目录下文件F2。

```
//代码 6-18  删除目录
import java.io.File;
import java.io.IOException;

public class DeleteFile {
    //使用 delete()方法删除一个非空的文件夹,需要递归地进行子目录删除文件后,再删除
自身
    public static void deleteDirs(File dir) throws IOException {
        File dir =new File(folderPath);

        //判断是否存在指定文件夹
        if (dir.exists()) {
            String[] fileNameInDir =dir.list();
            System.out.println(Arrays.toString(fileNameInDir));
            for (int i =0; i <fileNameInDir.length; i++) {
                File fileOrDir =new File(folderPath, fileNameInDir[i]);
                if (fileOrDir.isDirectory()) {          //若是子目录,递归删除
                    deleteDirs(fileOrDir);
                } else {                                //若是文件,直接删除
                    fileOrDir.delete();
                }
            }
            dir.delete();                               //删除自身
        } else {
            throw new IOException("当前路径下的文件目录不存在!");
        }
        System.out.println("成功删除" +dir +"文件目录!");
    }

    public static void main(String[] args) {
        new File("data/tmp2/newFile").delete();     //正常删除文件,简化设计
        new File("data/tmp").delete();              //正常删除空目录,简化设计
        new File("data/tmp2").delete();             //无法正常删除不空的目录

        try {
            DeleteFile.deleteDirs("data/tmp2");    //递归清空目录文件后,删除目录
```

```
            } catch (IOException e) {
                e.printStackTrace();
            }
        }
    }
```

执行结果为:

```
成功删除 data/tmp2/newFile 文件!!
[F1, D2]
[F2]
成功删除 data/tmp2/D2 文件目录!
成功删除 data/tmp2 文件目录!
```

4. 其他方法

表 6-6 按方法名的字母序整理出部分 File 类中一些常用方法。通过这些方法和方法的组合基本可以实现文件系统中文件及目录的管理。

表 6-6　File 类的常用方法

方 法 名 称	方 法 说 明
boolean canRead()	是否可以读取此抽象路径名表示的文件
boolean canWrite()	是否可以修改此抽象路径名表示的文件
boolean exists()	此抽象路径名是否存在
boolean isDirectory()	此抽象路径名表示的是否是一个目录
boolean isFile()	此抽象路径名表示的是否是一个标准文件
boolean isHidden()	此抽象路径名表示的是否是一个隐藏文件
long lastModified()	此抽象路径名表示的文件最后一次被修改的时间
long length()	此抽象路径名表示的非目录文件的长度
boolean createNewFile()	不存在指定名称的文件时,创建一个新的空文件
boolean delete()	删除此抽象路径名表示的文件或目录。如果此路径名表示一个目录,则该目录必须为空才能删除
String[] list()	返回一个字符串数组,这些字符串指定此抽象路径名表示的目录中的文件和目录
String[] list(File name, Filter filter)	返回一个字符串数组,这些字符串指定此抽象路径名表示的目录中满足指定过滤器的文件和目录
File[] listFiles()	返回一个抽象路径名数组,这些路径名表示此抽象路径名表示的目录中的文件
File[] listFiles(File name, Filter filter)	返回抽象路径名数组,这些路径名表示此抽象路径名表示的目录中满足指定过滤器的文件和目录
boolean mkdir()	创建此抽象路径名指定的目录
boolean mkdirs()	创建指定目录,包括所有必需但不存在的父目录

续表

方 法 名 称	方 法 说 明
boolean renameTo(File dest)	重新命名此抽象路径名表示的文件
long getTotalSpace()	返回此抽象路径名指定的分区大小
long getFreeSpace()	返回此抽象路径名指定的分区中未分配的字节数

6.5　nio.file 包中文件管理类

在 Java 8 中，Java 从文件系统的角度重新构建了 java.nio.file 包，建立了以 FileSystem 类为起始点，Path 接口对象作为抽象文件路径，Files 工具类为核心的文件管理系统编程接口。这里仅对该体系下文件系统管理方法做简单介绍。

6.5.1　文件系统与路径的抽象

java.nio.file.Path 接口声明为：

```
public interface Path
extends Comparable<Path>, Iterable<Path>, Watchable
```

一个 Path 接口的实例对象可以定位文件系统中的一个文件或目录，更多时候用来表示抽象的、系统独立的文件路径。在 Java API 中未给出 Path 接口的实现子类，Path 对象需要依赖于其他类生成。

生成 Path 对象的方法有以下两种。

(1) 依赖于 java.nio.file.Paths 类的 get()方法生成。get()方法的声明如下。

```
public static Path get(String first,String… more)
```

该方法中 more 为可变长参数，例如，建立 foo/bar/gus 这个路径的 Path 对象可以使用：

```
Path p1 =Paths.get("foo","bar","gus");
Path p2 =Paths.get("foo/bar/gus");
```

在使用多参数的 get()方法中，Paths 类会根据系统定义的 File.separator 值(从 FileSystem 类对象获取)，加其拼接成系统相关的路径表示形式，若 File.separator 值为"/"，那么 getPath("foo","bar","gus")中的路径就会被拼接成"foo/bar/gus"。

(2) 依赖于 FileSystem 对象生成。

java.nio.file.FileSystem 抽象类声明如下。

```
public abstract class FileSystem
extends Object
implements Closeable
```

该抽象类提供了一个文件系统的服务接口。FileSystem 的实现子类对象可以通过工具类 FileSystems 的 getDefault()生成一个本机默认的文件系统实例。在拥有 FileSystem 对象后，可以使用该对象的 getPath()方法生成一个 Path 实例。FileSystem 类的 getPath()方法声明如下。

```
public abstract Path getPath(String first,String… more)
```

其中，指定文件系统中路径的参数与 Paths 中的 get()方法参数设定一致。

```
Path path =FileSystems.getDefault().getPath("foo","bar","gus");
```

6.5.2 Files 类对文件系统的管理

java.nio.file.Files 类是一个以 Path 对象表示文件系统路径为基础的文件管理工具类，功能较 java.io.File 类有较大区别。Files 类可以通过 Path 对象指向文件系统中的文件，并据此直接提取一个 I/O 流对象甚至直接提取、写入数据。当然，用户也可以通过这些工具方法实现文件系统的管理功能。在大数据分布式存储环境——HDFS 的 FileSystem 类中，也可以看到类似的设计。Files 类的主要方法如表 6-7 所示。

表 6-7 java.nio.file.Files 类的常用静态方法(所有方法均为 static 且抛出 IOException)

	成员方法	主要功能
IO 流相关	BufferedReader newBufferedReader(Path path) BufferedReader newBufferedReader(Path path, Charset cs)	基于 path 路径建立一个 BufferReader 流对象后返回给用户，默认字符编码集为 UTF-8
	BufferedWriter newBufferedWriter(Path path, OpenOption… options) BufferedWriter newBufferedWriter(Path path, Charset cs, OpenOption… options)	基于 path 路径建立一个 BufferWriter 流对象后返回给用户，默认字符编码集为 UTF-8
	InputStream newInputStream(Path path, OpenOption… options)	基于 path 路径建立一个 InputStream 流对象后返回给用户
	OutputStream newOutputStream(Path path, OpenOption… options)	基于 path 路径建立一个 OutputStream 流对象后返回给用户
直接读写文件内容	List<String> readAllLines(Path path) List<String> readAllLines(Path path, Charset cs)	将路径文件中所有内容按行读取，存入一个 List 容器当中
	Stream<String> lines(Path path) Stream<String> lines(Path path, Charset cs)	读取文件中所有行并以 Stream 的方式返回。默认字符编码集为 UTF-8
	longcopy(Path source, OutputStream out)	将路径文件或输入流中的内容，复制到路径文件或输出流当中。返回复制数据的大小
	byte[] readAllBytes(Path path)	将路径文件中所有内容读取为一个 byte 数组
	Path write(Path path, byte[] bytes, OpenOption… options)	将 byte 数组内所有字节写入到 path 路径指定文件中。若文件不存在，创建一个空文件

续表

	成 员 方 法	主 要 功 能
直接读写文件内容	Path write(Path path, Iterable＜? extends CharSequence＞ lines, OpenOption… options) Path write(Path path, Iterable＜? extends CharSequence＞ lines, Charset cs, OpenOption… options)	一个Iterable容器中所有字符串(CharSequence接口的实现子类包含String,StringBuffer, StringBuilder等),逐一写入path定义的文件当中。默认字符编码集为UTF-8
文件管理相关	Path copy(Path source, Path target, CopyOption… options)	复制文件从路径source到target处
	Path createFile(Path path, FileAttribute＜?＞… attrs)	建立新文件,若已有文件存在则失败
	Path createDirectory(Path dir, FileAttribute＜?＞… attrs)	按指定路径新建一级目录
	Path createDirectories(Path dir, FileAttribute＜?＞… attrs)	建立指定路径上所有不存在的目录
	void delete(Path path)	删除Path指向的文件或空目录
	boolean exists(Path path, LinkOption… options)	检测Path路径位置是否有文件或目录
	Path move(Path source, Path target, CopyOption… options)	将文件从一个路径移动到另外一个路径上
	long size(Path path)	返回路径上文件的长度值

其中:

(1)"…"类型参数为可选变长参数列表,可以传入多个该类型的参数,或者是一个该类型数组。如果不填,使用默认值,其默认值参考API文档。

(2)OpenOption… options可以选填StandardOpenOption枚举类型中的值,支持覆盖、添加方式。

```
java.nio.file.StandardOpenOption

public enum StandardOpenOption
extends Enum<StandardOpenOption>
implements OpenOption
```

枚举值包括:

```
APPEND,CREATE,CREATE_NEW,DELETE_ON_CLOSE,DSYNC,READ,SPARSE,SYNC,
TRUNCATE_EXISTING,WRITE
```

java.nio.file.Files类可以从文件系统中直接提取I/O流对象,就像使用水杯自带的吸管一样——方便安全。在代码6-19中,使用了Files类提供的I/O流对象,使用不同的方法完成了文件的数据内存化,将文件中所有数据存入一个byte数组当中。

```
//代码 6-19　使用 Files 类读取文本内容

import java.io.*;
import java.nio.file.*;
```

```
import java.util.List;

public class TestFiles {
    private static void readByteFiles() throws IOException {
        Path byteFile = Paths.get("data", "MyJar.jar");

        //Files类直接读取文件中数据,存入 byte[]数组中
        byte[] data = Files.readAllBytes(byteFile);
        if (data != null) {
            System.out.println(data.length);
            System.out.println("data[0]: "+data[0]+" data[1]: " +data[1]);
        }
    }

    private static void readByteCp2OutputStream() throws IOException{
        Path byteFile = Paths.get("data", "MyJar.jar");
        ByteArrayOutputStream baos = new ByteArrayOutputStream();

        //Files类中 copy()方法,将文件内容直接输出到输出流当中
        Files.copy(byteFile,baos);

        byte[] data = baos.toByteArray();
        if (data != null) {
            System.out.println(data.length);
            System.out.println("data[0]: "+data[0]+" data[1]: " +data[1]);
        }
    }

    private static void readByteByStandardStream() throws IOException {
        Path byteFile = Paths.get("data", "MyJar.jar");

        //Files类生成的输入、字节、结点流对象
        InputStream is = Files.newInputStream(byteFile);

        ByteArrayOutputStream baos = new ByteArrayOutputStream();

        byte[] buffer = new byte[1024];
        while (true) {
            int length = is.read(buffer);
            if (length == 0 || length == -1) {
                break;
            } else {
                baos.write(buffer, 0, length);
            }
        }
        is.close();
        byte[] data = baos.toByteArray();
        if (data != null) {
            System.out.println(data.length);
            System.out.println("data[0]: "+data[0]+" data[1]: " +data[1]);
```

```
        }
    }
    public static void main(String[] args) throws IOException {
        readByteFiles();
        readByteCp2OutputStream();
        readByteByStandardStream();
    }
}
```

输出结果为：

```
1438
data[0]: 80 data[1]: 75
1438
data[0]: 80 data[1]: 75
1438
data[0]: 80 data[1]: 75
```

通过代码可以看到：

(1) 代码6-19中的抽象路径都是使用Path类对象进行描述。

(2) 在方法readByteFiles()和readByteCp2OutputStream()中，代码都实现了Path指定路径文件的读取，并再以byte[]数组的方式，存储读取文件内容。从输出结果来看，两者是等价的，若加上时间进行速度测试，我们会发现，其速度几乎也是相同的。因此可以认为，Files.readAllBytes()方法是一种使用带buffer的输入流对接ByteArrayOutputStream流的实现，代码更为简洁。

(3) 在方法readByteByStandardStream()中，使用传统的方法，同时建立了I/O流管道。使用输入信息的同时，同步输出信息的方法完成了文件系统中数据内存化。与6.3.2节中代码的区别只是输入结点流的构造方法不同，传统的方法是自己构造FileInputStream结点流对象，代码6-19中这个连接到文件的结点流对象则由Files类基于Path对象直接给出。

补充知识：路径的抽象表示与管理方法的分离是一种“潮流”。

java.nio.file.Path是文件系统路径的抽象表示，java.nio.file.Files类是文件系统接口的服务类，这与原先的File类将其混杂在一起的做法是不同的，其设计更接近于HDFS(Hadoop分布式文件系统，大数据中数据存储主流格式)的服务接口。在HDFS的服务接口中有表示路径的Path类，也有文件系统的服务类——FileSystem类。

小　　结

本章介绍了Java I/O流的相关概念，并从流的传送方向、传送的数据类型、使用需求三个方面对I/O流进行了分类。之后，介绍了多个结点流和处理流，用户可以根据传输数据类型和外部资源情况，选择适当的处理流和结点流，构建符合要求的I/O流管道。最后，针对本地文件系统,介绍了文件系统中文件与目录管理类 File 类和 Files 类。

本章的主要内容可以认为是用户程序和外部资源通信的一个重要例子。不管是通过 I/O 流管道与外部资源交互数据,还是通过 File 类对象或 Files 工具类管理文件系统中的目录和文件,都是使用程序管理外部资源的例子。

习　　题

1. Java 中流是如何分类的?

2. 字节流和字符流有什么区别?对于文本文件,使用哪种流对象更适合?在字符流中 available()方法返回流中文件剩余字节长度,还是字符个数?

3. 字节流到字符流如何转换?这个转换流是处理流还是结点流?它存在的意义何在?

4. 基础数据类型数据应该如何存储?各有什么优缺点?

5. 读取一个 Java 源文件中的内容显示在控制台上。

6. 把 A 文件夹中的图片文件复制到 B 目录下。如果 B 目录不存在,该如何修改程序?如何实现剪切?

主题 4　数据存储与文件管理

T4.1　主题设计目标

通过对 Hadoop 驱动 API 文档的快速学习,将 Java SE 中 I/O 部分的知识迁移到 HDFS 中,实现文件目录管理和数据的输入与输出。通过本主题的训练,希望达到锻炼学生自主学习、迁移学习的能力,并熟悉工程中第三方包加载的机制和流程,了解 Java 工程交付、部署的流程。

T4.2　实验数据的记录

文件系统需要对文件存储设备的空间进行组织和分配,负责文件存储,并对存入的文件进行保护和检索。DOS、Windows、Linux、Mac 和 UNIX 操作系统都有文件系统。在文件系统中,文件被放置在分等级的(树状)结构中的某一处,树中每一个结点(包含根)都可以是目录,文件在其中是叶子结点。

文件系统也是管理文件的大管家,它对内管理着存储器中的文件,又提供对外服务的接口用来接收文件管理命令。现行主流的文件系统对外服务接口的标准是 POSIX(Portable Operating System Interface of UNIX),POSIX 标准定义了操作系统应该为应用程序提供的接口标准。现阶段,大部分的文件系统都满足或部分满足 POSIX 的标准。

从面向对象的角度来看,不同的文件系统就是一个个实现 POSIX 标准的子类对象。文件系统中文件和目录以目录树为基础,编程人员管理文件系统即如同管理一棵树一样。不同的 Java 框架对于文件系统的封装并不相同,例如,在 java.io 包中将本地文件和文件目录抽象为一个 java.io.File 类的对象,将文件系统管理方法封装到 File 对象当中;又如,在 java.nio.file 包中,路径被抽象为 Path,文件系统的管理方法被抽象为工具类 Files 中的静态方法。

现阶段，Java 对于读写文件内容的框架还是统一的，即基于结点流、处理流构建 I/O 管道，然后利用 I/O 管道完成程序内数据与文件系统中文件的输入/输出。

本次讨论的主题将基于 Java 中现有 I/O 知识，带领读者了解另外一种文件系统——HDFS(Hadoop Distributed File System，分布式文件系统)，并完成 HDFS 中的文件管理和数据输入/输出程序的迁移训练。

T4.3　主题准备——HDFS

Hadoop 是一个存储和处理大规模数据的软件平台，是 Apache 基金会主持的一个用 Java 语言实现的开源软件框架，它在大量计算机组成的集群上实现了海量数据分布式存储和计算。Hadoop 主要模块分为：HDFS、MapReduce(分布式并行计算框架)和 Yarn(集群资源管理器)。它们三者共同或单独为用户提供了系统底层细节透明的分布式基础服务。其中，HDFS 是一个分布式文件系统，提供了大数据的存储；MapReduce 是并行计算框架，解决了大数据的计算；而 Yarn 是一个资源调度器，用来协调计算机集群在计算时的资源分配和管理。

HDFS 作为一种分布式文件系统，运行于大型商用计算机集群之上。由于 HDFS 具有高容错性的特点，可以部署在低廉的硬件上，并以很高的吞吐率来访问应用程序的数据，适合那些有着超大数据集的应用程序。HDFS 采用了主从(Master/Slave)结构模型(如图主题 4-1 所示)，其中，NameNode 作为主服务器，管理文件系统的命名空间和客户端对文件的访问操作；集群中的 DataNode 存储数据。

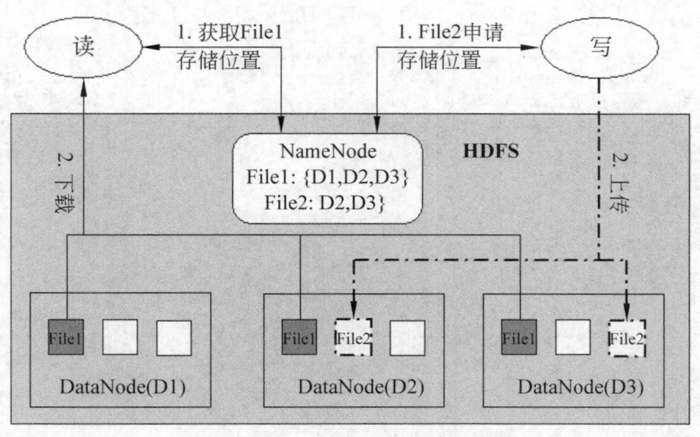

图主题 4-1　HDFS 工作原理简图

虽然可以管理海量数据，但是 HDFS 仍然是一个相对简单的文件系统。对于文件系统操作的接口被封装到一个抽象类 org.apache.hadoop.fs.FileSystem 中。

问题：请阅读学习 FileSystem 类的 API，结合 Java I/O 相关知识，建立连接 HDFS 的 I/O 流管道，实现文件内容的读写、文件复制、上传下载等功能，并编程实现 HDFS 的部分管理工作。

对于 HDFS 的搭建和使用及 HDFS 验证命令请参考附录 A：Linux 环境下伪分布式 Hadoop 平台的简单部署中的相关内容。

T4.4 主题讨论

请阅读 Hadoop 提供的 API 文档(https://hadoop.apache.org/docs/stable/api/index.html)中关于 org.apache.hadoop.fs.FileSystem 类的部分，分小组进行讨论，完成 HDFS 内容管理方法的编写，并分享给同学。

引导问题 1(API 的学习)

对于文件系统的管理大体可以归结为“增删改查”四项功能，相应地，一个文件系统类除去一些因为继承必须要重写的方法以外，大多数方法都是围绕这四项功能展开的。

子问题 1：请阅读 FileSystem 类的 API 文档，整理出一些文件和目录的增加、删除、修改和查看状态等相关方法，并相互交流。
子问题 2：整理实例化 FileSystem 类对象过程中，涉及的其他相关类，已知 URI 路径的条件下，如何实例化 HDFS?

引导问题 2(对比性迁移学习)

java.io.File 类和 java.nio.file.Files 是 Java SE 管理本地文件和目录的两个驱动类，读者可以从文件和目录的“增删改查”四项功能的角度，观察 File 类的相关方法并进行分类。对照 File 类的整理结果，找到 FileSystem 类(加上 Path 类)与 File 类的差异和共同点。

	org.apache.hadoop.fs FileSystem/Path 类	**java.io File 类**	**java.nio.file Files 类**
判定路径是否存在			
判定为文件			
判定为目录			
新建文件			
新建目录			
删除文件			
删除目录			

续表

	org.apache.hadoop.fs FileSystem/Path 类	java.io File 类	java.nio.file Files 类
复制文件或目录	文件系统内复制： 上传： 下载：		

在 Java SE 的使用 I/O 流对象对数据读写一般分为三步：构建程序与外部资源之间的 I/O 流管道，读写数据，关闭流管道。其中，构建流管道是通过一个结点流对象套接若干处理流对象组合完成的。

引导问题 3(I/O 流的应用)

请讨论，如何从 FileSystem 对象中获取 InputStream/OutputStream 或 Reader/Writer 的子类对象？拿到这个对象后，观察其所属类 API 中的方法内容，找到类的继承关系，看看能否套接我们所熟悉的处理流类？(这里暂时忽略 HDFS 中路径的表示方法。)

引导问题 1：在 API 中查找可以返回输入/输出流的方法，将其摘录出来。
引导问题 2：通过 API 文档，确定返回 I/O 流对象的继承关系，明确其分类(字节或字符，输入或输出，结点或处理)，并确定这个流对象具有的功能。
引导问题 3：将该流对象当作连接 HDFS 中文件的结点流对象，使用处理流对其包装，最终可以实现按行读写字符串。

当通过 API 管理 HDFS 中的文件和目录和与 HDFS 中的文件进行数据交互时，必定会用到 org.apache.hadoop.fs.FileSystem 这个抽象类的实例。这里介绍两种获取 HDFS 实例的方法。

(1) 第一种方法：通过 FileSystem 类的 get()方法可以获取 FileSystem 的实例。

```
Configuration conf =new Configuration();
FileSystem fs =FileSystem.get(new URI("hdfs://主机名:9000"),conf);
```

FileSystem 的 get()方法，首先从配置文件中读取 URI 信息。方法通过 URI 的前缀获取了 URI 中描述的文件系统的具体实现类，如果是使用 HDFS，其 URI 协议前缀为 hdfs://；如果没有配置，默认使用的是本地文件系统，URI 协议前缀为 file://，然后通过反射机制创建出 FileSystem 的实例。通过 URI 实例，FileSystem 可以持有多种类型文件系统的实例。

(2) 第二种方法：通过 Path 类对象获取其路径所在文件系统的 FileSystem 对象。

Hadoop 的 API 中，一个文件或目录路径的抽象表示是 org.apache.hadoop.fs.Path 类对象。FileSystem 对象可以通过调用 Path 类对象中的 getFileSystem()方法来获取。例如：

```
Configuration conf =new Configuration();
Path path =new Path("hdfs://主机名:9000");                //抽象的路径表示
FileSystem fs =path.getFileSystem(conf);
```

这两种方法虽然形式不同，但是从底层代码来看，Path 对象中的 getFileSystem()方法内部中还是调用 FileSystem.get()方法的，因此它们还是统一的。

引导问题 4（向 IDE 中的 Java 工程引入外部包）

HDFS 作为 Hadoop 一个重要组成部分，其接口部分被封装到一些 Jar 包当中。只要将这些 Jar 包引入工程当中(加入到 classpath 当中)，读者就可以像使用 Java SE 中其他 class 一样，使用 HDFS 接口类了。

作为 Hadoop 的重要组件，HDFS 接口 Jar 包主要位于 $HADOOP_HOME/share/jar/hadoop/hdfs 目录内，这里的 $HADOOP_HOME 指的是 Hadoop 软件的安装目录。在 Hadoop 环境中其他目录下的其他 Jar 包，如 common 中的相关包，也需要被包含到工程的 classpath 当中。简单起见，一般会将 $HADOOP_HOME/share/jar/hadoop 下 6 个目录及其 lib 子目录下所有 Jar 包整合成为一个 Jar library。只要开发 Hadoop 相关程序，将此 library 加入 classpath 即可。

步骤 1：这里请将 Hadoop 系统中 Jar 文件都纳入新建的 library 当中，方便日后加载。在 IDEA 中进行操作。

步骤 2：在 IDEA 中操作，为你新建的 Java 工程引入该 library。即在工程的 classpath 当中，加入相关 library 包含的 Jar 包。

T4.5　实践完成

对于 Hadoop MapReduce 框架中的并行程序，数据文件的输入路径可以是单个文件(Path 对象指向一个文件)，也可以是目录下所有文件(Path 对象指向一个目录)，但是输出路径一般都是目录而非文件，并且为了保护数据，MapReduce 框架不会默认覆盖这个输出目录。这样的设计在调试运行过程中会带来一些麻烦——一个向指定目录输出内容的 MapReduce 程序不能多次运行，若要多次运行，则需要在每次运行前删除已经存在的目录。

引导问题 5（目录的删除）

在准备 MapReduce 程序输出目录时，需要手动检测指定文件系统路径上是否存在这样一个目录，若存在，需要删除这个目录保证程序正常运行，若不存在，则建立路径上的所有上

级目录。

结合前面讨论的结果，在HDFS中完成文件夹的创建、探测与删除。记录你的核心代码。

子问题1：检测路径上是否存在该目录。
子问题2：新建路径上的所有目录。
子问题3：删除刚才新建的目录，使用“hadoop fs -ls 目录名”命令观察删除后的效果。

文件的复制一般需要同时打开一个输入流和一个输出流。首先，通过输入流读入部分数据到内存当中，然后将这部分数据通过输出流写出，如此循环，直到输入流内出现文件结束符后停止读入，内存中数据全部写出后，停止写出。最后不要忘记关闭已经完成读写的I/O流管道。

引导问题6（数据管理）

请以第6章中本地文件复制为基础，实现FileSystem类中的copyFromLocalFile()和copyToLocalFile()方法的功能。其中两个方法的声明如下。

```
public void copyToLocalFile(Path src, Path dst) throws IOException
public void copyFromLocalFile(Path src, Path dst) throws IOException
```

其核心代码就是分别建立两个文件系统的I/O流管道，实现文件内容的相互复制。（这里只实现文件上传和下载，不考虑目录的上传和下载。）

此处：记录核心代码 子问题1：在Linux文件系统上读文件，在HDFS文件系统上写文件。
子问题2：在HDFS上读文件，在Linux文件系统上写文件。

T4.6 主题延伸

Hadoop中有一个重要的命令$HADOOP_HOME/bin/hadoop。hadoop jar可以运行Jar文件，运行基于默认或指定的mainClass。用法为：

```
hadoop jar <jarName> [mainClass] args …
```

hadoop jar 可以看作 java -jar 的升级，可以运行和它一样带参数、程序一样的解析。不同的是，hadoop jar 运行 Jar 包时，系统会将 $HADOOP_HOME/share/hadoop/* 目录下面的类加入到运行的 classpath 当中。因此，在 Hadoop 项目打包时，只需要打包项目代码即可。不用附加 Hadoop 有关的第三方类库，这样可以有效减小交付的 Hadoop 程序 Jar 包体积。

引导问题 7（软件部署）

利用引导问题 6 中的程序，使用打包工程的方法，将工程打包。假设 Jar 包名为 myHdfs.jar（路径为/home/hadoop/myHdfs.jar），main()方法所在类为 TestFileSystem（所属包 cn.hpu.sc）。尝试使用 Linux shell 命令行（填充必要信息，且要求写在一行）：

```
hadoop@~:hadoop jar /home/hadoop/myHdfs.jar cn.hpu.sc.TestFileSystem
%hdfsPathString                    //HDFS 中文件路径
%localPathString                   //本地文件系统中文件路径
```

记录并分享你遇到的问题：

引导问题 8（数据管理）

比较 Java SE 中 java.nio.file 包中关于文件管理的类与 Hadoop API 中 org.apache.hadoop.fs 包中关于文件管理的类之间的差异。记录并分享你的发现。

子问题 1：java.nio.file.Path 类与 org.apache.hadoop.fs.Path 类之间有无继承关系？它们有什么相似点？
子问题 2：java.nio.file.FileSystem 类与 org.apache.hadoop.fs.FileSystem 类有什么相同点？

主题 5　缓存调优初探

T5.1　执行效率

程序的执行效率可以通过相同条件下完成相同的计算所产生的系统开销来进行衡量，其中，执行时间是人们关注较多的问题。

普遍认为代码的执行效率主要依赖于算法复杂度。复杂度高的程序执行耗时就长，复杂度低的程序耗时就短。在算法复杂度不变的情况下，程序执行的效率是几乎一致的，然而，现实是这样的吗？为何很多时候我们编写代码的执行效率会比别人低那么多？是因为算法效率的差异吗？

本主题从两个实例入手讨论如何让程序更契合计算机硬件设计。这种代码优化手段较之调整系统环境参数优化更为有效。

T5.2 矩阵乘法——缓存命中率

两个矩阵能够相乘，须满足一个前提：前一个矩阵的行数等于后一个矩阵的列数。计算时，矩阵A的第m行和矩阵B的第n列的乘积的和，等于矩阵C第m行第n列的值，图主题5-1展示了矩阵相乘的过程。

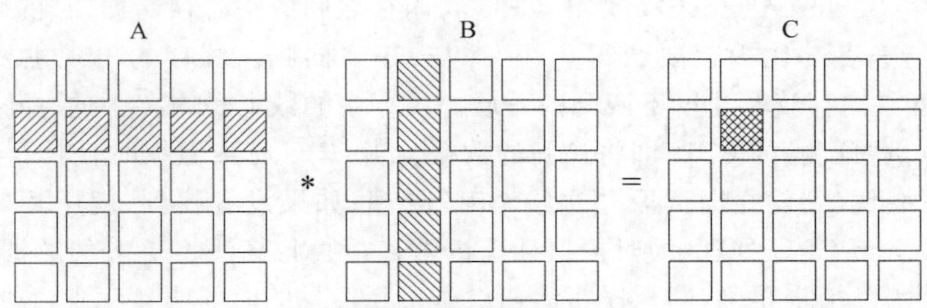

图主题 5-1 矩阵相乘过程

图主题5-1所示的伪代码是：

```
C[1][1] =A[1][0]* B[0][1] +A[1][1]* B[1][1] +A[1][2]* B[2][1]+
        A[1][3]* B[3][1] +A[1][4]* B[4][1];
```

在Java程序中用一个三重循环即可实现上面的公式，最内层是A、B两个矩阵中对应元素(A[i][k]和B[k][j])相乘，再将各项(不同k)乘积累加即可完成C[i][j]的运算。算法的时间复杂度十分明显，为$O(n^3)$，且没有优化的可能性。

引导问题1(矩阵相乘的简单实现)现在使用Math.random()填充两个1000×1000矩阵充当A、B，使用矩阵相乘的算法计算矩阵C。写出矩阵相乘的代码，记录程序运行的时间。

子问题1：初始化两个1000×1000的double型的矩阵使用什么技术最简单？有没有工具可以快速完成矩阵填充？

子问题2：如何记录程序运行的时间？

引导问题2(运行时间比较)假设代码使用的三重循环中使用的变量分别为i,j,k。请问是否可以调整为j,i,k？运行程序，观察不同的循环顺序对结果是否有影响。并记录此时程序运行的时间。如果结果一致，写出计算过程的原理，小组合作完成表主题5-1内容。

表主题 5-1 程序运行时间记录

	运行时间	矩阵乘法含义
i,j,k		
i,k,j		
j,i,k		
j,k,i		
k,i,j		
k,j,i		

CPU 缓存(Cache Memory)是位于 CPU 与内存之间的临时存储器,它的容量比内存小得多,但是运行速度却比内存要快得多,几乎与 CPU 同频。缓存的出现主要是为了解决 CPU 运算速度与内存读写速度不匹配的矛盾。缓存中的数据是内存中的一小部分,但这一小部分是计算机“预测”的 CPU 即将访问的数据。当 CPU 读取数据时,CPU 会首先从高速缓存中查找,如果找到就立即读取并送给 CPU 处理;如果没有找到,就用相对慢的速度从内存中读取并送给 CPU 处理,同时根据计算机内置“预测”算法将更多的数据调入缓存中,以此类推。若预测结果正确,则程序与低速设备交互信息的时间明显变少,程序的运行效率自然显著提高。

引导问题 3(运行时间分析)结合 CPU 缓存机制,分析矩阵相乘过程中循环参数顺序与程序运行时间之间的关系及其产生原因。

T5.3 减少调用低速设备的频率

在前一个讨论中,可以看到高速缓存预测算法对于程序执行效率的影响。其核心内容是在读取数据总量不变的前提下,一次性尽量连续从低速设备读取数据,减少低速设备的启动频率。这是一种行之有效的提高程序运行效率的方法。

引导问题 4(硬盘读取的优化)读取文件 A 的内容,比较两种模式的速度。

模式 1:按字节读取文件 A 的内容。

模式 2:使用 BufferInputStream 包装一层,继续按字节读取文件 A 的内容。

模式 3:加入 Buffer 数组,使用一次性尽量多读一些数据的方式读取文件 A 的内容。

子问题 1:标准的 FileInputStream,可完成模式 1。写出关键伪代码。

子问题 2：读 BufferedInputStream 类的 API，了解其成员方法，可完成模式 2。写出关键伪代码。

子问题 3：使用 FileInputStream 中的 read(byte[] b,int off,int len)方法即可完成模式 3。写出关键伪代码。

如果文件 A 是一个文本文件，可以尝试按字符读取，并使用 BufferedReader 中的 readline()方法代替 byte 数组进行上面的测试。

T5.4 尽量利用高速设备作为缓存

从上面的讨论可以看到高速缓存命中率对于程序执行效率的影响。从另一个角度来说，这样调整也可以解读为尽量使用高速存储器的数据，少用低速存储器可以提高系统运行效率。

引导问题 5（内存与硬盘的选择）现在需要将文件 A 复制两份分别存储到目录 dir1 和目录 dir2 当中。要求使用多种方法实现，并观察这些方法的运行速度。

模式 1：读取文件 A 部分内容，并将其输出到一个新文件当中；重新读取文件 A 的内容，将其输出到另一个新文件当中。

注意需要先建立相应的目录 dir1 和 dir2。

模式 2：读取文件 A 部分内容的同时，直接向一个新文件输出，同时将内容保存到内存当中。读取完成后，将内存中数据输出到另一个新文件中。

子问题 1：如何完整地将文件 A 的内容当中保存到内存当中？是建立一维数组，还是二维数组，还是其他？

子问题 2：基于之前内存中的数据结构，将存储的内容输出到文件当中。

更好地利用高速计算机中的设备，可以在不改变算法的前提下获得数十倍甚至上百倍速度的提升。因此，善用缓存技术，可以有效地提高程序运行效率。图主题 5-2 简单描述了计算机中存储设备的性能和容量关系。

在大数据的并行编程过程中，为了在有限内存中完成更丰富的运算，多采用“用完即销毁”的内存管理策略。如 Hadoop 平台下的 MapReduce 模型，其实现的就是“文件－内存－

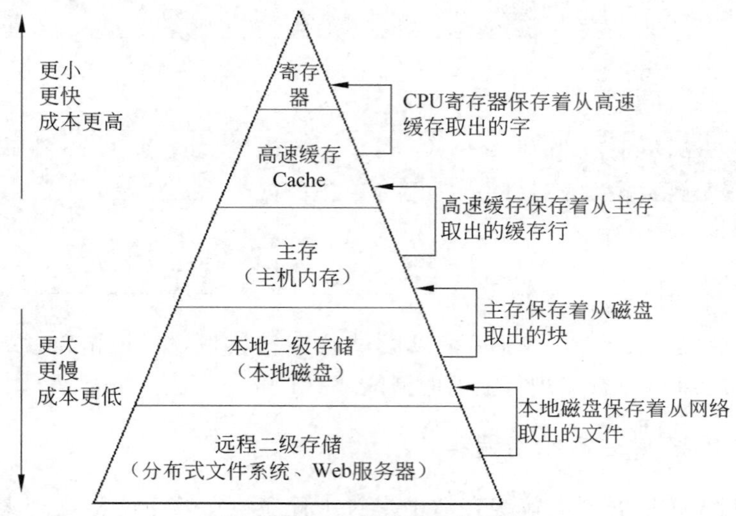

图主题 5-2　存储器层次结构

文件”的计算模式，每个阶段的计算都尽可能地少用小容量的内存、多用大容量的硬盘以期在有限的计算机资源内完成更大量的数据处理和运算。事实证明，这是一种针对分布式大数据的行之有效的计算方案，并在一段时间内大行其道。然而这种“文件－内存－文件”的计算模式，由于过程中受到硬盘 I/O 速度瓶颈的影响，运算速度较为缓慢，渐渐不适合大数据及时性的要求，除非计算资源极度紧张，现在的用户已经转向基于内存的 RDD 计算模型。

基于内存的 RDD 计算模型工作在 Spark 平台下，使用流式编程方案，分批次分结点并行计算。数据切片自低速设备读取之后，根据流设计路线，快速在内存中完成计算返回给用户的操作结点，在计算结点中也实现了“用完即销毁”的内存管理策略。

Spark 之所以可以代替 Hadoop 成为现阶段主流大数据并行处理平台，就是善用高速设备提高程序运行效率的明证。

第7章 容器框架类

本章内容

除去限制严格的数组以外，Java 的容器技术提供了一批各具特色的、可以容纳众多对象的容器——List、Set 和 Map。为了方便学习，我们以接口为分类标准，介绍这些容器类的具体特征和使用方法，以及服务于容器的迭代器、泛型以及 Collections 工具类的相关内容。本章的最后是可用于容器遍历的 Stream 流式编程理念。

学习目标

- 了解 Java 集合框架的特点，熟悉框架中常用容器类之间的关系。掌握 Collection 接口和 Iterable 接口的含义。
- 熟练掌握 List 容器的特点和容器成员管理方法，理解 ArrayList 和 LinkedList 之间的区别，了解 LinkedList 作为链表的用法。
- 熟练掌握 Set 容器的特点和容器成员管理方法，熟悉 HashSet 和 TreeSet 容器对于存储对象的要求。
- 理解迭代器的工作原理，可以熟练使用迭代器遍历容器的中对象。
- 熟练掌握 Map 容器的特点和容器中对象的管理方法，理解 Map 与 Set 之间的关系，掌握 Map 容器的遍历方法。
- 理解 Java 中泛型的概念，熟练使用带有泛型的 List、Set 和 Map 容器。
- 了解 Collections 工具类的作用，可以使用 Collections 类中相关方法完成 List 容器的排序、查找工作，了解将容器改造为线程安全容器和锁定容器内容的方法。
- 了解 Stream 流的定义背景，理解 Stream 流与容器遍历之间的关系，了解流式编程的主要步骤和思想。

7.1 容器框架

数组是 Java 语言内置的数据类型，它是一个线性的序列。在数组这样的结构中，用户可以快速地随机访问数组内的元素。然而，在计算机的数据结构中，除数组对应的顺序表结构外，还有很多其他的数据结构，如可以灵活增加、删除元素的链表结构；有序存储的二叉树结构；快速查找的 Hash 表结构等。这些数据结构的应用可以极大地丰富用户存储数据和管理数据的手段。

在 java.util 包中基于不同数据结构，Java 提供了多种容器框架。程序员通过灵活调用这些成熟的、封装了不同数据结构的容器来存储数据和对象。丰富的数据结构、简单的操作不仅提高了程序开发和运行效率，而且可以通过容器构造方法或工具类等途径，实现不同数据结构容器的无缝切换。

7.1.1 容器的特点

Java中的容器相较于结构简单的数组具有以下特点。

(1) 容器容量是可变的。

容器存储元素的数量不需要预设,且没有容量限制,对于用户来说更加友好。

数组长度(容量)是固定的,如果一个数组存储空间出现不足,那么就需要手动新建一个更长的数组,将之前的数组复制过去,方能实现数组的扩容。而容器类的容量是可以动态扩展的,无须用户手动干预,使用更方便,在容器中增加/删除对象时,容器的容量也会发生相应的变化,从逻辑上完成容器的同步缩放。

(2) 容器对象是某个数据结构的实例化。

根据程序设计要求,用户可以选择不同的数据结构优化数据存储和读取方法。例如,使用数组为底层的ArrayList,容器内元素的读取速度快,增加和删除元素时相对较慢;使用链表结构的LinkedList,节省空间,该容器支持先进先出(first-in-first-out,FIFO)的队列操作和后进先出(last-in-first-out,LIFO)的栈操作,但随机读取容器内元素的效率不高;使用Vector子类Stack实例化的容器对象可以基于列表轻松支持栈操作;使用红黑树底层结构的TreeSet和TreeMap容器可以让其中元素被有序排列;使用HashTable底层结构的HashSet和HashMap容器存储容器中的元素占用空间稍大,但读取效率较高。

(3) 容器中拥有更安全的迭代器。

迭代器是容器自带的,用来提取容器内元素的标准工具。用户可以向容器申请专属的迭代器。通过迭代器,用户可以迭代(提取)出容器内元素,在条件允许的情况下甚至可以添加或删除容器内元素。迭代器就像容器的仓库人员,用户需要提取容器中的元素,只需向仓库人员索取即可,而不需要用户自己指定。通过迭代器完成的容器遍历操作,因为不涉及容器本身,并具有线程安全性,正确使用完全可以避免诸如IndexOutOfBoundsException、NoSuchElementException等异常的出现,所以它更安全。同时,这段程序也可以不加修改地适配于使用不同底层数据结构的容器,这使得基于迭代器编写的程序更具有通用性。

从另一方面来看,只要用户持有迭代器就可以实现容器内元素的遍历访问,使得迭代器背后的容器透明化。也就是说,在迭代任务面前,用户持有容器和持有容器的迭代器是一样的。另外,迭代器功能简单且线程安全,较容器更加轻量化,因此,很多情况下,程序框架更倾向于使用迭代器而不是容器本身,尤其是在大数据环境中,用户无法直接持有分布式容器,迭代器成为用户访问这个容器的唯一途径。

(4) 容器当中只能存储引用变量。

容器当中不能存储基础数据类型的值。基础数据类型的值在存入容器时,首先会被自动装箱为包装类对象,然后将对象的引用存入容器当中。容器中真正存储的元素是持有这些对象的引用变量。因此在复制容器时,实际上是复制一份引用变量到新的容器当中,而不是制造一批新的对象。

(5) 容器可以存储多种类型的引用变量。

准确地说,这是容器的一个特点,而不是优点。

容器存储对象的引用变量被统一向宽转型为Object类型,因此,Java创建的容器可以实现多种类型的引用变量的统一存储。这样做的好处显而易见，但带来的问题也不容忽视。引用变量在存储时被剥夺“权利列表”，因此在取出的时候就需要通过强制类型转换的方式进行“还原”。一旦容器中存在不同类型的引用变量，这个还原过程就变得复杂且容易出现异常，这就是“存时一时爽，取时愁断肠”。因此，Java 引入了“泛型”的概念，限制了容器存储引用变量的类型，解决了容器中元素提取时的引用类型转换问题，简化了代码，也有效地提升了程序可靠性，“好的规则带来的不仅是限制，更多的是便利”。

一般情况下，如果只需要单纯存储多类型的对象(引用变量)，且在读取时 Object 类的“权利列表”够用的情况下，用户就可以使用标准意义下不带泛型的容器。当然，对于读取时有类型或“权利列表”要求的话，使用带“泛型”的容器会让代码更加安全可靠。

> **注意**
>
> 容器中真实存储的元素是引用变量。我们只有讨论泛型、容器内引用变量转型、迭代器等特定问题时才会真正使用到这一点。本章中经常提及的“容器中存储的对象”是一种更为直观的、简化的、不太精确但通俗容易理解的说法，其真实含义为“容器中存储的引用变量所持有的对象”。

7.1.2 容器的分类与通用成员方法

Java 容器框架由 Collection 接口和 Map 接口及其实现子类组成，如图 7-1 所示。

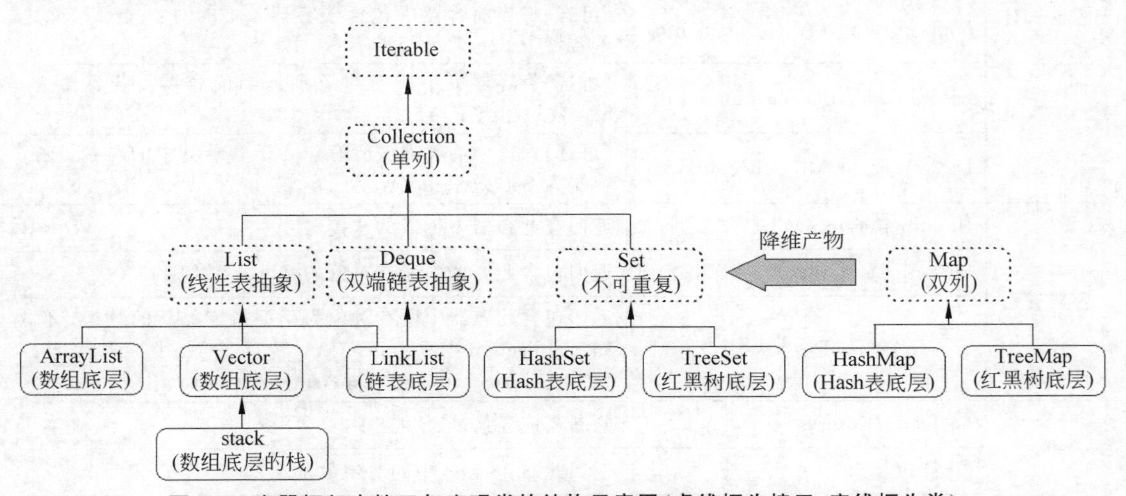

图 7-1 容器框架内接口与实现类的结构示意图(虚线框为接口，实线框为类)

其中，Collection 接口定义了单列对象存储容器的规则。其接口声明如下。

```
public interface Collection<E> extends Iterable<E>
```

Collection 中的子接口 List 定义了线性表特性容器的所有操作，Deque 定义了双向链表特性容器的所有操作，Set 定义了集合特性容器的所有操作。在 List 和 Deque 接口的实现子类容器使用的是存储位置固定的线性表结构的存储方式；在 Set 接口的实现子类容器使用的是不固定存储位置的平衡二叉树和动态增长的 Hash 表的数据结构。Map 接口的容器使用键值对方式存储对象。Map 类容器中，键值对代表着一种映射关系，用户可以通过键 Key 来定位 Map 容器中的键值对。Map 并不是一个严格意义上的容器，但是 Map 容器拥有一些 Collection 视图。通过其 Collection 视图，用户可以像操作普通容器一样，间接操作 Map 容器。因此，可以说 Collection 是 Map 的一个降维的产品。

> **注意**
>
> Map 是一个广义下的容器。通常来讲，Java 的容器专指 Collection 接口及其子接口的实现子类。本章中下面如无特殊说明，"容器"指的都是狭义容器。

Collection 作为容器框架的重要父接口，其中定义了单列对象容器的通用方法，表 7-1 中展示了其中的一部分成员方法，需要注意的是，表 7-1 所展示的是约定泛型后的 Collection 接口定义的成员方法，其中，"T"与"E"都是泛型的约定，它们各代表一个具体的类。在默认不约定泛型的情况下，T 和 E 被指定为 Object。

表 7-1　Collection 接口方法

	方　法	描　述
容器构建	void clear()	清空容器中所有对象
	boolean remove(Object o)	把与给定的对象 o equals 比较为 true 的第一个对象从当前容器中删除
	boolean add(E element)	把给定的对象 element 添加到当前容器当中
	boolean removeAll(Collection c)	（可选）将当前容器中包含于容器 c 中的对象全部移除。若容器为 Set，效果相当于 A－B
	boolean addAll(Collection c)	（可选）将容器 c 中所有对象加入当前容器。若容器为 Set，效果相当于 $A \cup B$
	boolean retainAll(Collection c)	（可选）保留当前容器中所有包含于容器 c 中的对象。若容器为 Set，效果相当于 $A \cap B$
容器查看	Iterator iterator()	返回在此容器中生成的迭代器
	Object[] toArray()	返回包含此容器中所有对象的 Object 数组
	T[] toArray(T[] a)	返回包含此容器中所有对象为泛型指定类型的数组。例如：Collection＜String＞ col 转换的数组使用代码：String [] y = collection.toArray(new String [0]);
容器访问	boolean isEmpty()	判断当前容量是否为空
	int size()	返回此 collection 中的对象数量
	boolean contains(Object element)	判断此容器是否包含与 element 对象 equals 的对象
	boolean containsAll(Collection c)	如果容器 c 中所有对象都可以在当前容器中找到，则返回 true。效果相当于判断 $A \subseteq B$

```
//代码 7-1  Collection 容器中元素的增、删、查、遍历的操作方法
import java.util.Collection;
import java.util.HashSet;
```

```
public class TestCollection {
    public static void main(String[] args) {
        Collection col =new HashSet();   //可以换成 ArrayList、TreeSet 等实现类
        col.add("hello");                //存储多种类型的对象
        col.add(1);
        col.add(false);
        System.out.println("容器初始化完成:" +col);
        System.out.println("容器容量:" +col.size());
        System.out.println("容器中是否有 hello 字符串:" +
            col.contains("hello"));
        col.remove(1);
        System.out.println("删除对象 1 后的容器:" +col);

        System.out.println("转换为 Object 数组后,完成遍历");
        Object [] arr =col.toArray();    //转换为 Object 数组后,完成遍历
        for (int i =0 ; i<arr.length; i++){
            Object o =arr[i];
            System.out.println(o.toString());
        }

        System.out.println("Object[]与 Collection 相互独立");
        arr[0] ="world";                 //Object[]与 Collection 相互独立
        for (int i =0 ; i<arr.length; i++){
            System.out.println(arr[i].toString());
        }
        col.add("Tom");
        System.out.println(col);
    }
}
```

输出结果为：

```
容器初始化完成:[1, false, hello]
容器容量: 3
容器中是否有 hello 字符串:true
删除对象 1 后的容器: [false, hello]
转换为 Object 数组后,完成遍历
false
hello
Object[]与 Collection 相互独立
world
hello
[Tom, false, hello]
```

在代码 7-1 中可以看到：

(1) Collection 容器 col 中存储了三种不同类型(String、Integer 和 Boolean)的对象，基础类型数据 1 和 false 都在存入容器之前被自动装箱成为包装类对象，在后续的遍历过程中，其引用取出后被存入 Object[]数组当中。

(2) Collection 接口的实现子类 HashSet 可以使用其他的实现子类替代(如图 7-1 所

示)。程序不会报错,但由于这些容器底层数据结构不同,容器内对象的顺序可能产生变化。

(3) 在删除 Collection 容器内对象时,需要额外提供一个对象,若容器内有对象与之匹配(equals()判断为 true),则删除该对象。若对象所属类未重写 Object 类中的 equals()方法,则 remove()方法容易失效。

(4) 将容器转换为 Object 数组是一种"重量级"转换。即容器中存储的引用变量复制到数组当中。复制完成后,容器和数组就相互独立了,它们的修改不会影响另外一方。

7.1.3 容器与泛型

Java 泛型是 Java 5 引入的一个特性。泛型提供了编译时类型安全检测机制,该机制允许程序员在编译时检测非法引用类型。简单来说,泛型是变量参数化,运行时重新指定引用类型所属类的一种技术。泛型技术的出现避免了一些转换(自动转换和强制转换)的操作及类型转换时出现 ClassCastException(类型转换异常)。

容器使用泛型的意义有如下两个。

(1) 引用变量存入容器时自动进行引用变量类型的检查。检查插入的引用变量是否匹配泛型要求,检查完成后泛型的信息就被擦除了,经过匹配的引用变量方能存入容器。

(2) 引用变量在从容器中取出时,被固定为泛型定义的类型。

泛型的用法十分多样,它可以作用在类、方法上实现各种功能,它们称之为:泛型类、泛型接口、泛型方法。

泛型类的定义格式:

```
public class 泛型类名称<类型形参>{ }                          //单类型形参
public class 泛型类名称<类型形参 1,类型形参 2, …>{ }  //多个类型形参
```

泛型类的继承类定义格式:

```
public class 类名<类型形参>extends 父类<类型形参>{ }
```

泛型接口的定义格式:

```
public interface 接口名<类型形参 1,类型形参 2, … >{ }
```

补充知识

泛型类没有特殊标志。

在编译过程中,泛型使用了擦除机制将泛型 T 擦除为 Object,生成的 Java 字节码中不包含泛型信息,与原始类型的一致。因此,在编译完成的 class 文件中是没有泛型标志的,同时,泛型类的 Java 文件名中也不能有泛型标志。

泛型方法的定义格式:

```
public <泛型类型>方法名(类型形参 1,类型形参 2, …) { }
```

泛型指定类型形参<E>可以应用于后续的代码块(方法体、类体和接口)当中,在使用时需要指定类型形参为一个具体的引用变量类型——类名或接口名,系统就会将代码块中的类型形参 E 统一替换为这个引用变量类型。自定义泛型类时还有很多注意事项,更多的

知识需要读者自行查阅相关文档。本书的知识体系只要求读者掌握泛型类、泛型方法的使用方法即可。如 java.util 包中 List 接口和 ArrayList 类的设计中都使用了泛型技术。

```
public interface List<E>extends Collection<E>{
    public E get(int index){…}
    public void add(E e){…}
    public boolean contains (Object o){ … }
        …
}

public class ArrayList<E>extends AbstractList<E>implements List<E>{
    public void set (E e){…}
    …
}
```

在实例化泛型类的时候，若指定泛型类型 E 为 String，则整个代码实现效果就会相应发生改变。例如：

```
public interface List<String>extends Collection<String>{
    public String get(int index){…}
    public void add(String e){…}
    public boolean contains (Object o){ … }
        …
}

public class ArrayList<String>extends AbstractList<String>
        implements List<String>{
    public void set (String e){…}
    …
}
```

经过泛型的修饰，add()方法的参数类型被限定为 String 类型，若参数值不是 String 类型的字符串，则会出现编译错误；get()方法的返回值直接被认定为一个 String 类型的引用变量，而不是一个 Object 类型的引用变量。综合起来，我们就会发现使用泛型后，List 容器只能存储泛型指定类型的对象，同时在返回容器内引用变量时，引用变量的类型不用强制类型转换。

Collection 接口是一个支持泛型的接口。

```
//代码 7-2　约定泛型后的 Collection 容器的使用方法

public class TestGenericsCollection {
    public static void main(String[] args) {
        Collection <String>col =new ArrayList<String>();
        col.add("hello");
        //col.add(1);            //语法错误，无法存入 Integer 对象
        col.add("world");
        col.add("hello");
```

```
        System.out.println("List: "+col);

        String[] strArr =col.toArray(new String[0]);
        System.out.println("Array: "+Arrays.toString(strArr)); }
}
```

输出结果：

```
List: [hello, world, hello]
Array: [hello, world, hello]
```

可以看到，由于泛型的介入，除了 String 类的字符串，其他类型的引用变量已经无法存入容器当中。相对应地，在对象取出时，包括在容器转换为数组时，引用变量的类型都被直接标记为泛型约定的类型，而不是最原始的 Object 类型。如代码 7-2 最后两行代码中，使用泛型的 toArray()方法可以将容器内的元素加工成 String[]数组，而不是一般的 Object[]数组。这体现了泛型的两个重要作用：自动进行类型的检查和自动进行类型的转换。

7.2 List 容器

数组对于 Java 来说是一种最基本的批量处理、管理数据的数据结构，然而在功能性上较容器来说较为单一，且约束较多。因此建议：除非编程环境不允许（如多语言混合使用的 JNI、JNA 环境中，Scala 和 Java 语言混用环境中），如需使用数组处理大量数据，建议选用 ArrayList 或 Vector 这样以数组为底层实现的容器代替，这些容器类可以为我们提供更丰富的处理手段。

7.2.1 List 容器的通用方法

java.util.List 接口的声明如下。

```
public interface List<E> extends Collection<E>
```

父接口包括 Collection＜E＞和 Iterable＜E＞。

实现了 List 接口的对象一般称为 List 容器。List 容器是单列对象容器的一个重要分支。容器中对象可以“相等”且每个对象都被赋予一个序号是 List 容器的特点。程序可以通过序号，像数组一样按照指定位置对容器内对象进行管理。

从数据结构来看，实现 List 接口的容器都可以认为是线性表的实现。就像线性表有顺序表实现和链表实现一样，List 两个较为常用的实现子类 ArrayList 和 LinkedList 分别对应顺序表和双向链表。List 接口在继承了 Collection 中成员方法的同时还添加了一些与序号相关的成员方法，如表 7-2 所示。

表 7-2　List 接口主要方法

	方　法	描　述
构建	void add (int index, E element)	在指定位置 index 插入（而不是替换）一个类型 E 的对象 element，原对象序号后移 1

续表

	方 法	描 述
构建	E remove (int index)	删除指定位置的对象,并将其返回给方法调用者,剩余对象序号前移1
	boolean addAll(Collection<? extends E> c)	将指定容器c中的所有对象复制到此List容器
	E set(int index, E element)	使用element替换指定位置index的对象,并返回该被替换的对象。其余对象序号不变
访问	ListIterator<E> listIterator ()	返回一个List容器对象的双向迭代器ListIterator
	ListIterator < E > listIterator (int index)	返回一个List容器对象的双向迭代器ListIterator,起始位置为index
	E get(int index)	返回List容器中指定位置的对象
查看	int indexOf (Object o)	返回第一个与o对象equals()判断为true的对象所在位置,如无匹配者返回−1
	int lastIndexOf (Object o)	返回最后一个与o对象equals()判断为true的对象所在位置,如无匹配者返回−1

注意

List容器中对象可以通过序号索引进行访问,但需要注意序号不能越界,否则将产生IndexOutOfBoundsException。这个异常类是ArrayIndexOutOfBoundsException的父类异常,它们都是Unchecked Exception。

代码7-3展示了List容器所特有的可通过序号存储和管理容器内对象的能力,包括List容器中对象的插入、删除、替换、提取、查询、遍历等操作。

```
//代码 7-3  List 容器的操作方法
import java.util.*;
public class TestList {
    public static void main(String[] args) {
        //这里换成 LinkedList,Vector,Stack 结果一致
        List<String>list =new ArrayList<String>();
        list.add("hello");                    //顺序添加
        list.add("world");
        System.out.println(list);

        list.add(0,"LiLei:");                 //定位插入
        System.out.println("0 位插入"+list);

        list.set(0, "HanMeimei:");            //定位替换
        System.out.println("0 位替换"+list);

        String removed =list.remove(0);       //定位删除
        System.out.println("0 位删除"+list +" 删除对象" +removed);
```

```
        for(int i =0 ; i<list.size(); i++) { //利用序号遍历容器内对象
            System.out.println(list.get(i).toUpperCase());
        }
    }
}
```

输出结果:

```
[hello, world]
0 位插入[LiLei:, hello, world]
0 位替换[HanMeimei:, hello, world]
0 位删除[hello, world] 删除对象 HanMeimei:
HELLO//按序号遍历
WORLD
```

需要说明几点:

(1) ArrayList 是 List 的实现子类,若将代码 7-3 中的 ArrayList 类替换为 LinkedList、Vector、Stack 等 List 实现类对于代码结果没有影响。

(2) List 容器赋予其中的每个对象一个序号,就像数组一样,用户可以以序号为索引很方便地对容器内部对象进行访问,遍历过程也可以借助序号来完成。

程序中运行的数据绝大多数是来自于外部资源。程序可以通过 I/O 流对象读取外部资源处的数据,将其保存在程序中的容器内,供后继工作使用,如代码 7-4 所示。

```
//代码 7-4  将文本内容读到 List 容器中
import java.io.*;
import java.nio.file.*;
import java.util.ArrayList;
import java.util.List;

public class TestFilesInput {
    public static void main(String[] args) throws IOException {
        readStringFiles();
        readStringIOStream();
    }

private static void readStringFiles() throws IOException {
        Path charFile =Paths.get("data", "iris.data");
        List<String>data =Files.readAllLines(charFile);
        System.out.println(data.size());
        System.out.println(data.get(0));
    }

private static void readStringIOStream() throws IOException {
        BufferedReader br =new BufferedReader(
            new FileReader("data/iris.data"));
        List<String>data =new ArrayList<String>();
        while (true) {
```

```
            String line =br.readLine();
            if (line ==null) {
                break;
            }
            data.add(line);
        }
        System.out.println(data.size());
        System.out.println(data.get(0));
        br.close();
    }
}
```

输出结果：

```
151
5.1,3.5,1.4,0.2,Iris-setosa
151
5.1,3.5,1.4,0.2,Iris-setosa
```

代码7-4是主题3中CSV文件的读入部分的代码。在这里采用了两种方式读取iris.data文件内容，一种是使用java.nio.file.Files.readAllLines()方法，直接将CSV内所有行的字符串存储在带泛型的List容器当中返回用户；另一种是使用Files.newBufferedReader()方法获取BufferedReader流对象后，使用readLine()方法依次读取，手动添加到List容器当中。两种方法最终效果相同，都可以将CSV文件内的数据转移到内存当中。可以测得两者执行速率也是相当的，但从代码上来看，使用Files.readAllLines()方法更为简洁。

7.2.2 List接口实现类

1. ArrayList容器

java.util.ArrayList容器的底层数据结构是数组。在ArrayList中允许对容器内的对象进行快速随机访问。因为很容易实现容器内对象的查询和提取，所以ArrayList成为最常用的容器之一。然而需要注意的是：向ArrayList容器中间插入与删除对象，因为会涉及数组内的元素移动等操作，代码可以执行但效率不高。

ArrayList的类继承结构为：

```
java.lang.Object
    java.util.AbstractCollection<E>
        java.util.AbstractList<E>
            java.util.ArrayList<E>
```

java.util.ArrayList类的声明为：

```
public class ArrayList<E>
extends AbstractList<E>
implements List<E>, RandomAccess, Cloneable, Serializable
```

ArrayList类构造方法有两类：第一类是构造一个新的ArrayList容器。

```
public ArrayList()
public ArrayList(int capacity)
```

这两个构造方法可以用于构造一个空的 List,底层数组初始长度为 10 或为指定的长度 capacity。当向 ArrayList 中不断存入对象时,capacity 会自动增长,以保证每时每刻都有足够的空间存储新增对象。在实际应用中,capacity 往往会比 ArrayList 中对象数量更多,用户可以使用成员方法 trimToSize()去删除底层数组空余空间。

另一类是使用其他容器构造并填充一个新的 ArrayList 容器。

```
public ArrayList(Collection<? extends E>c)
```

将 Collection 容器中所有对象使用 Iterator 取出,并按取出顺序存放到 ArrayList 当中。ArrayList 中泛型使用类型参数＜? extends E＞的意思是:所有 E 的子类类型为泛型约束条件的 Collection 容器。根据引用类型自动转型的要求,E 的子类类型的引用变量可以自动转型为 E 类型的引用变量,因此这个向 ArrayList 添加元素的操作可以正确运行。

ArrayList 中除去少量底层数组相关的成员方法外,绝大部分是 List 接口中定义方法的实现。这里不再赘述。

2. LinkedList 容器

java.util.LinkedList 容器的底层数据结构是双向链表结构。LinkedList 对顺序访问进行了优化,向 LinkedList 容器中间位置插入与删除对象的开销并不大,但是随机访问速度相对较慢。

LinkedList 的类继承结构为:

```
java.lang.Object
    java.util.AbstractCollection<E>
        java.util.AbstractList<E>
            java.util.LinkedList<E>
```

java.util.LinkedList 类的声明为:

```
extends AbstractSequentialList<E>
implements List<E>, Deque<E>, Cloneable, Serializable
```

LinkedList 类的构造方法只有两种:一种是构造新的空 LinkedList 容器,另一种则是使用其他容器构造并填充一个新的 LinkedList 容器。

```
public LinkedList()
```

用于构造一个空的 List:

```
public LinkedList(Collection<? extends E>c)
```

将 Collection 容器中所有对象使用 Iterator 取出,并按取出顺序存放到 LinkedList 当中。

3. List 容器实现类的差异

程序设计过程中,需要根据数据特点选择合适的数据结构。这意味着使用不同容器程序执行效率也会不同。如 ArrayList 容器和 LinkedList 容器在中间位置插入对象的效率、

随机位置和读取对象的效率都是不同的。代码 7-5 从运行时间的角度展示了这两个 List 容器的差异。

```
//代码 7-5  ArrayList 与 LinkedList 容器差异

public class TestSpeed {
    public static void main(String[] args) {
        int n =10000; // 进行 10 000 次容器头部插入实验
        long t0 =System.nanoTime();
        List<Double>al =insertAt0Index(new ArrayList<Double>(), n);
        long t1 =System.nanoTime();
        List<Double>ll =insertAt0Index(new LinkedList<Double>(), n);
        long t2 =System.nanoTime();
        System.out.print("0 位插入" +n +"个对象使用的时间--ArrayList:"
            +(t1-t0) / 1000);
        System.out.println("|LinkedList:" +(t2 -t1) / 1000);

        long t3 =System.nanoTime();
        randomRead(al, n);
        long t4 =System.nanoTime();
        randomRead(ll, n);
        long t5 =System.nanoTime();
        System.out.print("随机位置读取" +n +"次销耗时间--ArrayList: "
            +(t4 -t3) / 1000);
        System.out.println("|LinkedList:" +(t5 -t4) / 1000);
    }

    private static void randomRead(List<Double>list, int n) {
        for (int i =0; i <n; i++) {
            int index =(int) (n * Math.random());
            list.get(index);
        }
    }

    private static List<Double>insertAt0Index(List<Double>list, int n) {
        for (int i =0; i <n; i++) {
            list.add(0, Math.random());
        }
        return list;
    }
}
```

结果输出：

```
0 位插入 10 000 个对象使用的时间--ArrayList:9607|LinkedList:1618
随机位置读取 10 000 次销耗时间--ArrayList: 671|LinkedList:32186
```

代码 7-5 的执行结果验证了 ArrayList 和 LinkedList 关于操作速度的结论。需要注意的是，在尾部添加时，二者在性能上几乎没有差别。在使用这两个类的时候，可以根据数据操作阶段的不同，采用不同策略。如在容器初建阶段，可以使用 LinkedList 提高容器修改速度，在容器大量写入数据阶段结束后，使用 ArrayList(Collection col)的构造方法，将

LinkedList 重构为一个 ArrayList 提高后期随机位置对象读取的速度。

7.2.3 实现 Deque 接口的 LinkedList

LinkedList 实现 List<E>接口展现了其线性表的一面。LinkdedList 在实现了 Deque<E>接口后，则展现了其作为双向链表的一面。

> **提示**
>
> Stack 容器是以数组为底层的"栈"，LinkedList 容器则是以链表为底层的"栈"。

作为双向链表，LinkedList 类中有很多实现链表操作的成员方法：push()、pop()、addFirst()、addLast()、getFirst()、getLast()、removeFirst()和 removeLast()，LinkedList 对象借助这些方法可以很容易完成堆栈、队列和双向队列的相关操作，如代码 7-6 所示。

```
//代码 7-6  利用 LinkedList 完成堆栈与队列的操作
import java.util.*;
public class TestLinkedList {
    public static void main(String[] args) {
        Deque <String> list = init();
        stack(list);
        list = init();
        queue(list);
    }

    public static Deque<String> init() {
        Deque<String> deque = new LinkedList<>();
        deque.add("孙悟空");
        deque.add("猪八戒");
        deque.add("沙和尚");
        System.out.println(deque);
        return deque;
    }

    public static void stack(Deque<String> deque) {
        //压入。把元素添加到集合的第一个位置
        deque.push("唐三藏");
        System.out.println("push(\"唐三藏\")之后的 list: " + deque);

        //弹出。把第一个元素删除,然后返回这个元素
        String value = deque.pop();
        System.out.println("pop()出来的值: " + value);
        System.out.println("pop()之后的 list: " + deque + "\n");
    }

    public static void queue(Deque<String> deque) {
        //删除集合的第一个元素
        String value = deque.removeFirst();
        System.out.println("removeFirst()出来的值: " + value);
```

```
        System.out.println("removeFirst()之后的 list: " +deque);
        //调用 addLast()方法添加元素
        deque.addLast("白龙马");
        System.out.println("addLast(\"白龙马\")之后的 list: " +deque);
    }
}
```

输出结果：

```
[孙悟空, 猪八戒, 沙和尚]
push("唐三藏")之后的 list:[唐三藏, 孙悟空, 猪八戒, 沙和尚]
pop()出来的值: 唐三藏
pop()之后的 list:[孙悟空, 猪八戒, 沙和尚]

[孙悟空, 猪八戒, 沙和尚]
removeFirst()出来的值: 孙悟空
removeFirst()之后的 list:[猪八戒, 沙和尚]
addLast("白龙马")之后的 list:[猪八戒, 沙和尚, 白龙马]
```

代码 7-6 中展现了 Deque 接口中成员方法的效果。LinkedList 容器是可以直接充当 Stack 栈和 Queue 队列来使用的，但此时使用引用变量类型必须是 Deque，而不能是 List。

7.3 Set 容器

7.3.1 Set 容器的通用方法

Set 接口的声明如下。

```
public interface Set<E> extends Collection<E>
```

java.util.Set 接口继承了 Collection 接口，间接继承了 Iterable 接口。实现了 Set 接口的对象一般称为 Set 容器，是单列对象存储的容器。

容器中所有的对象互不"相等"是 Set 容器的特点。容器中的对象是以一种与底层实现相关的方式存储在容器之中。对于不重复数据存储，在数据结构中有 Hash 表和排序二叉树两种数据结构，在 Java 中对应着 HashSet 和 TreeSet 两个容器。在 Set 容器中，为了维持底层数据结构特性，容器内对象存储位置经常会出现变化，因此，Set 容器中的对象无法依靠 List 容器那样利用位置索引管理容器内的对象。Set 接口中的成员方法与 Collection 几乎一致(见表 7-1)，这里不再赘述。

```
//代码 7-7  Set 容器的通用方法

import java.util.HashSet;
import java.util.Set;

public class TestSet {
    public static void main(String[] args) {

        Set<String> set =new HashSet<>();          //可换为 TreeSet
```

```
        //添加对象
        set.add("123");
        set.add("hello");
        set.add("你好");
        System.out.println(set);

        //查找对象
        boolean isIn =set.contains("hello");
        System.out.println("hello 在 set 中吗?"+isIn);

        //删除对象
        boolean removed =set.remove("123");
        System.out.println("将 123 从 set 中删除了吗?" +removed +
            ", 现在 set 为:" +set);

        //遍历 Set, 这里可以使用 toArray()方法,但不推荐
        String [] setArray =set.toArray(new String[0]);
        for(int i =0 ; i<setArray.length; i++) {
            System.out.print(setArray[i] +"\t");
        }
        System.out.println();
    }
}
```

运行结果为：

```
[123, 你好, hello]
hello 在 set 中吗?true
将 123 从 set 中删除了吗?true, 现在 set 为:[你好, hello]
你好 hello
```

代码 7-7 中，若将 HashSet 替换为 TreeSet，容器中对象的迭代顺序会发生变化，其他特性不变。

```
[123, hello, 你好]
hello 在 set 中吗?true
将 123 从 set 中删除了吗?true, 现在 set 为:[hello, 你好]
hello 你好
```

代码 7-8 展示了两个 Set 进行集合运算的结果，主要调用的是 Collection 接口中的相关方法。

```
//代码 7-8  两个集合的运算操作

import java.util. * ;

public class TestSetOp {
    private static Collection<String> init() {
        Collection <String> col =new HashSet<String> (); //ArrayList
        col.add("123");
```

```
        col.add("hello");
        col.add("world");
        col.add("hello");
        return col;
    }

    public static void main(String[] args) {
        Collection<String> setB = new TreeSet<String>();
        setB.add("hello");
        setB.add("world");
        setB.add("456");

        //包含判断
        Collection <String > setA = init();
        System.out.println("A: " + setA);
        System.out.println("B: " + setB );
        boolean bIsSubSetofA = setA.containsAll(setB); //setA 不产生变化
        System.out.println("B is the subset of A? " + bIsSubSetofA);

        //交集
        setA = init();
        setA.retainAll(setB);                //setA 发生变化
        System.out.println("A cap B =" + setA);

        //并集
        setA = init();
        setA.addAll(setB);                   //setA 发生变化
        System.out.println("A union B =" + setA);

        // 差集 setA - setB
        setA = init();
        setA.removeAll(setB);                //setA 发生变化
        System.out.println("A - B =" + setA);
    }
}
```

输出结果为：

```
A: [123, world, hello]
B: [456, hello, world]
B is the subset of A? false
A cap B =[world, hello]
A union B =[123, world, 456, hello]
A - B =[123]
```

其实容器间的集合运算(见表 7-1)可以发生在任意两个 Collection 容器之间，如将代码 7-8 中 init()方法中的 HashSet 替换为 ArrayList，代码依然会输出结果，但不如 Set 容器那样容易理解。

```
A: [123, hello, world, hello]
B: [456, hello, world]
B is the subset of A? false
A cap B =[hello, world, hello]        //B cap A =[hello, world]
A union B =[123, hello, world, hello, 456, hello, world]
A -B =[123]
```

其展示结果严格满足 Collection 接口中的相关定义，但是不太符合我们对于集合运算的预期，因此一般 List 容器不参与集合运算。

7.3.2 HashSet

1. HashSet 的特点

HashSet 实现了 Set 接口，是一个不允许存储重复对象的容器。在 HashSet 容器中，对象之间互不“相等”的判定依靠于对象自身的 equals()方法。HashSet 容器中，元素的迭代次序是不稳定的。它与容器容量、对象 Hash 值的设计，以及底层 Hash 表的冲突回避机制有关。

HashSet 的底层是一个具有一定容量的哈希表，对象在进入这个哈希表时，Set 容器会调用对象的 hashCode 方法取出对象的哈希值，按照哈希表的冲突回避规则存放到该哈希表当中。当存储对象个数到了临界值(容量×负载因子)，那么容器就会自动扩容，并对原容器中所有对象进行重新排列，同时也会改变容器内对象的迭代顺序。因此，在使用时，我们认为 HashSet 容器中元素的位置是不确定的。

2. HashSet 的声明

HashSet 的继承关系如下。

```
java.lang.Object
    java.util.AbstractCollection<E>
        java.util.AbstractSet<E>
            java.util.HashSet<E>
```

java.util.HashSet 类的声明为：

```
public class HashSet<E>
extends AbstractSet<E>
implements Set<E>, Cloneable, Serializable
```

HashSet 的构造方法有 4 种，分为两类。一类是构造空的 HashSet 容器，另一类是构建新的 HashSet 容器后，将已有容器内容复制到该容器当中。

```
public HashSet()
public HashSet(int initialCapacity)
public HashSet(int initialCapacity, float loadFactor)
```

构造一个新的、空的 HashSet 容器，底层的 HashMap 实例具有指定的初始容量 initialCapacity(默认为 16)和指定的负载因子 loadFactor(默认为 0.75)。

```
public HashSet(Collection <? Extends E>c)
```

构造一个包含指定容器中所有对象的 HashSet 容器。

3. HashSet 容器使用时的注意事项

在向 HashSet 容器存入对象时，HashSet 容器会自动调用 equals()和 hashCode()两个方法来判断容器当中是否存在“相等”的对象。若不存在相等对象，则将对象存入容器，否则放弃存入操作。这就要求 HashSet 容器中的对象有一个合理的判断“相等”的标准。

为了让 Stu 类对象可以存储到 HashSet 容器中，代码 7-9 中按“相等”的标准(见 4.2.2 节中关于 equals()和 hashCode()方法的相关约定)构建了 Stu_Hash 类。

```
//代码 7-9  定义符合 Hashset 容器要求的元素类

//Stu.java
public class Stu {
    public int age;
    public Stu(int age){ this.age =age; }
    public String toString() { return "Stu{age=" +age +'}'; }
}

//Stu_Hash.java
public class Stu_Hash {            //重写了 equals()和 hashCode()方法
    public int age;
    public Stu_Hash(int age){ this.age =age;}

    @Override
    public boolean equals(Object o) {
        if (this ==o) return true;
        if (!(o instanceof Stu_Hash)) return false;
        Stu_Hash stu_hash =(Stu_Hash) o;
        return age ==stu_hash.age;
    }

    @Override
    public int hashCode() {
        return age * 31;
    }

    @Override
    public String toString() {return "Stu_Hash{age=" +age +'}'; }
}

//TestHashSet.java
import java.util.HashSet;
import java.util.Set;

public class TestHashSet {
    public static void main(String[] args) {
        Set<Stu> st =new HashSet<Stu>();
        st.add(new Stu(10));
        st.add(new Stu(11));
```

```
        st.add(new Stu(9));
        st.add(new Stu(10));          //Object 类 equals()方法,无法断定两个对象相等
        System.out.println(st);

        Set<Stu_Hash>st2 =new HashSet<Stu_Hash>();
        st2.add(new Stu_Hash(10));
        st2.add(new Stu_Hash(11));
        st2.add(new Stu_Hash(9));
        st2.add(new Stu_Hash(10));  //重写 equals()方法,可以判定两个对象相等
        System.out.println(st2);
    }
}
```

程序输出：

```
[Stu{age=10}, Stu{age=9}, Stu{age=11}, Stu{age=10}]
[Stu_Hash{age=9}, Stu_Hash{age=10}, Stu_Hash{age=11}]
```

需要注意：在 HashSet 容器中对象的存储位置，以及迭代中出来的顺序与 hashCode 值及 Hash 表的大小有关，且这种状态是不稳定的，与 Hash 算法有关，也与冲突回避机制有关。在向容器中添加对象时，若将 Stu(9)和 Stu(10)的顺序调换，则输出会变成：

```
[Stu{age=10}, Stu{age=10}, Stu{age=11}, Stu{age=9}]
```

从代码 7-9 的输出结果可以看到：在 Stu 类中没有重写 equals()和 hashCode()方法，采用的仍然是继承自 Object 类的 equals()和 hashCode()方法，两个 Stu 类型引用变量"相等"的判断标准是它们都指向同一对象。很显然，两次生成的 Stu 对象不是同一个对象，因此在 Set＜Stu＞容器内出现了两个看起来一样，但系统仍然会判定为不相等的对象。这与我们日常的认知是不一致的。因此，我们强烈建议：在 HashSet 容器中存储的对象，其所属类必须重写 equals()和 hashCode()方法，实现切实可行且符合系统要求、日常认知的判断"相等"的标准(相关标准见 4.2.2 节)。

7.3.3 TreeSet

1. TreeSet 的特点

TreeSet 是 Set 接口的另一个重要的实现类。TreeSet 容器内的对象存储在一棵平衡二叉树的结点上。这棵树的每个结点都大于其左子树的所有结点，小于右子树的所有结点。全树所有结点都有序且不存在无法比较大小的("相等")两个结点。迭代遍历结果为平衡二叉树中根遍历(首先是左子树，中间是根，后面是右子树的遍历方法)结果。

需要注意，TreeSet 容器在添加或删除元素时，为了保持左右子树的不平衡性，整棵树会不定时地调整，因此，TreeSet 容器中元素的位置也是不稳定的。

在 TreeSet 容器中对象"不相等"的判断是基于对象之间"大小比较"实现的，与 HashSet 容器中"相等"的判断方法不同。在 TreeSet 容器中，对象之间"大小比较"有以下两种实现方案。

第一种方案是为容器加载一个独立的带泛型的比较器 Comparator＜T＞。在新增对象

时，容器自动调用比较器，将新增对象与容器内的对象进行比较。

第二种方案是按存储对象所在类 Comparable<T>接口中定义的比较方法，让新增对象与容器内的对象进行比较。

当两种方案同时满足使用条件时，TreeSet 容器会优先调用容器自身定义的比较器 Comparator。

2. TreeSet 的声明

TreeSet 的继承关系如下。

```
java.lang.Object
    java.util.AbstractCollection<E>
        java.util.AbstractSet<E>
            java.util.TreeSet<E>
```

java.util.TreeSet 类的声明为：

```
public class TreeSet<E>
extends AbstractSet<E>
implements NavigableSet<E>, Cloneable, Serializable
```

TreeSet 的构造方法有两类：一类是构造空的 TreeSet 容器，另一类是构造新的 TreeSet 容器后，将已有容器内容复制到该容器当中。

```
TreeSet()
```

构造一个新的、空的 TreeSet 容器。TreeSet 容器中对象按自然顺序排序。

```
TreeSet(Comparator<? super E>comparator)
```

构造一个新的、空的 TreeSet 容器，排序使用指定 Comparator 比较器。

```
TreeSet(Collection<? extends E>c)
```

构造一个包含指定容器中所有对象的新 TreeSet 容器。

3. TreeSet 容器中对象"大小比较"的实现

方案一：为 TreeSet 添加比较器。

对象比较器 java.util.Comparator<T>是一个接口，主要包含一个抽象方法，用来比较两个对象的大小关系。

```
public int compare(T o1, T o2)        //自然升序：o2 大于 o1 返回负数；反之返回正数
```

在构造 TreeSet 容器时，可以向容器中传入一个实现了 Comparator 接口的比较器，实例化这个比较器的方法是多种多样的。

(1) 可以单独写一个 Comparator 接口的实现子类 MyComparator，然后将实例化的比较器 MyComparator 的对象传入 TreeSet 当中。

(2) 也可以使用实现 Comparator 接口的匿名类对象，在实例化的同时将其传入容器中。

(3) Comparator 作为一个只有抽象方法的接口，它可以使用 Lambda 表达式直接生成比较器对象。

如 TreeSet 容器中准备存储一些 Stu 类的对象，下面展示生成比较器对象的三个方案。

```
//Lambda 表达式生成的 Comparator 子类对象
Comparator<Stu>comparator = (Stuo1, Stu o2) ->o1.age -o2.age;

//匿名类生成的 Comparator 子类对象
Comparator<Stu> comparator =new Comparator<Stu>() {
    @Override
    public int compare(Stu o1, Stu o2) {
        return o1.age -o2.age;//自然升序: o2 大于 o1 返回负数;反之返回正数
    }
});

//以普通类的方式生成 Comparator 子类对象
import java.util.Comparator;

public class MyComparator<Stu> implements Comparator<Stu>{
    public int compare(Stu s1, Stu s2) {
        return s1.age -s2.age;
    }
}
Comparator<Stu>comparator =new MyComparator<Stu>();
```

方案二：让对象之间可以自行比较。

java.lang.Comparable<T>接口主要包含一个抽象方法，用来比较给出其他对象与本对象之间的大小关系。Comparable 接口中包含一个抽象方法 compareTo()，可以实现对象自身与外界传入对象之间的比较。

```
public int compareTo(T o)        //自然升序: o 大于对象自身返回负数,反之返回正数
```

为了让 Stu 类对象可以存储到 TreeSet 容器中，代码 7-10 给出两种方案。第一种方案，改造 Stu 类，使其实现 Comparable 接口，我们将其重命名为 Stu_Comparable；第二种方案，为 TreeSet 容器加载比较器 Comparator 对象来比较 Stu 类对象。

```
//代码 7-10   定义 TreeSet 容器
//Stu_Comparable.java
public class Stu_Comparable implements Comparable<Stu_Comparable>{
    public int age;
    public Stu_Comparable(int age) { this.age =age; }
    public String toString() { return "Stu_Comparable{age=" +age +'}'; }
    public int compareTo(Stu_Comparable o) {
        return this.age -o.age;   //自然升序: o 大于对象自身返回负数,反之返回正数
    }
}

//TestTreeSet.java
import java.util.Comparator;
import java.util.Set;
```

```
import java.util.TreeSet;

public class TestTreeSet {
    public static void main(String[] args) {
    //compareTo(o1,o2)的输出发生改变,实现了"降序"
        Set<Stu>st =new TreeSet<Stu>((Stu o1, Stu o2) ->o2.age -o1.age);
        st.add(new Stu(10));
        st.add(new Stu(11));
        st.add(new Stu(9));
        st.add(new Stu(10));
        System.out.println(st);

        Set<Stu_Comparable>st2 =new TreeSet<Stu_Comparable>();
        st2.add(new Stu_Comparable(10));
        st2.add(new Stu_Comparable(11));
        st2.add(new Stu_Comparable(9));
        System.out.println(st2);
}
```

输出：

```
//降序输出
[Stu{age=11}, Stu{age=10}, Stu{age=9}]
//升序输出
[Stu_Comparable{age=9}, Stu_Comparable{age=10}, Stu_Comparable{age=11}]
```

在代码 7-10 中应该注意到：

(1) 通过设定 Comparator 比较器，可以让原先未实现 Comparable 接口的 Stu 对象在存入 TreeSet 容器时实现新增对象与 TreeSet 容器内对象之间大小比较。

(2) TreeSet 是 Set 容器类，容器中无法存储“相等”的两个对象，但是 TreeSet 容器中对象重复检测依赖于 Comparator 接口中的 compare()方法或 Comparable 接口中的 compareTo()方法，而不是对象的 equals()方法。代码 7-9 中 Stu 类和 Stu_Comparable 类都没有重写 equals()和 hashCode()方法，也实现了“相等”对象的检出。

(3) TreeSet 中对象按序存储并被迭代出来，这个序与对象存入的前后次序无关，只与对象两两比较的结果有关。

(4) 通过改变 Comparator 或 Comparable 接口中比较方法的返回值，可以实现 TreeSet 中对象的升序和降序排列。

7.4 迭 代 器

为了方便容器的遍历，Java 提供了一个特殊的、可以返回容器中所有对象的工具——迭代器 Iterator。如果用户只有单一遍历需求时，持有容器的迭代器与容器对象本身是一致的，而且对于程序而言，迭代器允许的操作更少更安全。

> **提示**
>
> 如无特殊声明，一般所提到的迭代器就是指简单迭代器，而非可以自由移动的双向迭代器。

7.4.1 Iterable 接口

Iterable<T>(java.lang.Iterable)是 Collection 的唯一父接口。该接口的声明为：

```
public interface Iterable<T>
```

该接口的实现子类和子接口广泛分布于容器框架和 SQLException 及其子类异常当中。实现 Iterable 接口的容器可以使用迭代器遍历容器内的对象，实现 Iterable 的异常类可以用迭代器依次读取 SQL 服务器返回异常信息的详细说明。

Iterable 接口中定义了以下两个方法。

```
public Iterator<T> iterator()//返回一个迭代器
//接口的默认实现,见 3.5.3 节
public default void forEach(Consumer<? super T> action)
```

(1) 所有实现 Iterable 接口的对象都可以通过 iterator()方法返回一个迭代器对象。

(2) 接口中的 forEach()方法在 Iterable 接口中有默认实现。该方法要求容器中每个对象都执行一元运算接口(Consumer)子类对象 action 中定义的 accept()方法，实际效果相当于容器中每个对象都被传入 accept 方法中，相当于：

```
for (泛型 T 变量 t: Iterable 实现子类对象){
    //一些关于变量 t 的操作
    action.accept(t);
}
```

这也从侧面证实了：所有 Iterable 接口的实现子类，包括容器，都可以使用增强 for 循环方案和 forEach()方法实现容器中对象的遍历，如代码 7-11 所示。

```
//代码 7-11  遍历方案演示
import java.util.ArrayList;
import java.util.Collection;

public class TestForEach {
    public static void main(String[] args) {
        Collection <String> col = new ArrayList<> ();
        col.add("hello");
        col.add("world");
        for (String s: col){              //使用增强 For 循环遍历 Collection 容器
            System.out.println(s);
        }

        System.out.println("迭代器是轻量化遍历方法。容器改变,遍历结果也会改变");
        col.add("!");
```

```
        for (String s: col){                              //增强 For 循环
            System.out.print(s+"-");
        }
        System.out.println();

        //通过 forEach()方法实现 Collection 容器的遍历
        //匿名类方案
        col.forEach(new Consumer<String>() {  //匿名类实现接口
            @Override
            public void accept(String s) {
                System.out.print(s +"*");
            }
        });
        System.out.println();

        //Lambda 表达式方案
        col.forEach((String s) ->System.out.print(s +"|"));
        System.out.println();
    }
}
```

输出：

```
hello
world
迭代器是轻量化的遍历方法。容器改变,遍历结果也会改变
hello-world-!-
hello*world*!*
hello|world|!|
```

在代码 7-2 中，使用 toArray()方法，先将容器转换为数组，而后进行遍历。这种方法最大的缺点就是数组与容器在转换完成后，彼此相互独立。一旦容器内容发生改变，需要重新转换。可以说，将容器转换为数组是一种代价较大的“重量级”遍历方式。使用 Iterable 接口的 forEach()方法会直接读取容器内的对象。如代码 7-11 所示，在容器变化后，再次遍历容器的结果也反映出相应的变化，因此使用迭代器的方式是容器的一种“轻量级”的遍历方式。

7.4.2 迭代器接口 Iterator

迭代器是容器所特有的、用于遍历容器内对象的工具。

1. Iterator 接口的定义

java.util.Iterator 是容器上的一个迭代器。通过迭代器，人们可以像读取链表信息一样，从头结点依次迭代(返回)结点对象。在任意容器中(因为实现了 Iterable 接口)，都可以使用 iterator()方法获取一个与本容器相同泛型的迭代器。

Iterator 接口的声明如下。

```
public interface Iterator<E>
```

表7-3中列出了Iterator接口的常用方法。

表7-3 Iterator接口中的方法

方　法	描　述
E next ()	返回迭代器当前位置的下一个对象，迭代器位置向后移动1
boolean hasNext ()	检测迭代器位置后方是否具有更多对象，若是返回true，到达尾部则返回false
void remove ()	从容器中删除之前由next()返回的对象。该方法为可选方法，在一些限制修改操作的容器中会被停用
defaultvoid forEachRemaining (Consumer<E> action)	默认的Iterator接口实现，迭代器会将action定义的函数式对象分发到未被迭代的所有元素当中，这些元素执行Consumer函数式接口中的accept()方法。效果相当于while(hasNext()) { action.accept(next ()) }

2. 迭代器的工作原理

迭代器依赖于容器存在。迭代器不是用户独立生成的，而由容器通过iterator()方法生成。用户通过Iterator接口类型的引用变量持有的是迭代器对象。

迭代器工作原理如图7-2所示。通过容器的iterator()方法生成的迭代器指向容器第一个对象的前方。这个起始位置是固定的，迭代器的移动方向也是固定的，从起始位置移向容器的最后一个对象。每一次移动迭代器就可以迭代出容器中一个元素(确切地说是容器中存储的引用变量)。在不断迭代的过程中，容器中的元素会被逐一迭代出来，直到最后迭代器将指向容器的尾部，无法继续移动为止。至此，程序完成了容器中对象遍历访问，这时的迭代器对象虽然未被销毁，但已经无实用意义。因此，每次遍历容器中对象时都需要重新生成迭代器对象。另外，在迭代过程中，如果操作允许，用户可以通过迭代器对容器中的元素进行删除操作。

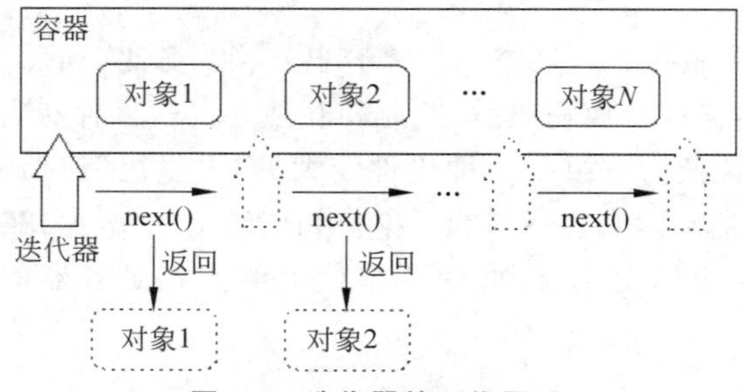

图7-2 迭代器的工作原理

3. 使用迭代器遍历整个容器

迭代器是遍历一般Collection容器和Set容器的不二选择。代码7-12展示了Iterator迭代器的生成和使用方法，从输出可以看到：迭代器忠实地按底层数据结构中的对象存储顺序依次返回容器中对象。在增强for循环for (String s：col)结构中的变量s就是使用迭代器next()方法从容器中迭代出来元素(对象的引用变量)，循环是否继续则是由迭代器的hasNext()方法的返回值来确定的。如果将迭代器已经走到容器的尾部(后方没有任何对象了)，继续使用next()方法会导致NoSuchElementException。

//代码 7-12 使用迭代器遍历容器

```
import java.util.ArrayList;
import java.util.Collection;
import java.util.Iterator;

public class TestIterator {
    public static void main(String[] args) {
        Collection<String> col = new ArrayList<>();  //可以使用其他容器类替换
        col.add("hello");
        col.add("world");
        col.add("hello");

        //方案 1: for 简单遍历
        for (String s: col){
            System.out.print(s + " * ");
        }
        System.out.println();

        //方案 2: forEach 简单遍历 forEach(Consumer con)
        col.forEach((String st) -> System.out.print(st + " | "));
        System.out.println();

        //方案 3: Iterable 简单遍历 forEachRemaining(Consumer con)
        Iterator<String> it = col.iterator();
        it.forEachRemaining((String st) -> System.out.print(st + " -"));
        System.out.println();

        //方案 4: 标准的迭代器使用方法,在迭代过程中调用 remove()方法可删除容器内对象
        it = col.iterator();                               //全新的迭代器
        while(it.hasNext()){
            String str = it.next();
            if(str.equals("hello")){
                it.remove();                               //删除容器中"所有"的 hello
            }
            System.out.print(str + " ? ");
        }
        System.out.println();

        System.out.println("删除所有 hello 后的容器:" + col);
    }
}
```

输出结果:

```
hello * world * hello *
hello | world | hello |
hello -world -hello -
hello ? world ? hello ?
删除所有 hello 后的容器:[world]
```

代码 7-12 中给出的四种遍历容器的方案，其底层都是依赖于迭代器实现的，其中，第二种方案与代码 7-11 一致。第三种方案是使用 Iterator 接口中的 forEachRemaining()方法实现的，第四种方案是最典型的迭代器工作代码，迭代器的工作过程如图 7-2 所示，它是 Java 5 时代的迭代器使用方法，现在依然被广泛使用。这些方法的差异如下：

(1) 使用增强 for 循环、forEach()方法和 forEachRemaining()方法遍历容器内对象的方法都是内部迭代循环方法。容器中对象直接被赋予运算法则，容器内对象执行运算法则的顺序可以是串行顺序的，也可以是并行乱序的。这种各个对象都执行固定操作的遍历模式本质上是分发运算。

(2) 使用 Iterator 接口中的 next()和 hasNext()等方法实现的容器遍历，则是外部迭代循环的方案。容器中的元素被依次取出，容器内对象的执行方法只能是以顺序的方式执行。这种遍历模式本质上是数据集中。

(3) 增强 for 循环、forEach()方法和 forEachRemaining()方法(方案 1～3)无法完全替代标准迭代过程(方案 4)。内部迭代循环不支持容器内容的修改，Consumer 函数式接口对象的基于匿名类(Lambda 表达式)的实现方式限制了其只能使用外部只读类型的信息，不能操作外部变量。

(4) 迭代器在迭代过程中，只能通过 Iterator 删除容器内的对象，自行修改会出现同步异常。例如：

```
Collection<String> col = new HashSet<>();
col.add("hello");
col.add("123");
Iterator<String> it = col.iterator();
String st = it.next();

col.remove("123");        //未利用 Iterator 对象，自行修改容器内容
st = it.next();           //同步异常出现
```

编译可通过，但运行后出现同步异常：

```
Exception in thread "main" java.util.ConcurrentModificationException
at java.util.HashMap$HashIterator.nextNode(HashMap.java:1445)
at java.util.HashMap$KeyIterator.next(HashMap.java:1469)
at * * * .ErrorIterator.main(ErrorIterator.java:16)
```

7.4.3 双向迭代器接口 ListIterator

java.util.ListIterator 双向迭代器可以按照任意方向进行移动，若操作允许可在迭代期间修改 List 容器。ListIterator 双向迭代器是 List 容器特有的迭代器，由 List 容器中成员方法 listIterator()生成。

```
publicListIterator<E>listIterator()
public ListIterator<E>listIterator(int index)
```

该方法可以初始化一个 ListIterator 双向迭代器，迭代器初始位置在 index 位(默认为 0 位)对象之前，使用 next()方法将返回 index 位置存储的对象。

ListIterator 的声明如下。

```
public interface ListIterator<E>extends Iterator<E>
```

ListIterator 接口中的常用方法如表 7-4 所示。

表 7-4　ListIterator 接口方法

方　法	描　述
E next()	返回迭代器当前位置的下一个对象,迭代器位置向后移动 1
boolean hasNext()	检测迭代位置后方是否具有更多对象,若是返回 true,到达尾部则返回 false
E previous()	返回迭代器当前位置的前一个对象,迭代器位置向前移动 1
boolean hasPrevious()	检测迭代位置前方是否具有更多对象,若是返回 true,到达尾部则返回 false
int nextIndex()	返回迭代器当前位置的下一个对象的序号
int previousIndex()	返回迭代器当前位置的前一个对象的序号
void remove()	从容器中删除之前由 next()或 previous()返回的对象。可选,在一些限制修改操作的容器中会被停用
void set(E e)	替换容器中之前由 next()或 previous()返回的对象。可选,在一些限制修改操作的容器中会被停用

与标准单向的 Iterator 不同的是:

(1) ListIterator 双向迭代器起始位置不确定且迭代器可以前后滑动,因此接口中没有类似于 forEachRemaining()这样的方法。

(2) ListIterator 这个双向迭代器即使指向容器最后一个位置,也不代表这个迭代器将会失效。这个迭代器可以向前进行迭代仍然是可用的。

(3) 与 Iterator 迭代器一样,如果在 0 位运行 previous()方法,在 List 容器尾部运行 next()方法,就会出现 NoSuchElementException,因此,在移动双向迭代器之前需要调用 hasPrevious()或 hasNext()方法进行预判。

```
//代码 7-13  ListIterator 迭代器的生成和使用方法

import java.util.LinkedList;
import java.util.List;
import java.util.ListIterator;

public class TestListIterator {
    public static void main(String[] args) {
        List<String>list =new LinkedList<String>();
        list.add("123");
        list.add("hello");
        list.add("你好");
        System.out.println("lkList: "+list);
```

```
        ListIterator<String>it =list.listIterator();      //替换所有"hello"
        System.out.println("<<<<迭代器指向容器头部<<<<");
        while(it.hasNext()){
            String str =it.next();
            if(str.equals("hello")){
                it.set("你好");                    //将刚才迭代出来的对象替换为新的对象
            }
            System.out.print(str+" | ");
        }
        System.out.println("\n 替换内容后的 List:"+list);
        System.out.println(">>>>迭代器指向容器尾部>>>>");
        while(it.hasPrevious()){                          //删除所有"你好"
            String str =it.previous();
            if(str.equals("你好")){
                it.remove();                        //删除容器内刚才迭代出来的对象
            }
            System.out.print(str+" -");
        }
        System.out.println("\n 删除内容后的 List:" +list);
    }
}
```

输出结果为:

```
lkList:[123, hello, 你好]
<<<<迭代器指向容器头部<<<<
123 | hello | 你好 |
替换内容后的 List:[123, 你好, 你好]
>>>>迭代器指向容器尾部>>>>
你好 -你好 -123 -
删除内容后的 List:[123]
```

7.5 Map 容器

7.5.1 Map 容器通用方法

实现了 Map 接口的对象一般称为 Map 容器。Map 容器提供了比 List 更通用的对象存储方法,Map 容器中的对象以元素对(Map.Entry)的形式存储,这个元素对包含一个 Key(键)和一个 Value(值)。Map 容器中元素对通过 Key 值进行定位和操作。从概念上来说,List 可以认为是以序号为 Key 值的 Map,但在代码层面来看,两者并没有直接的联系,相反,Map 容器与 Set 容器的关系更加紧密。Set 是 Map 的实例,在 Set 容器中存入对象相当于向 Map 容器中存入一个对象为 Key 而 Value 是 new Object()的元素对。HashMap 和 TreeMap 是 Map 接口两个重要的实现子类,它们分别对应着 Set 接口中的 HashSet 和 TreeSet。Map 接口有以下两个重要特点。

(1) Map 接口存储元素必须以一种元素对(Key—Value)的方式进行存储。

(2) Map 容器中 Key 值不能重复，Value 值可以重复。

Map 接口的声明如下。

```
public interface Map<K,V>
```

Map 接口中的成员方法大体可以分为以下几类，如表 7-5 所示。

表 7-5　Map<K，V>接口方法

	方　　法	描　　述
构建	void clear()	从 Map 容器中删除所有映射，即清空容器
	V remove(Object key)	从 Map 容器中删除 key 和关联的 value，返回相应的 value
	V put(K key, V value)	将(key,value)组成的键值对存储到 Map 容器中，并返回 null；若容器 Map 中已经存在以 key 值为键的键值对，则值替换为新 value，并返回被替换的值
	void putAll(Map< K,V> m)	将指定 Map 容器 m 中的所有键值对复制到此 Map 容器中
视图	Set<K> keySet()	返回这个 Map 容器中的所有 key 组成的 Set。删除 Set 中的对象 key 将关联删除 Map 中对应的键值对
	Collection<V> values()	返回这个 Map 容器中的所有 value 组成 Collection。删除 Collection 中的对象 value 将关联删除 Map 中该值第一个匹配的键值对
	Set< Map. Entry < K, V > > entrySet()	返回这个 Map 容器中的键值对组成的 Set。Set 中的每个对象都是一个 Map. Entry 对象，Map. Entry 对象可以使用 getKey() 和 getValue() 方法(还有一个 setValue() 方法)访问键值对中的键和值。删除或修改 Set<Map.Entry<K,V>>中的对象会同步到 Map 中
访问	V get(Object key)	返回 Map 容器中以 key 为键的键值对的值
	int size()	返回 Map 容器中键值对的数量。若 Map 容器容量大于 Integer.MAX_VALUE，则返回 Integer.MAX_VALUE
	boolean isEmpty ()	若 Map 容器不存在任何键值对，则返回 true
	boolean containsKey(Object k)	若返回 Map 容器中存在以 k 为键的键值对，则返回 true
	boolean containsValue(Object v)	若返回 Map 容器中存在以 v 为值的键值对，则返回 true
遍历	default void forEach(BiConsumer <K, V> action)	默认的 Map 接口实现，对于每一个键值对都执行 BiConsumer (二元操作接口式对象)action 上定义的 accept 运算。Key 值与 Value 值是二元操作接口 accept()方法的两个参数

1. Map 容器的构建与基础操作

Map 容器中键值对(Map.Entry)是一体的，一个 Key 值对应一个 Value 值，Key 值是键值对的索引。如同 List 容器一样，在 Map 容器中有很多操作都是围绕 Key 进行的，如代码 7-14 所示。

```
//代码 7-14  Map 容器的基本操作方法

import java.util.HashMap;
import java.util.Map;
```

```
public class TestMap {
    public static void main(String[] args) {
        Map<Integer, String>map =new HashMap<>();
        map.put(1, "孙悟空");                          //插入
        map.put(2, "猪八戒");                          //插入
        map.put(3, "沙和尚");                          //插入
        System.out.println("原始 Map: " +map);
        System.out.println("提取 3: " +map.get(3));    //提取

        map.put(4, "猪八戒");                          //插入(不同 Key,相同 Value)
        System.out.println("插入 4: " +map);

        map.put(1, "唐三藏");                          //替换
        System.out.println("替换 1: " +map);

        map.remove(1);                                 //删除
        System.out.println("删除 1: " +map);
    }
}
```

输出结果如下：

```
原始 Map: {1=孙悟空, 2=猪八戒, 3=沙和尚}
提取 3: 沙和尚
插入 4: {1=孙悟空, 2=猪八戒, 3=沙和尚, 4=猪八戒}
替换 1: {1=唐三藏, 2=猪八戒, 3=沙和尚, 4=猪八戒}
删除 1: {2=猪八戒, 3=沙和尚, 4=猪八戒}
```

在代码7-14中，我们看到了Map中增加键值对是以Key为索引进行增删改查的，与List容器类似。在Map容器中只要Key不相等，即使Value相等，整个键值对也被判定为新键值对，加入时会形成插入，如map.put(4, "猪八戒")；若Key相等，即使Value不相等，整个键值对也被判定为旧键值对，运行put()方法会形成替换，如map.put(1, "唐三藏")。

2. Map的三种视图

Map可以从三个视图(三个角度)来查看Map容器的内容，分别如下。

(1) Key值组成的Set——KeySet视图，使用keySet()方法从Map容器对象获取。

(2) Value值组成的Collection——Value视图，使用values()方法从Map容器对象获取。

(3) 键值对Map.Entry组成Set——EntrySet视图，使用entrySet()方法从Map容器对象获取。

这三个视图是Map的三个轻量级引用。

将Map容器其中的Key值和Values值分别打包形成了KeySet视图和Values视图。KeySet视图是所有互不相同的Key对象引用组成的Set容器，而Values视图因为这些Value对象有可能“相等”，所以Values只能使用更一般化的Collection容器承载。与分开打包不同，Map容器将键值对封装成一个Map.Entry对象，并放入Set容器当中形成EntrySet视图。Map.Entry<K,V>是一个接口，其对象表示Map中的一组“键值对”。

```
public static interface Map.Entry<K,V>
```

接口 Map.Entry<K，V>的成员方法有两个：

```
K getKey()        //返回 Map.Entry 这个条目的 Key 值
V getValue()      //返回 Map.Entry 这个条目的 Value 值
```

KeySet、Values 和 EntrySet 作为 Map 的三个视图，它们与 Map 容器是深度关联的，对这些视图中对象的删除和修改操作，会引起 Map 容器中键值对的相应变化。在视图中添加元素时，因为无法维持 Map 的键值对的要求，会同时产生 java.lang.UnsupportedOperationException。

```
//代码 7-15  Map 的三种视图与 Map 容器本身之间的关联关系
import java.util.*;

public class TestLinkRemove {
    public static void main(String[] args) {
        Map<Integer, String>map =new HashMap<>();
        map.put(1, "孙悟空");
        map.put(2, "猪八戒");
        map.put(3, "沙和尚");
        map.put(4, "猪八戒");
        System.out.println("原始 Map: "+map);

        Set<Integer>keySet =map.keySet();
        keySet.remove(1);
        System.out.println("删除 KeySet 中的 1,Map 变化: "+map);

        //此处代码只能删除一个,而不是全部键值对。被删除的键值对与键值对迭代顺序有关
        //      Collection col =map.values();
        //      col.remove("猪八戒");
        //      System.out.println("在 values 中删除猪八戒: "+map);
        //完整删除所有记录,需要使用迭代器

        Iterator<String>its =map.values().iterator();
        while (its.hasNext()) {
            String value =its.next();
            if (value.equals("猪八戒")) {
                its.remove();        //删除 values 中的值,删除了 Map 中的序对
            }
        }
        System.out.println("在 values 中删除猪八戒: "+map);

        Iterator<Map.Entry<Integer,String>>ite =map.entrySet().iterator();
        while (ite.hasNext()) {
            Map.Entry<Integer,String>kv=ite.next();
            if (kv.getValue().equals("沙和尚")) {
```

```
                kv.setValue("沙僧");        //修改 values 中的值,更新了 Map 中的序对
            }
        }
        System.out.println("在 Map.Entry 中修改沙和尚为沙僧: "+map);
    }
}
```

程序输出：

```
原始 Map: {1=孙悟空, 2=猪八戒, 3=沙和尚, 4=猪八戒}
删除 KeySet 中的 1,Map 变化: {2=猪八戒, 3=沙和尚, 4=猪八戒}
在 values 中删除猪八戒: {3=沙和尚}
在 Map.Entry 中修改沙和尚为沙僧: {3=沙僧}
```

3. Map 的遍历方法

Map 容器的遍历方法分为以下三类。

(1) 借助 KeySet 视图实现遍历。与 List 容器通过下标实现遍历思想类似，可以通过遍历得到 Map 容器的 Key 值，在取得 Key 值后，再使用 get()方法取得相应的 Value，完成 Map 容器中键值对的遍历操作。

(2) 借助 EntrySet 视图实现遍历。在取得 EntrySet 视图后，使用 Set 容器遍历的方法，遍历得到一个个键值对，然后使用 Map.Entry 接口中成员方法取出封装的 Key 和 Value。

(3) 使用容器中的 forEach()方法实现遍历。forEach()方法会将参数接收的二元操作类 BiConsumer 的对象 action 传递给每一个 Map 的键值对。每个键值对都执行 accept()方法，这里的 Key 和 Value 分别对应 accept()方法的两个参数。

代码 7-16 中展示了这三类遍历 Map 容器的方法。补充说明一点：借助于 Map 容器的 KeySet 和 EntrySet 这两个视图实现遍历，其根基是 Set 容器的遍历，因此 Map 容器的遍历方法并不局限于代码 7-16 提供的方案。

```
//代码 7-16  Map 容器内对象的遍历
import java.util.Iterator;
import java.util.Map;
import java.util.TreeMap;

public class TestMapTraverse {
    public static void main(String[] args) {
        Map<Integer, String>map =new TreeMap<> ();
        map.put(1, "唐三藏");
        map.put(2, "孙悟空");
        map.put(3, "猪八戒");
        map.put(4, "沙和尚");

        //第一类: for 循环 keySet
        for (Integer key : map.keySet()) {
            System.out.print(key +"," +map.get(key) +" | ");
        }
```

```
        System.out.println();

        //第二类: Iterator 迭代 Set<Map.Entry>
        Iterator<Map.Entry<Integer, String>>item =
            map.entrySet().iterator();
        while (item.hasNext()) {
            Map.Entry<Integer, String>me =item.next();
            System.out.print(me.getKey() +"," +me.getValue() +" ? ");
        }
        System.out.println();

        //第三类: Lambda 表达式实例化 BiConsumer 接口式对象
        map.forEach((Integer key, String value) ->
            System.out.print(key +"," +value +" & "));
        System.out.println();
    }
}
```

输出结果如下所示：

```
1,唐三藏 | 2,孙悟空 | 3,猪八戒 | 4,沙和尚 |
1,唐三藏 ? 2,孙悟空 ? 3,猪八戒 ? 4,沙和尚 ?
1,唐三藏 & 2,孙悟空 & 3,猪八戒 & 4,沙和尚 &
```

7.5.2 HashMap 类

HashMap 类的继承关系为：

```
java.lang.Object
    java.util.AbstractMap<K,V>
        java.util.HashMap<K,V>
```

java.util.HashMap 的声明如下。

```
public class HashMap<K,V>
extends AbstractMap<K,V>
implements Map<K,V>, Cloneable, Serializable
```

HashMap 的构造方法为：

```
public HashMap()
public HashMap(int initialCapacity)
public HashMap(int initialCapacity,float loadFactor)
```

构造一个指定大小为 initialCapacity(默认大小 16)、负载因子为 loadFactor(默认值为 0.75)的空 HashMap 容器。

哈希表在查找单个元素方面性能极度优秀，理论上时间复杂度可以达到 $O(1)$，即元素查找时间与哈希表大小无关。因此优化后的哈希表可以让 HashMap 在查找相应 Key 值时表现出极其优秀的性能。

对于HashMap的调优工作可以从以下三个方面进行。

（1）Key对象所属类的hashCode()方法。

（2）HashMap的初始大小。

（3）HashMap的负载因子。

HashMap中哈希函数是有相对固定的生成方法的。在Java中每个对象都包含一个返回整数值的hashCode()方法，HashMap的哈希函数就与Key对象的哈希值与关，且与Map容量的整数索引值有关。下面是HashMap的哈希函数的简单实现。

```
int hashvalue =Maths.abs(key.hashCode()) %Map 容量
```

现阶段的HashMap使用的是一个更复杂的实现方法，但核心仍然是Key对象的hashCode()的值。下面代码的KeyObject类中hashCode()就是一个非常糟糕的例子：

```
class KeyObject{
    …
    @Override
    public int hashCode() {
        return 1;
    }
    …
}
```

我们需要让哈希值尽可能地反映类中成员的属性，而不是简单地返回一个常数。一个优秀的哈希函数可以极大减少哈希表冲突的可能性，它是哈希表$O(1)$时间复杂度的查找算法实现的基础。

HashMap的容量也是可以优化的。为了使Map容器有效地处理任意数目的对象，Map实现可以调整自身的容量。至于何时调整Hash表大小，与Map容器的Hash表中元素的密度——负载因子有关，它表示Map容器可以容纳键值对的相对数量。

```
若(负载因子)×(容量)>(Map 大小),则调整 Map 大小
```

例如，对于负载因子为0.75的预备存储100个项的Map，应将容量设置为100/0.75＝133.33，并将结果向上取整为134(或取整为奇数135)。负载因子本身是空间和时间之间的调整折中。较小的负载因子将占用更多的空间，但将降低冲突的可能性，从而加快Hash表的访问和更新的速度。较大的负载因子会因为频繁的冲突，回避机制的反复运算，降低Hash表的读写性能。而较小的负载因子将意味着如果程序员未预先调整Map的大小，则导致更频繁的调整大小，从而写入降低性能。

另外，需要注意不同的容器大小意味着对象映射到不同的索引值。先前冲突的键可能不再冲突，而先前不冲突的其他键现在可能冲突。因此，在7.3.2节中，提到“HashSet容器中，元素的迭代次序没有任何保证，它与对象存入顺序、容器容量、对象Hash值的设计及其Hash表的冲突回避机制有关”。

总的来说，HashMap通过KeySet中Key值对象的哈希值对HashMap中的元素对进行快速定位。选择具有优秀设计的hashCode()方法的类对象作为HashMap容器的Key可以有效地降低冲突可能性，优化HashMap容器的性能，同时调优初始容量和负载因子也

可以优化 HashMap 空间的使用。

7.5.3　TreeMap 类

TreeMap 的类继承关系为：

```
java.lang.Object
    java.util.AbstractMap<K,V>
        java.util.TreeMap<K,V>
```

java.util.TreeMap 的声明如下。

```
public class TreeMap<K,V>
extends AbstractMap<K,V>
implements NavigableMap<K,V>, Cloneable, Serializable
```

TreeMap 的构造方法为：

```
public TreeMap()
```

构造一个空的 TreeMap，其中，key 的排序依赖于 key 所属类实现 Comparable 接口产生的“自然序”。

```
public TreeMap(Comparator<? super K> comparator)
```

构造一个空的 TreeMap，其中，key 的排序依赖于使用 comparator 中比较两个 key 对象的结果。

TreeMap 底层是平衡二叉树。TreeMap 容器中的键值对，以键为主按自然顺序或自定义顺序有序地存储在 Map 容器中。TreeMap 没有调优选项，因为该树总处于平衡状态。

代码 7-17 继续延用了代码 7-9 中定义的 Stu 类，实例化了一个带比较器的 TreeMap，与代码 7-10 中 TreeSet 容器中定义比较器的方法类似。

```
//代码 7-17   TestTreeMap 容器的简单实现

import java.util.*;

public class TestTreeMap {
    public static void main(String[] args) {
        //Lambda 表达式实例化的 Comparator 对象
        Map<Stu,Object> map = new TreeMap<Stu,Object>(
                (Stu o1, Stu o2) -> o1.age - o2.age);
        map.put(new Stu(17), new Object());
        map.put(new Stu(18), new Object());
        map.put(new Stu(70), new Object());
        System.out.println(map);
    }
}
```

输出结果为：

```
{Stu{age=17}=java.lang.Object@3d075dc0,
Stu{age=18}=java.lang.Object@214c265e,
Stu{age=70}=java.lang.Object@448139f0}
```

这里以列表的形式简单总结一下 HashMap 与 TreeMap 的区别，如表 7-6 所示。

表 7-6　TreeMap 和 HashMap 的区别

	TreeMap	HashMap
底层结构	平衡二叉树	哈希表
插入/删除/查找时间复杂度	$O(\log_2 N)$	$O(1)$
是否有序	关于 Key 有序	无序
线程安全	不安全	不安全
Key 值定义	Key 必须能够比较，否则会抛出 ClassCastException 异常	自定义类型 Key 需要覆写 equals() 和 hashCode()方法
应用场景	Key 有序	更高的读写性能

7.6　容器的工具类

如同 Arrays 类服务数组一样，Collections 是服务容器的工具类。

7.6.1　容器与数组之间的转换

java.util.Arrays 类有一个工具方法：

```
public static <T>List<T>asList(T… a)
```

可以基于数组返回一个固定长度的 List。这个方法和 Collection 接口中的 toArray() 方法形成了数组与容器之间相互转换的 API，如代码 7-18 所示。

```
//代码 7-18　数组与单列容器的相互转换
import java.util.Arrays;
import java.util.Collection;
import java.util.List;

public class BridgeArrayCollection {
    public static void main(String[] args) {
        String [] names ={"孙悟空","猪八戒","沙和尚","唐三藏"};

        List<String>list =Arrays.asList(names);
        System.out.println("List: "+list);

        Collection<String>col =list;
        String [] name2 =col.toArray(new String[0]);
        System.out.println("Array: " +Arrays.toString(name2));

        int [][] a ={{1,2,3},{1,2,3}};
        List<int[]>li =Arrays.asList(a);        //数组作为引用变量可以作为泛型
```

```
        System.out.println(li.get(0));
        System.out.println(li.get(1));

        int[][] b =li.toArray(new int[0][]);
        System.out.println(Arrays.toString(b[0]));
        System.out.println(Arrays.toString(b[1]));
    }
}
```

输出结果：

```
List: [孙悟空, 猪八戒, 沙和尚, 唐三藏]
Array: [孙悟空, 猪八戒, 沙和尚, 唐三藏]
[I@74a14482
[I@1540e19d
[1, 2, 3]
[1, 2, 3]
```

将容器转换成数组,或数组转换成容器后,数组和容器都是相互独立的存在。需要注意的是：在转换过程中只会复制容器或数组内对象的引用,不会克隆出一个新对象,因此对于对象成员的修改会同时影响二者。

```
Stu [] arr ={new Stu(10), new Stu(12)};
List<Stu>list =Arrays.asList(arr);

System.out.println(list);          //[Stu{age=10}, Stu{age=12}]
arr[0].age =100;
System.out.println(list);          //[Stu{age=100}, Stu{age=12}]
```

然而,即使是只复制引用变量,其系统消耗也不低,因此,除非必要,不建议在容器与数组间进行转换。

另外需要注意,容器中只能存储引用变量,因此基础数据类型数据的一维数组是无法直接转换为容器的。对于 int [] a = {1,2,3},Arrays.asList(a)的返回值是 List<int[]>,而不是 List<Integer>。因为数组本身是引用变量,二维数组可以转换为容器,如 int [][] a = {{1,2,3},{2,3,4}},Arrays.asList(a)的返回值仍然是 List<int[]>,其中,容器内的对象为一维数组{1,2,3}和{2,3,4}。

7.6.2　Collections 类的主要功能

Collections 是针对集合操作的工具类。此类仅由静态方法组合或返回集合,静态方法可以直接通过类名调用。其中很多操作都是针对 List 容器的,这部分方法与 Arrays 类中定义的方法也是相对应的。

1. 排序操作

```
public static <T extends Comparable<T>> void sort(List<T>list)
public static <T> void sort(List<T>list, Comparator<? super T>c)
```

其中，T extends Comparable<T>表示一个实现了 Comparable<T>接口的类 T。整体来说，<T extends Comparable<T>> void sort(List<T> list)的意思就是“如果 List 容器中所有成员都支持比较大小，那么本 sort()方法就可以为你排序，否则免谈！”

sort()方法可以根据 List 容器中(实现 Comparable 接口的子类)对象间的自然顺序对 List 集合中的对象进行排序，或按照指定比较器(Comparator)c 对 List 集合中的对象进行排序。

提示

Arrays 类的排序支持基础数据类型的数据，基础类型数值具有天然的大小顺序。

Collections 类中关于 List 容器排序是面向对象的，因此需要定义对象比较大小的方法。

```
public static void reverse(List<T>list)
```

反转指定 List 容器中对象的顺序。

```
public static void shuffle(List<T>list)
```

对 List 容器中的对象进行随机排序(模拟玩扑克中的“洗牌”)。

```
public static void swap(List<T>list, int i, int j)
```

将指定 List 容器中 i 处元素和 j 处元素进行交换。

的排序方法。

```
//代码 7-19  Collections 类中几个常用方法
import java.util.Arrays;
import java.util.Collections;
import java.util.Comparator;
import java.util.List;

public class TestColSort {
    public static void main(String[] args) {
        List<String>list =Arrays.asList(
            "孙悟空", "猪八戒", "沙和尚", "唐三藏");
        System.out.println("原始 List: " +list);
        Collections.sort(list);
        System.out.println("默认排序:" +list);

        Collections.sort(list, new Comparator<String>() {
            @Override
            public int compare(String o1, String o2) {
                return o1.compareTo(o2) * -1;
            }
        });
        System.out.println("指定排序:" +list);
```

```
        Collections.reverse(list);
        System.out.println("反序:" +list);

        Collections.shuffle(list);
        System.out.println("乱序:" +list);

        Collections.swap(list,0,3);
        System.out.println("交换 0、3 位置: " +list);
    }
}
```

输出结果：

```
原始 List:          [孙悟空, 猪八戒, 沙和尚, 唐三藏]
默认排序:           [唐三藏, 孙悟空, 沙和尚, 猪八戒]
指定排序:           [猪八戒, 沙和尚, 孙悟空, 唐三藏]
反序:               [唐三藏, 孙悟空, 沙和尚, 猪八戒]
乱序:               [孙悟空, 沙和尚, 猪八戒, 唐三藏]
交换 0、3 位置:     [唐三藏, 沙和尚, 猪八戒, 孙悟空]
```

2. 查找替换

```
public static <T> int binarySearch(List<Textends Comparable<T>> list,
    T key)
public static <T> int binarySearch(List<T> list, T key, Comparator<T> c)
```

使用二分法搜索指定对象 key 在 List 集合中的索引，查找的 List 集合中的对象必须是已经完成排序的。二分查找过程中对象的“大小比较”，可以选择对象自身的 Comparable 接口，或使用指定的 Comparator。

```
public static <T> void copy(List<T> dest, List<T> src)
```

将一个 List 容器 src 中所有对象引用覆盖到另外一个容器 dest 当中，从 0 位置开始，并保持对象顺序一致。若 src 容器容量为 a，则顺序覆盖 dest 容器中 0～a－1 位的元素，因此要求 dest 容器容量必须大于 src 容器容量，否则执行时会抛出 IndexOutOfBoundsException。

```
public static <T> boolean replaceAll(List<T> list, T oldVal, T newVal)
```

用一个新的 newVal 替换 List 集合中所有的旧值 oldVal。

```
//代码 7-20  Collections 查找替换的方法
import java.util.Arrays;
import java.util.Collections;
import java.util.List;

public class TestColRep {
    public static void main(String[] args) {
        List<String>list =Arrays.asList("孙悟空", "猪八戒",
```

```
            "沙和尚", "唐三藏");
        Collections.sort(list);
        System.out.println("排序 List: " +list);

        int index =Collections.binarySearch(list, "孙悟空");
        System.out.println("List "+index +" =" +list.get(index));

        List<String>copyList =Arrays.asList("Xun Wukong", "Jv Bajie",
            Sha Heshang", "Tang Sanzhang","Bie Longma");
        Collections.copy(copyList,list);
        System.out.println("copyList:" +copyList);

        boolean replaceAll =Collections.replaceAll(
            copyList,"Bai Longma","白龙马");
        System.out.println("替换成功?"+replaceAll +"|" +copyList );
    }
}
```

输出结果：

```
排序 List:          [唐三藏, 孙悟空, 沙和尚, 猪八戒]
List 1 =            孙悟空
copy List:          [唐三藏, 孙悟空, 沙和尚, 猪八戒, Bie Longma]
替换成功?true|      [唐三藏, 孙悟空, 沙和尚, 猪八戒, 白龙马]
```

7.6.3 Collections 中容器的包装方法

经过容器的包装方法包装的容器，如同 I/O 流中的处理流一样，将具有一些新的特性。

1. 容器对象的类型限制

```
public static <E> Collection<E> checkedCollection(
    Collection<E> c, Class<E>type
)
```

使用上述方法可以返回类型检查的容器，在运行时会对容器中对象进行类型检查，例如：

```
Collection c =Collections.checkedCollection(new HashSet (), String.class);
```

与在容器中定义泛型的效果类似：

```
Collection<String> c =new HashSet<String>();
```

然而，在使用规范上，使用泛型约束容器和 checkedCollection 包装容器是不完全一致的，如代码 7-21 所示。

```
//代码 7-21  对容器内对象类型进行限制
import java.util.*;

public class TestColCheck {
    public static void main(String[] args) {
```

```
        Collection col =Collections.checkedCollection
            (new HashSet(), String.class);
        col.add(123);           //编辑时不会出错,但运行时会出错
        System.out.println(col);
    }
}
```

输出结果：

```
Exception in thread "main" java.lang.ClassCastException: Attempt to insert class
java. lang. Integer element into collection with element type class java.
lang.String
at java.util.Collections$CheckedCollection.typeCheck(Collections.java:39)
at java.util.Collections$CheckedCollection.add(Collections.java:3082)
at * * * .TestColCheck.main(TestColCheck.java:9)
```

在代码7-21中，使用checkedCollection包装后的容器可以在添加对象时，检查对象是否符合String类的要求。因为在Collection col声明时未声明泛型，所以在编译col.add(123)时，没有报错。只是运行时才会出现类型不符的异常。如果使用泛型，声明Collection <String> col，则编译col.add(123)时就会报错。检查时机是泛型容器与checkedCollection包装后的容器之间最本质的区别。

2. 容器的线程安全

在容器中很多实现子类都是线程不安全的。Collections类中的方法可以将容器同步化，实现线程安全。

```
public static <T>Collection<T>synchronizedCollection(Collection<T>c)
public static <T>List<T>synchronizedList(List<T>list)
public static <K,V>Map<K,V>synchronizedMap(Map<K,V>m)
public static <T>Set<T>synchronizedSet(Set<T>s)
```

使用上述方法基于现有容器，建立一个同步(线程安全)的容器。

对于Map容器除了可以使用Collections中的synchronizedMap()方法将未同步的Map转换为同步的Map，还有一种方法就是使用util.concurrent包中的ConcurrentHashMap和ConcurrentSkipListMap。Doug Lea(纽约州立大学奥斯威戈分校计算机科学系的教授)创建了一组公共领域的程序包java.util.concurrent，该程序包包含许多可以用于并行编程的实用程序类，它们都是线程安全的，对并发访问或更新实现了同步。根据Map接口及实现子类之间的关系图(图7-3)可以看到，ConcurrentHashMap和ConcurrentSkipListMap分别对应HashMap和TreeMap。在API文档中可以看到，ConcurrentHashMap和ConcurrentSkipListMap的构造方法与成员方法都与HashMap和TreeMap类似，基本上可以实现无缝替换。

3. 容器锁定

Collections类中的方法可以将容器锁定。锁定后的容器无法修改容器中的元素——无法删除、插入、替换元素，但对于容器元素持有对象本身的内容不做约束，其根本原因还是容器真正存储的是引用而不是对象本身。

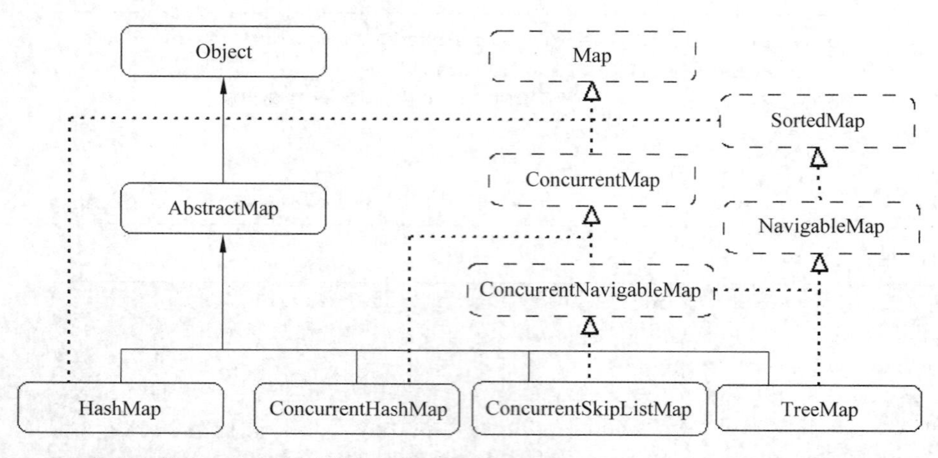

图7-3 Map 容器中的接口和实现子类之间的关系（其中，Concurrent * * * Map 类为线程安全的实现子类，虚线框为接口，实线框为类，虚线箭头表示实现关系，实线箭头表示继承关系）

```
public static <T>Collection<T>unmodifiableCollection(Collection<T>c)
public static <T>List<T>unmodifiableList(List<T>list)
public static <K,V>Map<K,V>unmodifiableMap(Map<K,V>m)
public static <T>Set<T>unmodifiableSet(Set<T>s)
```

使用上述方法可以返回一个锁定的容器。

```
//代码 7-22  锁定一个容器

import java.util.ArrayList;
import java.util.Collections;
import java.util.List;

public class TestUnmodiCol {
    public static void main(String[] args) {
        List<Stu>list =new ArrayList<>();
        list.add(new Stu(10));
        list.add(new Stu(20));
        System.out.println(list);

        List<Stu>lockedList =Collections.unmodifiableList(list);
        Stu st =lockedList.get(0);
        st.age =100;              //可以修改容器中引用变量指向对象中的内容
        System.out.println(lockedList);
        lockedList.add(new Stu(21)); //锁定容器，无法添加，运行时出现异常
    }
}

class Stu{
    public int age;
```

```
    public Stu(int age) { this.age =age; }
    @Override
    public String toString() { return "Stu{age=" +age +'}'; }
}
```

输出结果：

```
[Stu{age=10}, Stu{age=20}]
[Stu{age=100}, Stu{age=20}]
Exception in thread "main" java.lang.UnsupportedOperationException
at java.util.Collections$UnmodifCollection.add(Collections.java:1057)
at * * * .TestUnmodiCol.main(TestUnmodiCol.java:19)
```

7.7 针对容器的流式编程——内部迭代实现

7.7.1 配适容器的 Stream 流

容器的遍历可以通过外部迭代或内部迭代实现。7.4 节使用迭代器遍历依次提取容器中元素的方法，就是一种外部迭代的方案。在这个方案中，用户通过迭代器提取容器中的每个元素，然后针对这个元素进行相应处理。这种做法的优点是：用户对于程序的掌控更高，可以达到较高的运算效率。缺点是：需要写大量重复的模板式的代码，需要声明一个中间变量，容易出错。

使用 Java 5 的增强 for 循环就是一种内部迭代的方案。在内部迭代方案中，用户只提供对集合元素的处理逻辑，遍历过程是交给程序自动完成的。其优点就是：代码短小精干，逻辑清晰。缺点是：无法修改容器内容，有些情况性能达不到最优。Java 8 版本新增的 Stream 接口，配合同版本出现的 Lambda 表达式，基于容器遍历提供了一个内部迭代实现——给容器中的每一个对象都赋予一个操作。

基于这种分发操作的内部迭代，Java 8 实现了流式编程。本节将带领读者简单地认识流式编程的三个步骤，体会流式编程的特点。在之后 Spark 平台下的 RDD 编程中，将会大量使用流式编程方式编写代码。

1. Stream 流的定义

Stream 流封装了针对容器的内部迭代方案，它是容器遍历的视图。Stream 流对象通过函数式对象为容器中每一个元素指定转换规则，基于容器的内部遍历，不断地产生新的 Stream 流对象，完成容器内元素的查找、筛选、过滤、排序、聚合和变换等数据操作。

Stream 流管道与 I/O 流管道具有类比性。

首先，它们都有数据源。在 I/O 流管道中的数据源是程序外部资源，以顺序的方式实现数据读写；Stream 流管道中的数据源是容器或其他可以转换为容器的对象，如数组或 I/O 资源等。Stream 流可以顺序串行地访问容器对象，也可以乱序并行地访问容器中对象。

其次，它们都在管道中实现了数据的转换。在 I/O 流管道中，数据通过层层包装，不断地改变数据形态，如经过 FileInputStream 硬盘文件变内存数据、经过 InputStreamReader 字节变字符；在 Stream 流中，数据经过转换(中间与终端)操作完成 Stream 流中数据形态的转换，层层推进。

最后，两个管道都是动作驱动的。I/O 流管道在建立时并不传输数据，只有在接到 read()等指令时方才从外部资源处读取数据；Stream 流管道，只有在接到终端操作时，方才从数据源读取数据。

这两个管道都可以将数据从一种形态转换到另一种形态，从一端输入转换后在另一端进行输出。

整个 Stream 流管道是由源、中间操作和终端操作组成。

（1）源操作可以将数组、容器、通过 I/O 流管道读取的数据等内容转换为 Stream 流对象，简单地说，就是将其他类型的一批变量转换为 Stream 流对象，它是 Stream 流管道的基础，也是管道中数据的来源，如同结点流之于 I/O 流管道。

（2）中间操作是基于现有 Stream 流对象生成新的 Stream 流对象的方法。形式上，中间操作是 Stream 对象的成员方法，如 filter()、map()、flatMap()、limit()等，它们的返回值是一个新的同类型的 Stream 对象。这些中间操作的串联组成了 Stream 流管道的主体，实现从 Stream 流对象到 Stream 流对象的转换操作，它是 Stream 流管道的中间部分，类似于 I/O 流管道中的处理流。

（3）终端操作是一类成员方法的返回值是其他类型的数值，形式上也是 Stream 流对象的成员方法，有 sum()、reduce()、collect()、count()和 forEach()等。终端操作每个 Stream 流管道只能进行一次。终端操作的启动会激活流管道从源读取数据，按中间操作定义的函数将数据转换为相应的形态，并最终汇总到终端操作之上，产生最终结果。例如：

```
int sum =widgets.stream().filter(w ->w.getColor() ==RED)
    .mapToInt(w ->w.getWeight()).sum();
```

其中，widgets 是一个容器，它通过 stream()方法将自己转换为 Stream 对象。通过 filter()和 mapToInt()方法等中间操作进行了形式转换，最终加入 sum()这个终端操作完成 Stream 流管道的构建。

Stream 流计算仍然是在 Java 这个框架下完成的，因此就可以将流式编程代码无缝地嵌入普通 Java 代码当中，使之成为高效批量处理数据的一个重要模块。

2 .延迟计算

Stream 流管道计算的中心思想是延迟计算——“Stream 流直到需要时才计算”。具体来说，就是在 Stream 流管道计算过程中，使用“源操作”和“中间操作”创建流对象时不会导致数据流动，仅在“终端操作”启动时 Stream 流管道才会从源（容器、I/O 流、生成函数等）中获取值，一次性完成计算后，随即停止服务。延迟计算的处理模式则极大地提高了内存的利用效率。

3. 流式计算的要求与约定

流式计算的过程就是数据批量转换的过程，转换的方法由流式计算的中间操作和终端操作为主要计算框架，框架中参数为函数式对象，用来补充完成 Stream 对象的转换规则。除非另有说明，否则这些作为参数函数式接口对象必须为非空值。

另外需要注意，函数式对象对于数据的转换计算，只能生成新 Stream 对象，而不能修改已经存在的 Stream 流中的对象。

4. 流式计算编程的特点

Stream 流式编程处理容器对象具有以下优点。

(1) Stream 对象到 Stream 对象的转换过程可以由函数式对象用 Lambda 表达式指定,代码简洁易懂。

(2) 允许我们把几个基础操作连接起来,来表达复杂的数据处理的流水线。

(3) 特别繁重的任务可以很轻松地转为并行流,适合类似于大数据处理等业务。

流式计算模式在 Java 8 中出现是 Java 与大数据编程深度整合的结果,它也是从 Java 7 到 Java 8 最核心的更新内容,Lambda 表达式、函数式接口等更新内容都是围绕流式编程产生的。

7.7.2 Stream 流管道的创建

java.util.stream.Stream 接口的定义如下。

```
public interface Stream<T>
extends BaseStream<T,Stream<T>>
```

作为父接口的 BaseStream<T,Stream<T>>还有几个子接口,分别是:IntStream、LongStream 和 DoubleStream,声明如下。

```
public interface IntStream extends BaseStream<Integer,IntStream>
public interface LongStream extends BaseStream<Long,LongStream>
public interface DoubleStream extends BaseStream<Double,DoubleStream>
```

可以看到,Stream、IntStream、LongStream 和 DoubleStream 都是 BaseStream<T,Stream<T>>的产品。如同 Set 容器是 Map 容器的产品一样。IntStream、LongStream 和 DoubleStream 的出现就是针对常用的基础类型的数字而设计的流式计算的接口,可以将它们理解为 Stream<int>、Stream<long>和 Stream<double>,这些特殊的流中还提供了一些诸如 range()、sum()、max()等数字类型常用的终端操作。本节以最为常用的 Stream 类为例对 Java 中流式计算管道构建过程中的常用方法进行介绍。

> **注意**
>
> 这里 Stream<int>、Stream<long>和 Stream<double>的说法并不严谨,真正的泛型需要包装类支持,但实际情况是:这些 * * * Stream 流对象确实提供了面向基础数据类型的方法,因此它们看上去像是以基础数据类型为泛型的流对象。

1. 源操作:Stream 流对象的生成

源操作是 Stream 流管道的开端和基础,Stream 流对象可以通过多种方式进行创建。

(1) 基于给定值直接生成 Stream 流对象,可以使用 java.util.Stream 类静态方法 of()。

```
Stream<String> stringStream = Stream.of("1", "2", "3");
```

(2) 基于数组生成 Stream 流对象,可以使用 java.util.Arrays 类的静态方法 stream()。

```
String[] stringArr = {"1", "2", "3"};
Stream<String> stream = Arrays.stream(stringArr);
```

(3) 基于单列对象容器可以使用 java.util.Collection 类的成员方法串行地 stream()或

并行地 parallelStream()生成 Stream 流对象。

```
Collection<String> list = Arrays.asList("1", "2", "3");
Stream<String> stream1 = list.stream();
Stream <String> pstream = list.parallelStream();
```

(4) 基于文本文件可以使用 java.nio.file.Files 类的静态方法 lines()生成 Stream＜String＞流对象。

```
Stream<String> lines = Files.lines(Paths.get("/home/hadoop/mnt/"));
```

(5) 使用函数生成一个无限长度的 Stream 流对象。

iterate()方法可以生成一个无限次复合运算的序列，并将它们构建为 Stream 流对象，其中的值为 seed，f(seed)，f(f(seed))，…，每一个值都是前一个值经过 f()转换的结果。

```
public static <T> Stream<T> iterate(T seed, UnaryOperator<T> f)
```

generate()是一个可以无限次地调用 Supplier 函数式对象生成值，并将它们构建为 Stream 流对象的方法。

```
public static <T> Stream<T> generate(Supplier<T> s)
```

例如：

```
//从 0 开始，每个元素都是前一个元素加 2 的结果
Stream<Integer> iterate = Stream.iterate(0, num -> num + 2);
//0,2,4,6,…

//流中每个元素都是 0～1 随机数
Stream<Double> generate = Stream.generate(Math:random());
```

注意

这两个无限长的数列在实际执行过程中，不用担心内存溢出，因为流对象是延迟计算的。如果没有终端操作，即使执行完该语句后，内存仍然是空的。

它们需要配合中间操作 limit()方法来生成有限容量的 Stream 流对象。

(6) 合并两个流对象。

```
Stream.concat(Stream.of("1", "22", "333"), Stream.of("4", "55", "666") );
```

其中，java.util.stream.Stream.concat 方法的定义如下。

```
static <T> Stream<T> concat(Stream<T> a, Stream<T> b);
```

返回一个延迟拼接的 Stream，顺序依次为 Stream a 中的元素，Stream b 中的元素。

2. 终端操作：将 Stream 流对象转换为普通对象

终端操作不仅可以将 Stream 流对象转换为普通对象，它是 Stream 流计算管道的结束，而且终端操作可以启动 Stream 流管道计算进程。一个没有终端操作的 Stream 流管道是不会进行任何运算的，它是没有意义的。这里简单介绍几个常用的终端操作。

(1) forEach()方法的声明如下。

```
void forEach(Consumer<T> action)
```

对此流的每个元素执行Consumer类函数式对象定义的操作。例如：

```
Stream.of("1", "2", "3").forEach(x ->System.out.print(x));
```

(2) count()方法的声明如下。

```
long count()
```

返回此流中的元素数。例如：

```
long count =Stream.of("1", "2", "3").count() //count =3;
```

(3) reduce()方法的声明如下。

```
T reduce(T identity, BinaryOperator<T> accumulator)
```

reduce()方法以indentity为起点，使用BinaryOperator函数进行规约运算。相当于以identity为a[0]，Stream中其他元素为a[1]，a[2]，…的前缀运算过程，如4.7.6节中的图4-8所示。

```
int i =Stream.of(1, 2, 3).reduce(0, (left, right) ->left * right +1);
//(1) left =0 right =1 计算后，重新赋值 left =0 * 1 +1 =1
//(2) left =1 right =2 计算后，重新赋值 left =1 * 2 +1 =3
//(3) left =3 right =3 计算后，重新赋值 left =3 * 3 +1 =10
//(4) left =10 right =null 返回结果 10

String a =Stream.of("1", "2", "3").reduce("", (left,right) ->left+right);
// a ="123";
```

(4) toArray()方法有两个重载的方法，其声明如下。

```
Object[] toArray()
<A> A[] toArray(IntFunction<A[]>generator)
```

这两个方法都可以将Stream转换为数组。例如：

```
Stream<String>stream =Stream.of("1", "2", "3");
Object [] objArr =stream.toArray();
for (Object ob: objArr){
    String str =(String)ob;
    …
}
//size为stream中对象的数量
String [] strArr =stream.toArray((int size) ->new String[size]);
```

注意

一个Stream流管道只能有一个终端操作，它是Java平台所特有的规定。在Java 8中Stream流管道在执行完一次终端操作后随即解体，再次调用终端操作会出现IllegalStateException异常。然而，在Spark平台中流式计算过程中，一个终端操作意味一次从头到尾的计算，因此，可以看到一个流管道后分别接有不同的终端操作的情况。

3. 中间操作：Stream 流的主体

(1) map()方法的声明如下。

```
Stream<R> map(Function<T,R> mapper)
```

返回函数 mapper 转换过对象组成的流，相当于计算每一个元素的函数值，将其存为新的 Stream，例如：

```
List<Integer>numbers =Arrays.asList(3, 2, 2, 3, 7, 3, 5);
//获取对应的平方数
Stream<String>stream =numbers.stream().map((Integer i)->i * i);
```

(2) filter()方法的声明如下。

```
Stream<T> filter(Predicate<T> predicate)
```

返回满足条件 predicate 对象组成的流，例如：

```
List<String>strings =Arrays.asList("abc", "", "bc", "efg",
    "abcd","", "jkl");
//获取空字符串的数量
Stream<String> stream =strings.stream().filter(
    (String string) ->string.isEmpty());
```

(3) limit()方法的声明如下。

```
Stream<T> limit(long maxSize)
```

在一个长流当中截取指定数量的元素生成新流。经常与源操作中的生成流联合使用，生成有限数量对象的流。例如：

```
Stream<Integer> iterate =Stream.iterate(0, num ->num +2).limit(10);
Stream<Double> generate =Stream.generate(()->Math.random()).limit(10000);
```

```
//代码 7-23  随机生成 0～9999 的整数，统计其中有多少个数字是大于 5000 的
import java.util.stream.Stream;

public class TestStream {
    public static voidmain(String[] args) {
        int number =10000;
        final int threshold =5000;
        long count =Stream.generate(Math::random).        //Stream<Double>
            limit(number).          //Stream<Double>->Stream<Double>
            map((Double d) ->(int)(d * 10000)).
                                    //Stream<Double>->Stream<Integer>
            filter((Integer num) ->num >threshold).
                                    //Stream<Integer>->Stream<Integer>
            count();
        System.out.println(count);
    }
}
```

代码 7-23 中 Stream 流管道的构建顺序为：首先使用 generate()方法生成一个长度无

限、内容为0～1的随机浮点数的Stream<Double>对象，之后使用limit()方法限制流中仅包含10 000个随机double浮点数(存入Stream流对象时自动打包)，再使用map()方法将Stream<Double>的对象转换为Stream<Integer>的对象，然后利用filter方法过滤出大于5000的元素，最后使用终端操作count()方法对这时的Stream<Integer >对象中元素进行计数。

(4) sorted()方法的声明如下。

```
Stream<T> sorted()
Stream<T> sorted(Comparator<T>comparator)
```

将已有Stream中的对象，按对象的自然序(或按比较器)进行排序。

(5) flatMap()方法的声明如下。

```
Stream<R> flatMap(Function<T, Stream<R>>mapper)
```

函数mapper可以基于现有Stream成员的每一个对象，生成一个新Stream。在flatMap()方法中会将这些由元素生成的新Stream拼接为一个大的Stream返回给用户。例如：

```
Stream <String>stream =Stream.of("1,2,3", "4,5,6", "7,8,9").
    flatMap(a ->Stream.of(a.split(",")));
```

或

```
    flatMap(a ->Arrays.stream(a.split(",")));
```

形如"1,2,3"之类字符串使用split()方法后形成了String[]数值，这时使用Stream.of()或Arrays.stream()方法都可以基于数组构建Stream对象，实现了Function<String, Stream<String>>接口中从String类对象变化为Stream<String>类对象的映射转换过程。Stream中所有元素都依照此方法处理后，flatMap调用concat()方法将新产生的Stream对象串接起来，形成一个Stream<String>对象。

最后，我们要说并非所有程序都可以使用流式编程完成设计目标，就像所有串行程序无法改写为并行程序一样。串行程序向并行程序的转换需要满足一定的条件，也需要程序员的技术和技巧。同学们在此处简单地接触流式编程，将有助于日后的Scala语言流式编程思想的建立，为大数据编程打下基础。

7.7.3 终端操作collect与Collectors工具类

在Stream流管道中collect()方法是一个重要终端操作，它提供了用户自定义的接口，可以按用户自定义的方式将Stream流对象转换为其他类型的变量，其方法声明如下。

```
R collect(Collector<T,A,R> collector)
```

Collector是一个使用可变归约操作将输入元素累加到可变结果R中的操作，最后collect()将R返回给用户。Collectors作为Collector的工具，提供了很多生成Collector实例的方法，常用的方法如表7-7所示。关于Stream的collect()方法可以认为是reduce()方法更高阶的实现。

表 7-7 java.util.stream.Collectors 中生成 Collector 的部分方法

返回值	方法	描述
<T> Collector<T,?,**Double**>	averagingDouble(ToDoubleFunction mapper) averagingInt(ToIntFunction mapper) averagingLong(ToLongFunction mapper)	使用输入元素的函数的算术平均值。如果没有元素，结果为 0
<T> Collector<T,?,**Long**>	counting()	计算输入元素的数量。如果没有元素，结果为 0
<T,K> Collector<T,?,Map<K,**List**<**T**>>>	groupingBy(Function< T,K> classifier)	根据分类功能分组元素，并返回一个 Map。相当于 groupingBy(classifier, Collectors.toList)
<T,K,A,D> Collector<T,?,**Map**<**K**,**D**>>	groupingBy(Function<T, K> classifier, Collector<T,A,D> downstream)	根据分类功能分组元素，然后使用指定的下游 Collector 收集器对与给定键关联的值执行聚合操作
Collector<CharSequence,?,**String**>	joining()	按照对象的顺序将输入元素连接到一个 String 中
<T> Collector<T,?,**List**<**T**>>	toList()	它将输入元素顺序存储到一个新的 List 中
<T> Collector<T,?,**Set**<**T**>>	toSet()	它将输入元素存储到一个新的 Set 中
<T,K,U> Collector<T,?,**Map**<**K**,**U**>>	toMap(Function<T, K> keyMapper, Function<T, U> valueMapper)	它将输入元素使用两个函数映射到两个部分，一个作 Key，一个作 Value

关于表 7-7 中令人眼花缭乱的返回值类型，其实我们只要关心 Collector 泛型中第三个类型即可，因为 collect()方法的返回值类型只与第三个泛型有关。

Collectors 类实现了很多归约操作，可以将 Stream 中元素聚合后装入一个容器(toSet()方法、toList()方法、toMap()方法、toArray()方法、groupBy()方法)，或成为一个整体(joining()方法、counting()方法、averaging * * * ()方法)。

```
List<String>strings =Arrays.asList("abc", "", "bc", "efg",
    "abcd","", "jkl");
List<String>filtered =strings.stream().filter(
    string->!string.isEmpty()).collect(Collectors.toList());
String mergedString =strings.stream().filter(
    string->!string.isEmpty()).collect(Collectors.joining(", "));
```

此时的内存为：

```
filtered: List[abc, bc, efg, abcd, jkl]
mergedString: "abc, bc, efg, abcd, jkl"
```

```
//代码 7-24  Stream 版的 WordCount 程序
import java.io.IOException;
import java.nio.file.Files;
import java.nio.file.Path;
import java.util.Arrays;
import java.util.Map;
import java.util.stream.Collectors;
import java.util.stream.Stream;

public class WordCount{
    public static void main(String[] args) throws IOException {
        String [] text ={"hello world","hello jerry","jerry likes java"};
        Stream<String>lines =Arrays.stream(text);

        Map<String, Long>wordcount =lines.
            flatMap(line ->Arrays.stream(line.split(" "))).
            collect(
                Collectors.groupingBy(word ->word, Collectors.counting())
            )
        );

        System.out.println(wordcount);
    }
}
```

输出结果为：

```
{java=1, world=1, jerry=2, hello=2, likes=1}
```

代码7-25使用了Stream流式计算模式重写了主题3的读取CSV处理代码，当然为了简化代码，这里加入了一些假设：所有列都是使用的、数据中不存在默认值、没有注释行等。在实际应用中，读者可以加载一些必要配置常量或引入外部配置文件，如String[] config来标识每一列的数据类型、文本分隔符等。

```
//代码 7-25  使用 Stream 流处理 CSV 文件
import java.io.IOException;
import java.nio.file.Files;
import java.nio.file.Path;
import java.nio.file.Paths;
import java.util.ArrayList;
import java.util.List;
import java.util.stream.Collectors;
import java.util.stream.Stream;

public class StreamCSV {
    public static void main(String[] args) throws IOException {
        Path path =Paths.get("data", "iris.data");     //路径 data/iris.data
```

```
        Stream<String> csv =Files.lines(path);
        String[] config ={"f", "f", "f", "f", "decision"};
        Stream<IrisDataFrame>iris =Files.lines(path).
            filter((String line) ->line.trim().length() !=0).
            map((String line) ->{
                String[] words =line.split(",");
                IrisDataFrame idf =new IrisDataFrame();
                for (int i =0, j =0 ; i <config.length; i++) {
                    if( config[i].equals("f")){
                        idf.attr.add(Double.parseDouble(words[i]));
                        j++;
                    }else if (config[i].equals("decision")){
                        idf.decision =words[i];
                    }
                }
                return idf;
            });
        List<IrisDataFrame> irisTable =iris.collect(Collectors.toList());
        System.out.println(irisTable.get(0));
    }
}

class IrisDataFrame {
    public List<Double> attr =new ArrayList<Double>();
    public String decision;

@Override
    public String toString() {
        return "* * *";    //请自行补充
    }
}
```

读者可将本代码与代码 7-4 进行对比，它们都完成了文本文件的字符串读取，以及存储。但二者的编程模式迥然不同。

(1) 一个采用了容器模式，一个采用了 Stream 流计算模式。

(2) 代码 7-4 中每一行都是即时处理的，代码 7-25 采用延迟计算方案。在构造流的过程中(Stream iris 的构建过程中)，数据还在 iris.data 中，根本就没有发生数据读取现象。直到出现 iris.collect()方法后，才对数据进行读取，这就是流式编程的“延迟计算”。

流式编程的模式让程序运行发生了革命性变化。Stream 流管道将原先一一取出元素进行运算的模式改为分发运算的模式，从而将原先串行的数据处理模式改变为可兼容并行的数据处理模式。然而任何事情都不可能是完美的，Stream 流式编程模式是基于不变的容器或者说是稳定的数据源提供服务的。对于容器而言，这种模式的局限显而易见，不能修改容器内的内容，很多时候不如串行模式灵活多变。然而，这并不能说明流式编程模式作用有限。流式编程在单机条件下，使用 Java 标准版还无法发挥其强大的并行处理优势，只是作为串行计算模式的补充，因此，这里只简单地带领读者领略流式编程的基本流程，这些内容都属于管中窥豹。真正发挥流式编程威力的是在同学们日后学习 Spark 平台下基于 RDD

并行编程中，原先在单机上容易被忽略甚至感觉很蹩脚的流式编程中的一些特性，如不可修改的特性、延迟计算、中间操作的拓扑排序优化等特点，都与分布式并行计算过程相得益彰。同学们可以在日后学习 Spark 平台编程技术时进一步熟悉流式编程模式，领略流式编程的魅力。

小　结

本章介绍了可以容纳管理众多对象，实现了不同数据结构的容器。相比数组，容器实现方式更为灵活，且拥有更多成熟的方法可以调用。

Java 中的容器可以分为单列对象容器和键值对容器两类，分别对应 Collection 和 Map 两个接口的实现子类，存储单列对象的 Collection 容器根据容器的底层实现又分为 List 和 Set 容器。

对应线性表数据结构的 List 容器在学习时需要理解序号给容器内对象管理操作带来的影响，理解 ArrayList 和 LinkedList 之间的区别，了解 LinkedList 作为链表的用法。

Set 容器中无法存储相等的对象，且容器内的对象存储位置是不确定的。读者需要掌握两种 HashSet 和 TreeSet 中判定容器内的对象是否相等的内部机制。理解 TreeSet 容器中对象的排序机制，了解 Comparable 接口和 Comparator 接口在其中的作用。

迭代器是提取容器内对象的重要工具。通过学习，读者需要掌握迭代器的生成方法，理解迭代器的工作原理，可以熟练使用迭代器遍历一般容器和 Set 容器内容。同时，还展示了使用 Iterable 中 forEach()方法和 Iterator 中 forEachRemaining()方法进行容器遍历的方法。

Map 作为存储键值对的容器，本章介绍了 Map 容器基本操作方法、Map 的三种视图，并展示了多种遍历 Map 容器的方法。在 Map 遍历过程中，展示了 Java 8 新出现的 forEach()方法和 BiConsumer 接口的使用方法。之后，还介绍了 HashMap 和 TreeMap 的底层实现结构。

关于 Collections 工具类，本章介绍了 Collections 类对于 List 容器专用的排序、逆序、乱序、二分查找等方法，以及加工、修饰容器的一些方法。

最后，介绍了 Java 8 版本最大的亮点：Stream 流接口和流式编程。Stream 流管道建立在容器的基础上，通过源操作、中间操作、终端操作搭建的 Stream 流管道展示其流式编程代码简洁的一面，其中大量使用了函数接口和 Lambda 表达式，可谓之 Java 8 版本之集大成者。提前了解对于面向函数流式编程，对于未来大数据环境下的并行编程有着积极的作用。

习　题

1. 什么是集合框架？Java 中的集合框架都有哪些接口？它们有什么特点？

2. ArrayList 和 LinkedList 有什么区别？

3. HashSet 和 TreeSet 在判定两个对象相等时，使用的方法是什么？

4. Comparable 和 Comparator 有什么区别？它们是如何让两个对象实现大小比较的？

5. Iterator 与 ListIterator 有什么区别？如何使用 Iterable 接口中的 forEach()方法，实现容器的遍历？

6. 如何实现删除容器中与指定对象相等的所有对象？

7. 为什么说 Set 是 Map 的特例？

8. Map 的三种视图是什么？如何通过三种视图完成 Map 容器的遍历？

9.现有以下三个 E-mail 地址“zhangsan@sohu.com”“lisi@163.com”“wangwu@sina.com”。需要把 E-mail 中的用户部分和邮件地址部分分离(即将@前后部分分离),分离后以键值对的方式放入 HashMap。

10. 简述泛型在容器类中的作用。

11. 整理本章中容器遍历的方法。写出打印容器中所有元素的方法,最少 5 种。

主题 6　文本词频统计

T6.1　主题设计目标

单词计数(WordCount)是自然语言处理中的一项基本任务,对于快速理解文本有着重要意义。一般来说,在一篇文章中,一个单词出现的次数越多,这个单词很可能就是这篇文章的关键词之一。对于单词计数最直观的显示就是“单词：次数”了,其 WordCount 结果最常用的图形化表示就是词云图,如图主题 6-1 所示。

图主题 6-1　词云图示例

这次假设处理的目标为英文,这样就可以使用空格进行快速分词,更快进入主题的核心环节。测试文档“WordCount.txt”的内容为 5 行文字。

```
hello world
hello jerry
hello tom
jerry is a mouse
tom is a cat
```

容易看到这个文本词频统计结果为：

```
hello:3, world:1, jerry:2, tom:2, is:2, a:2, mouse:1, cat:1
```

本次讨论的主题就是编写一个词频统计程序，程序的输入是一个文本文件，文本可以分解成很多单词。程序的输出是一个CSV文件，里面记录着单词及其出现的频率，并按频次降序，若频次相同，则将单词以字典序升序排列(简称为二次排序，在Excel中经常使用)，示例如下。

```
hello,3
a,2
is,2
jerry,2
tom,2
cat,1
mouse,1
world,1
```

问题：使用程序计算文本中有多少个词、每个词出现的次数，将计算结果二次排序后输出到文件当中。

T6.2　自行设计程序完成词频统计

词频统计工作大体上可以分为三步：第一步，将文本内容读入，切分为单词进行存储；第二步，去掉重复的单词，并统计每个单词出现的频次；第三步，排序输出。

1. 文本内容的输入与分词

引导问题1：回顾I/O流管道的相关知识，如何将文件中的文字全部读入程序当中？简单叙述一下你的思路。

子问题1：将文件内容读入需要I/O流管道具有什么样的功能？使用哪个结点流？哪个处理流对结点流进行包装？最终提供什么样的功能？

子问题2：这里对每一行字符串都可以使用String类的split()方法，使用空格将其分隔为多个单词。读入信息你准备如何存储？如果使用一个数组存储分解出来的单词有什么问题需要解决？

子问题3：如果使用容器存储，使用哪种容器？容器中存储的对象是什么对象？如使用自定义类，需要满足什么样的要求？

子问题4：写出你认为最简洁的代码，分享给你的同学。

2. 去重与计数

在Java语言中，对于大量数据的管理和存储的手段可以分为两种：一种是数组，另一种是容器。

第一种方案使用数组。基于数组的方案适用于几乎所有编程语言，我们称之为“数组方案”。

第二种方案是脱胎于数组方案，使用容器替代数组完成的方案，我们称之为“容器替换数组方案”。

第三种方案则是完全依托Java容器的特性设计出来的，用一个贴近名词称呼它为“容器原生方案”。

（1）数组方案。

引导问题2：假设通过内容读取，得到一个包含所有单词的数组，如下。

```
String [] words={"hello", "world", "hello", "jerry", …, "cat"}
```

请统计每个单词出现的次数。写出你的思路后与其他同学分享，形成小组意见。

子问题1：统计words数组中有多少种（不同）字符串，它们分别是什么？如何存储它们？可否继续使用数组存储？数组长度如何确定？
子问题2：对数组进行排序是否有助于这个问题的解答？
子问题3：如何存储字符串（词）出现频次？频次与单词之间如何关联？

（2）容器替换数组方案。

在串行环境中，容器是可以完美代替数组的，如ArrayList、Vector等。对于数组的工具类Arrays类中提供的sort()方法和binarySearch()方法，在Collections类中对于List容器也有相应的方法。

引导问题3：在数组方案的基础上，将数组替换为容器解决单词计数问题的求解。

子问题1：尝试使用ArrayList替换数组方案中的数组，比较它们的不同。
子问题2：Set容器的特点是不存储重复的元素，可否用于去掉重复单词？加入Set容器会让程序变得简单吗？能不能使用Set容器代替数组？为什么？

（3）容器原生方案。

Java中的容器与数组最大的区别是其拥有大量的原生方法可以调用，如判断一个元素

是否已经存在于一个容器当中的contains()方法等。摆脱数组的束缚，直接使用容器原生的方法完成单词计数问题的求解。

引导问题4：重新审视整个程序，使用单列容器的原生方法，重新梳理从数据的读入到单词频次统计的全过程，检查之前步骤的必要性。

写出主要思路：

引导问题5：使用键值对容器完成这个任务，比较三种方案的优缺点和运行时间。

容器Map中键值对天然具有对应关系，且Map的KeySet本身就是一个Set容器，满足单词去重的要求。可否围绕Map容器完成词频统计程序？

子问题1. 填入Map容器中键值对的类型 `Map<______, ______>wordcount =new HashMap<>();`
子问题2. 在何时以何种方法填充Map容器中的值？
子问题3. 三种方案各有哪些优点？它们的运行效率如何？ 数组方案：
容器替换方案：
容器原生方案： (1)
(2)

3. 二次排序

在完成单词词频统计之后，需要按二次排序要求（频次为主序，降序；单词为次序，升序）结果进行排序。

若使用单词与词频分离的存储模式，需要同样维护两个序列(数组)内元素的同步移动，如第一个序列中1号元素与3号元素对换位置，第二个序列元素也需要同步完成1号元素与3号元素的交换。大家可以在课下完成。这里讨论单词与词频组合存储的模式。

引导问题6

将单词与词频组合存储最简单的方法就是定义一个类，将单词与词频封装到一个对象当中，请补全这个类，让其可以存入TreeSet当中并按要求进行排序。

```
public class wordFrequence {
    public String word;
    public int frequence; }
```

方法1:	方法2:

引导问题7

在三种单词排序方案中，使用Map容器的原生方案无论在存储结构还是在代码复杂度方面都有较大优势。可否仿照TreeSet的方式设计一个Map对象存储完成后，即完成二次排序?

简述实现方案

对于二次排序的输出，可以在遍历的基础上，使用PrintStream流中的println()方法将单词与对应词频输出到文件当中即可。

T6.3 使用框架方案实现的词频统计

MapReduce是一种并行程序设计模型与方法，它提供了一种简便的并行程序设计方法，用Map和Reduce两个函数编程实现基本的并行计算任务，提供了抽象的操作和并行编程接口，以简单方便地完成大规模数据的编程和计算处理。

MapReduce本质上就是将文本分成 N 份(默认是按行来分)，结点中每一个进程跑一个作业，但是如何拆分文件、如何将程序分发到所有计算结点、如何整合结果，这些任务都是框架定义好的。我们只要配置任务相关的参数，其他都交给MapReduce框架即可，如图主题6-2所示。因此，使用MapReduce框架进行编程本质上就是按要求填空。

引导问题8

结合图主题6-2的流程在程序中填入Java代码。在IDEA工程中需加入主题5中Hadoop JarLibrary中所有Jar包。

注意：在MapReduce框架中，有一套不同于Java SE的数值类型，其中，Text对应String，IntWritable对应Integer，LongWritable对应Long且不支持自动装箱，需要手动调用构造方法生成数据对象。具体参考Hadoop官方网站API文档中的说明。

https://hadoop.apache.org/docs/stable/api/index.html

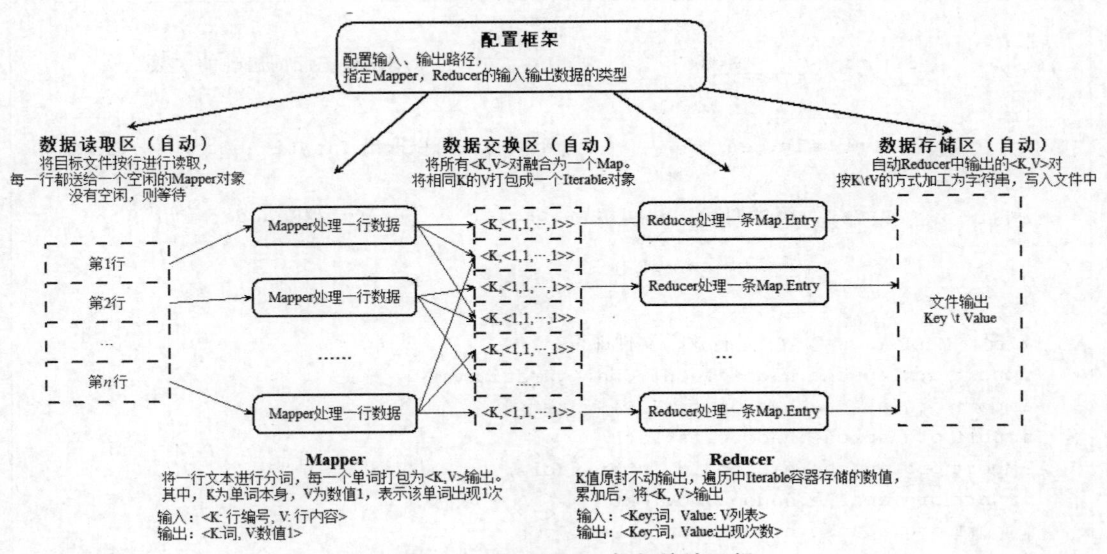

图主题 6-2 MapReduce 框架统计词频

```
//Mapper:
import org.apache.hadoop.io.IntWritable;
import org.apache.hadoop.io.LongWritable;
import org.apache.hadoop.io.Text;
import org.apache.hadoop.mapreduce.Mapper;

import java.io.IOException;

public class WCMapper extends Mapper<LongWritable, Text, Text,
IntWritable>{
    @Override
    protected void map(LongWritable key, Text value,
            Mapper<LongWritable, Text, Text, IntWritable>.Context context)
            throws IOException, InterruptedException {
        String v =value.toString();        //取出 MapReduce 框架加载的那一行文本

[1].        String [] words =v.________;     //分词

        for (String str: words){
        //Mapper 输出
[2].[3].            context.write(new Text(________), new IntWritable(________));
        }
    }
}

//Reducer:
import org.apache.hadoop.io.IntWritable;
import org.apache.hadoop.io.Text;
import org.apache.hadoop.mapreduce.Reducer;

import java.io.IOException;

public class WCReducer extends Reducer<Text, IntWritable, Text,
        IntWritable>{
    @Override
    protected void reduce(Text key, Iterable<IntWritable>values,
        Reducer<Text, IntWritable, Text, IntWritable>.Context context)
        throws IOException, InterruptedException
```

```
    {
4.      int sum = ________;                          //求和,统计词出现的次数
5.      for(________ in: values){
          sum += in.get();          //get()方法可以取出 IntWritable 中封装的 int 值
        }
6.      context.write(key,new IntWritable(________)); //Reducer 输出
    }
}

//配置 MapReduce 参数: 运行这个文件即可
import org.apache.hadoop.conf.Configuration;
import org.apache.hadoop.fs.FileSystem;
import org.apache.hadoop.fs.Path;
import org.apache.hadoop.io.IntWritable;
import org.apache.hadoop.io.Text;
import org.apache.hadoop.mapreduce.Job;
import org.apache.hadoop.mapreduce.lib.input.FileInputFormat;
import org.apache.hadoop.mapreduce.lib.output.FileOutputFormat;

import java.io.IOException;

public class WCManager {
    public static void main(String[] args) throws IOException,
          InterruptedException, ClassNotFoundException {
        Configuration conf = new Configuration();
        Job job = Job.getInstance();

        //设置运行类
        job.setJarByClass(WCManager.class);

        //设置 Mapper,Reducer 类
        job.setMapperClass(WCMapper.class);
        job.setReducerClass(WCReducer.class);

        //设置 Mapper 输出数据类型
        job.setMapOutputKeyClass(Text.class);
        job.setMapOutputValueClass(IntWritable.class);

        //设置 Reducer 输出数据类型
        job.setOutputKeyClass(Text.class);
        job.setOutputValueClass(IntWritable.class);
        //设置输出目录
        Path p = new Path("hdfs://****:9000/data/wordcount/out");
        FileSystem fs = p.getFileSystem(conf);  //若输出目录已经存在,删除它
        if (fs.exists(p)){
7.8.        fs.delete(________,________);           //请查阅 FileSystem 类 API
        }
```

```
        //设置输入输出流
        FileInputFormat.setInputPaths(job,new Path("data/wordcount/in"));
        FileOutputFormat.setOutputPath(job,p);

        //提交任务
        if (job.waitForCompletion(true)){
            System.out.println("运行完成!");
        }else {
            System.out.println("运行失败!");
        }
    }
}
```

完成后此代码可以发布到 Hadoop 集群上进行分布式运算,或直接在 IDEA 中以 local 模式运行 Hadoop 程序。结果如图主题 6-3 所示,Hadoop 会按 WCManager 中配置的输出路径,生成新的目录,并在目录中自动新建若干文件,将 Reducer 的输出写入这些文件中。

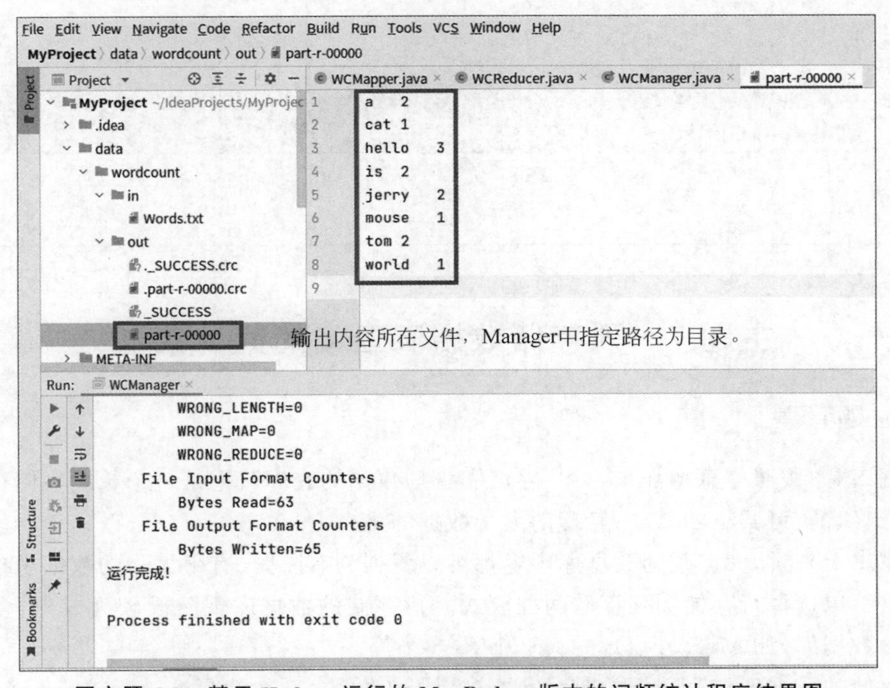

图主题 6-3　基于 Hadoop 运行的 MapReduce 版本的词频统计程序结果图

这里需要注意,这个版本的 MapReduce 的程序只是完成了本主题的第一项与第二项工作,即文本输入、单词去重计数工作。第三项二次排序的工作,需要在未来大数据编程中继续学习。

使用 MapReduce 框架时,大量的代码都是固定写法,用户只需要填入少量简单代码——Mapper 子类中 map()方法,Reducer 子类中 reduce()方法,以及工程配置文件 Manager 一部分参数。其编程难度较之前的数组方案、容器替换数组方案、容器原生方案更低,且适用于更大规模数据的并行处理。基于 MapReduce 思想的设计方案是数据处理现阶段的主流并行计算方案之一。

T6.4 拓展讨论：MapReduce框架的模拟重现

引导问题9

虽然MapReduce是一种并行计算框架，但是其计算思想与使用Map容器原生方案类似，请讨论使用在Map容器原生方案之上，模拟MapReduce中的Mapper类和Reducer类的核心功能。这里限定模拟Mapper类的输出为Map容器类型为Map<String, Iterable<Integer>>，而这个Map也是Reducer的输入。

子问题1：Mapper类的核心功能为map方法，写一个方法模拟它。输入为一行字符串，输出为一系列的key-value对。

子问题2：写出方法模拟不同Mapper输出结果后，按Key值进行聚集的过程。输入为第一步一系列的Key-Value对，输出为Map容器，键为key，值为value组成的List容器的迭代器。

子问题3：Reducer类的核心功能为reducer方法，写一个方法模拟它，计算Map容器中Value存储的Collection<Integer>的值。

主题7 列存储数据表查询的简单实现

T7.1 主题背景

数据库是"按照信息特征来组织、存储和管理数据的仓库"，它是一个长期存储在计算机内的、有组织的、可共享的、统一管理的大量数据的集合。

从逻辑上来讲，大多数的数据库内容都可以罗列为有限张、有限大小的数据表格。对于这些表格可以选择行存储和列存储两种模式。行存储的数据库现阶段较为成熟，多为传统的关系型数据库，如MySQL、Oracle、SQL Server等。

行存储的数据库在写数据的时候需要在以行为单位，一次性写入一行或若干整行，保证了数据的完整性。写入一条数据记录时，只需要将数据追加到已有数据记录后面即可。在记录查询时，数据逻辑也很简单。以"行"为单位进行提取的，提取后扫描记录，判断"行"记录是否符合要求，若符合要求将该"行"加入到输出集合中。这种以"行"为单位的读写行为成就了行存储数据库的优点：可以保证数据完整性、数据连续写入效率较高等。不过，以"行"为单位的存储数据表也有缺点：如果只有其中几列有数据的情况（数据稀疏的表格），就会存在大量冗余列，存储时和读取时占用空间都较大。

例如，现在需要在数据库中存储大学生在校期间各科成绩，逻辑上就是制作一张表，列是各门课程，行是每个学生的成绩记录（假设没有重复的学号ID），如表7-1所示。

表 7-1　大学生的成绩表(传统行存储)

ID	C	Java	BigData	DataBase	…
001	85				
002		85	86	90	
003		86		93	
…					

需要注意的是,大学所开设的科目众多,每个学生所选择的只是其中一小部分,加入其学习计划,并一门一门学习,这张表从建立到最终完善始终都会存在大量的空值。数据如果按行存储,那么所有空值也会被存进去,这会占用一定的空间。你一定会觉得,这点空间能有多少?确实没多少,而且存储空间现在也很便宜,成本不高。但是对于大型互联网公司,如 Alibaba、Google、Facebook、Tencent 等,它们需要保存和计算的数据都异常庞大,增长速度惊人。哪怕节省一点空间,积少成多,效果也是极好的。这些公司也很有财力,愿意花重金雇佣能人去研究。于是,列存储这种方式被很多数据公司所采用。

列式存储结构将关系表按列垂直分割成多个子关系表,分割后的每组子关系表中的所有数据的每一列都是独立存储的。列式存储结构的优点是只读取有用的列,能够避免额外的磁盘 I/O 开销,同一列中的数据类型相同,因此数据压缩时有很好的压缩比,提高了磁盘的空间利用率。以列存储的方式对于表 7-1 进行存储,则该表会被分解为以下几个表,如表 7-2 所示。

表 7-2　以列存储的方式存储的大学生的成绩表

ID	Java
002	85
003	86

ID	DataBase
002	90
003	93

ID	C
001	85

ID	BigData
002	86

从表 7-2 可以看到,在稀疏表格中,列存储的空间利用率提升效果显著。首先是列存储的数据只记录有数据的记录;其次,因为同一列数据,数据内容相似,压缩效率也高(本例中暂未显示该特性)。现在分布式列存储的数据库产品有 HBase、Cassandra、MongoDB,其中,国产数据库有华为 GaussDB、巨杉 SequoiaDB 等。现在这些列存储的数据库已经应用于分布式大数据存储业务之上。

在以列为基础的存储方式中,分布在多个子表中的数据以学号(一个唯一 Key 值)为纽带,将分开的记录从逻辑上组成一条完整的记录。与原来的以行为基础存储的数据表查询不同,以列为基础的存储数据表,因为数据分离,在进行关联查询时,如查看学生 002 的 Java 和 BigData 成绩时,需要融合多张子表信息,所以重新设计计算方案势在必行。

问题:如何在分开记录的数据中查找关联记录,在列存储的数据库中完成简单查询操作?

T7.2 数据准备

数据主题还是表7-1展示的大学生成绩表。为了简化数据准备，还是以几个CSV文件模拟列存储的数据分表，存储文件名和数据如下。

```
//java.csv
002,85
003,86

//database.csv
001,90
003,93

//c.csv
001,85

//bigdata.csv
002,86
```

T7.3 主题讨论

请以小组为单位进行讨论，将你思考的结果写到问题下方，并分享给你的同学。

引导问题1（基础关系运算的实现）

数据库查询的理论依据是关系代数。在关系代数中最核心的计算问题是求取两个集合的并、交、补运算。如查询同时选修Java和BigData的学生就是一个交集的问题，在java.csv文件中找到的学生名单（学号）与bigdata.csv文件中找到的学生名单（学号）求取交集就是最终的答案。试着完成并运算（选修Java或BigData至少一门课的学生）、补运算（只选Java未选BigData的同学），先写出SQL语句后再完成代码。

SQL语句：
子问题1：CSV文件中数据读取后，采用哪种数据结构（或容器）存储？
子问题2：两个容器之间如何完成求交/并/补集的操作？小组合作分工，写出并分享你的方案。

引导问题2（聚合计算）

大学生每年都会以学习成绩为标准进行评先评优。请以数据库记录为依据，核算每名学生的平均成绩。在表7-1中可以看到3名同学，001选修了一门，002选修了三门，003选修了两门，我们需要统计每名同学的平均成绩。这里没有选的课程是不能记0分的，只能统计已经选修的课程。先写出SQL语句后再完成代码。

SQL语句：
子问题1：使用哪种方式存储不确定数量的课程成绩？什么样的容器可以将学号与课程成绩进行关联？
子问题2：如何完成计算，并存储计算结果？
子问题3：尝试使用forEach中BiConsume接口式对象完成平均值的求解和输出。

引导问题3（过滤）

学校在推荐免试研究生时要求学生在校课程成绩至少选修了两门课，且平均分高于85分（不含），有哪些人满足条件？先写出SQL语句后再完成代码。

SQL语句：
方案1：建议先存储，再将不满足条件的键值对从Map中删除。
方案2：在建立Map容器时，将不满足条件的同学筛选出来存入新的Map容器当中。
比较它们的区别。（分组合作）

结合上面的过程，同学们一定发现了SQL语句与实现方案的对应性。其实，这就是数据库管理系统中解析SQL语句，将其转换为具体计算的过程。如果我们面对的是分布式数据表，拿到SQL语句后具体执行就需要分布式计算，来实现分布式数据库管理系统的SQL语句解释工作。

T7.4 主题拓展

列存储的数据表可以很方便地增加或删除列，实际上，这只需要删除或添加列数据表的记录文件即可，对数据表中其他列的数据(记录文件)是没有影响的。

引导问题4(代码的优化1)

在之前的讨论中，请问你是如何存储每门课的成绩的？我们知道大学的课程几乎是数以百计的，这张数据表如果存储全校学生的成绩，一门课程对应一个Map容器，这对于一个程序员来说光是管理命名就是一场灾难。现在的问题是，能否使用有限的几个容器完成引导问题1～3？如果不能，需要做哪些修改？

提示：本质上多Map容器合并就对应着多个记录文本的合并。

子问题1：如何标定学号、课程与成绩之间的关系？可否自定义类将其封装起来？可否直接使用字符串？
子问题2：如果定义类存储，需要为这个类附加哪些工具方法？如果使用字符串存储信息，你计划如何加工信息？
子问题3：需要对数据源进行改造吗？可以使用一个文件来存储所有列存储的数据表吗？

对于列存储的数据，如果修改一条记录，其代价就是巨大的。以CSV文件为例，我们计划将第100行的数据，第一个数值从100改为150，那么就需要将文件内容全部读入，修改对应数值后，整体进行覆盖性输出。如果数据文件很大，为了修改一个数据，重写整个文件很显然是不现实的，为此，人们使用了时间戳的方案。

在列存储的数据表中，如果同一个Key对应多个值，那么以拥有最新时间戳(使用System.currentTimeMillis()方法即可获取符合要求的时间戳)的记录为准。有了时间戳的帮助，数据表的修改工作就可以转换为向数据文件新增数据的过程。

根据数据表主键的要求，一个主键对应一个确定的值，即一个数据表中不允许出现两条记录使用一个主键的情况，类似于Map容器中Key不能重复的要求。在未指定时间戳之前，为了避免同一主键指向不同值的情况，在新增数据条目时，需要检查之前所有数据是否使用过这个主键。Map容器可以利用Hash表和排序二叉树在内存中快速解决，但是对于存在于硬盘甚至是分布式文件系统中的数据，其花费代价与存储一条数据的收益是不成正比的。时间戳的出现，解决了主键冲突问题，让主键可以指向唯一确定的值，维持了数据表的可靠性，同时在添加记录时，也不需要检查之前的主键是否已被占用，对于大量快速记录数据起到了重要作用。

引导问题5(代码的优化2)

对于大学生成绩表一个带有时间戳的数据集，例如：

```
002,java,1664075318851:85
003,database,1664075798678:93
```

请问该如何修改程序去适应这个带有时间戳的数据集？（可以借鉴引用问题2和4的解决方案。）

（分享你的思路）

T7.5 延伸思考

带有时间戳的列存储数据库就是HBase最朴素的实现。HBase数据库的数据以“主键＋列名＋时间戳＋列值”的方式存储在分布式文件系统中，一张数据表就是一个大的分布式文件，向数据表写数据或修改数据都是向尾部添加数据，而在HBase上的查询，可以主要使用主题6中MapReduce这一并行计算的思想实现。

引导问题6（大数据表上的MapReduce查询）

如果列存储数据库中的记录，形如：

```
002,java,1664075318851:85
```

使用MapReduce框架可以将其读入内存，先用冒号再用逗号分隔出来。如何设计MapReduce框架中Map算法和Reduce算法（可使用主题6中引导问题9中简化MapReduce框架进行理解），才能实现：

（1）找到“既选了Java，又选了DataBase”的学生？

（2）找到“只选了BigData，没有选Java”的学生？

（3）找到选修了“三门课以上，且平均分大于85分”的学生，若重修以最终成绩为准？

问题1：既选了Java，又选了DataBase的学生	
Mapper输入：	Key：文本的行号 Value：数据文件中的一行文本
Mapper逻辑：	若课程中包含Java或DataBase，则输出，否则跳过
Mapper输出：	Key：学生ID Value：POJO对象：课目、分数、时间
Reducer输入：	Key：学生ID Iterator<Value>：POJO对象序列：{{课目、分数、时间}、{课目、分数、时间}、…}
Reducer逻辑：	提取POJO对象，加入一个Set容器中。遍历后，若Set容器容量大于1，则输出
Reducer输出：	Key：学生ID Value：空
问题2：只选了BigData，没有选Java的学生	
Mapper输入：	Key：文本的行号 Value：数据文件中的一行文本

续表

问题2：只选了BigData，没有选Java的学生	
Mapper逻辑：	
Mapper输出：	Key：学生ID Value：POJO对象：课目、分数、时间
Reducer输入：	Key：学生ID Iterator<Value>：POJO对象序列：{{课目、分数、时间}、{课目、分数、时间}、…}
Reducer逻辑：	
Reducer输出：	Key：学生ID Value：空
问题3：选修了"两门课以上，且平均分大于85分"的学生	
Mapper输入：	Key：文本的行号 Value：数据文件中的一行文本
Mapper逻辑：	
Mapper输出：	Key：学生ID Value：POJO对象：课目、分数、时间
Reducer输入：	Key：学生ID Iterator<Value>：POJO对象序列：{{课目、分数、时间}、{课目、分数、时间}、…}
Reducer逻辑：	//注意时间，以最终成绩为准
Reducer输出：	Key：学生ID Value：平均分

引导问题7（大数据表的设计）

为了有效实施新冠疫情防控，每时每刻都有大量的人群在访问数据库，做两件事：①上传自己所在地点；②在数据库查询自己是否为绿码。请思考讨论，这个数据库需要使用哪种结构存储信息可以有效地减小存储数据的数量（我们国家有14亿人每天每人会大量出现在各类场所中，且大量人员是未感染人群）并让信息查询和防控操作（快速将某个地区标记为疫情防控区域或可疑区域）更为简单，同时可以使用MapReduce框架进行并行运行提高查询速度？请谈一谈如何设计这个数据库。

（分享你的思路）

附录A

Linux环境下伪分布式Hadoop平台的简单部署

伪分布式Hadoop系统为我们提供了HDFS文件系统服务和MapReduce并行计算组件，让我们可以用最低的成本体验分布式文件存储和分布式计算的魅力。本附录主要介绍CentOS 8环境下伪分布式Hadoop 3.3.1部署的相关事宜。在安装之前，需要明确Hadoop可以以三种模式进行部署，分别是：本地(local)模式、伪分布式模式、全分布式模式。

在本地(local)模式中，系统中无任何守护进程，Hadoop中所有程序就是像一个标准Java程序一样，运行在一个JVM上。各模块协调效率最高，运行速度最快，但无法提供任何包括HDFS在内的各种服务。本地模式是最基础，也是最简单的模式，几乎不需要额外的配置，因此，在Hadoop程序开发过程中经常使用这种模式，具体来说，就是在Java工程中引入相应的包就可以调试MapReduce程序，并可以实现与HDFS的通信。

在伪分布式模式中，Hadoop所有守护进程运行在本地机器上，从服务进程层面上组成了一个完整的集群。虽然仅需要一台机器，但是它可以启动并提供Hadoop几乎全部的功能及服务。在运行过程中因为涉及多个进程的同步通信，程序的运行速度明显低于本地模式。伪分布式模式是在本地模式的基础上，配置一系列进程运行参数，并部署在一台计算结点的Hadoop部署模式。

在全分布式模式中，Hadoop的守护进程被指定到相应集群功能结点上。需要联网的多台机器，可以启动并提供Hadoop全部的功能及服务。多台机器分担进程工作会提高Hadoop系统的服务效率。全分布式模式则是在伪分布式的基础上，增加集群中各个结点在Hadoop角色标定的相关配置，并部署在多台计算节点的Hadoop部署模式。

这里，为了方便读者尽快开展Hadoop环境下相关编程工作，将重点介绍Hadoop的伪分布式部署模式。对于全分布式的部署方法，只做简要说明。

A.1 依赖的操作系统——Linux

相对于Hadoop而言，Linux是一个很棒的开发和应用部署平台。现阶段Hadoop已经可以支持大约两千个结点。Windows平台也被Hadoop列为支持平台之一，但是我们需要一些特殊的设置让Windows模拟Linux过程服务，这里不再赘述，有兴趣的读者可以参考维基百科https://cwiki.apache.org/confluence/display/HADOOP2/Hadoop2OnWindows。这里主要介绍CentOS 8图形界面环境下Hadoop单结点伪分布式的部署方法。

> **说明：Linux的基本环境约定**
>
> （1）Linux操作系统是具有图形界面的"GUI服务器"模式CentOS 8。
>
> （2）系统中存在非管理员用户hadoop。
>
> （3）后续使用的$JAVA_HOME和$HADOOP_HOME变量值设定如下。
>
> ```
> export JAVA_HOME =/home/ hadoop/program/jdk-8
> export Hadoop_HOME =/home/ hadoop/program/hadoop-3.3
> ```

A.2 Hadoop伪分布式模式整体流程

第一步：安装并配置Java 8。

第二步：配置SSH免密登录。

第三步：关闭Firewall和SELINUX。

第四步：解压Hadoop，并在bashrc内注册HADOOP_HOME这一变量，将HADOOP_HOME下的bin和sbin子目录加入PATH变量中。

第五步：配置core-site.xml和hdfs-site.xml。

第六步：新建HDFS物理承载目录，格式化HDFS，start-dfs.sh启动HDFS服务。

第七步：配置mapred-site.xml和hdfs-site.xml文件，start-yarn.sh启动YARN服务。

至此，Hadoop系统服务正式上线。用户可以进行HDFS的访问和管理工作，并可以使用MapReduce组件进行分布式的并行运算。

如果需要停机下线Hadoop系统服务，依次使用stop-yarn.sh停止YARN服务，使用stop-dfs.sh停止HDFS服务即可。

A.3 准备工作——Java与SSH的安装

在安装Hadoop之前，需要预先安装两个软件，并停用两项系统服务——防火墙和SELINUX服务。

> **注意**
>
> （1）本附录的Linux和Hadoop的环境配置没有任何安全设置，不能用于实际生产环境。
>
> （2）在学习模式下，为了方便结点之间相互访问，我们关闭了防火墙和SELINUX这两项对于系统安全很重要的服务。在正式部署时是需要开启的，并进行详细设置。

（1）Java。Hadoop是基于JVM运行的，因此，在安装Hadoop之前，系统中一定要安装有JVM。另外还需要注意，并非所有JVM都适用于Hadoop，它们之间存在一定的依赖关系，如表A-1所示。

另外值得注意的一个动向是，Hadoop社区正在大量使用OpenJDK，而非Oracle JDK版本。对于初学者而言，两者可以不区分地使用。

表 A-1 Hadoop 支持的 JDK 版本

Hadoop 版本	JDK/OpenJDK 版本
Hadoop 3.3 及更新版本	Java 8,支持 Java 11 的 JRE 部分
Hadoop 3.0.x 到 Hadoop 3.2.x	Java 8
Hadoop 2.7.x 到 Hadoop 2.10.x	Java 7 和 Java 8

本书已在 1.4 节介绍了 Java 8 的安装步骤。这里唯一需要确认的就是 JAVA_HOME 已被正确注册到用户环境变量文件(~/.bashrc)当中。

(2) SSH。安全外壳协议(Secure Shell,SSH)是一种加密的网络传输协议,可以在不安全的网络中为网络服务提供安全的传输环境。SSH 最常见的用途就是远程登录系统,人们通常利用 SSH 来传输交互界面(有命令行模式也有图形界面模式)中的命令。

一般而言,带 GUI 界面的 CentOS 8 系统内已包含 SSH 软件,无须另外安装。

注意

只有拥有与 root 用户同权限的用户方能修改防火墙、SELINUX、IP 地址映射表等关键性全局配置。

(3) 关闭并停用防火墙。防火墙是在两个网络通信时执行的一种访问控制尺度,它能允许你“同意”的用户和数据进入你的网络,同时将你“不同意”的用户和数据拒之门外,最大限度地阻止网络中的黑客来访问你的网络。

在学习模式下,我们通过 root 权限使用 systemctl 命令关闭并禁止开机启动防火墙服务。相关命令可以在任何目录下执行。

```
[root@******]#systemctl stop firewalld
[root@******]#systemctl disable firewalld
```

若显示

```
Removed /etc/systemd/system/multi-user.target.wants/firewalld.service.
Removed /etc/systemd/system/dbus-org.fedoraproject.FirewallD1.service.
```

则表示系统防火墙停用且开机不启动。

(4) 停用 SELINUX。SELINUX 的主要作用就是最大限度地减小系统中服务进程可访问的资源。

在学习模式下,使用 root 权限下或使用 root 用户登录,在“其他位置”→“计算机”→etc→selinux 目录中找到 config 文件(其路径为/etc/selinux/config),右击使用 CentOS 8 自带的文本编辑器打开该文件(如图 A-1(a)所示),配置 SELINUX 的参数从 enforcing 修改为 disabled(如图 A-1(b)所示)。修改完成后,保存退出即可。

(5) 确认在/etc/hosts 文件中存在 IP 与主机的映射。如主机 IP 为 192.168.1.50,主机名为 master,则需要使用 root 在/etc/hosts 文件中加入相关对应关系,如图 A-2 所示。

(6) 重启 CentOS 8,并以 hadoop 身份重新登录。

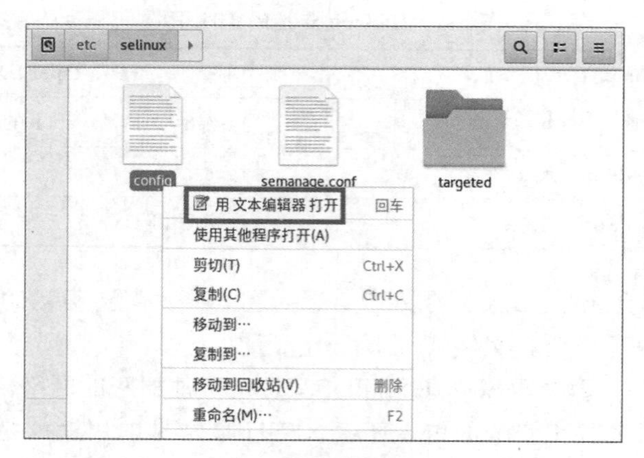

(a) 打开需要编辑的文件

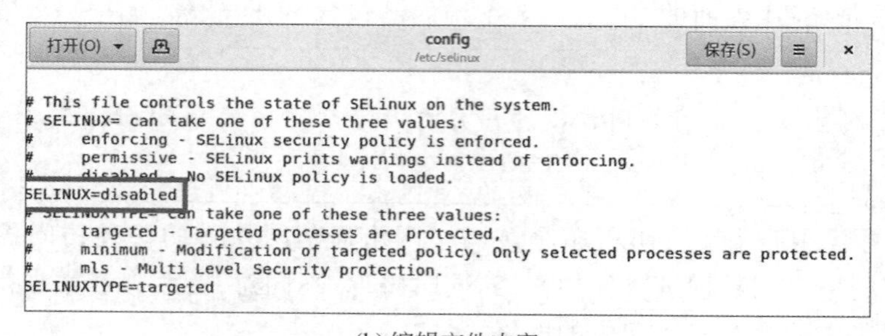

(b) 编辑文件内容

图 A-1　修改 SELINUX 的配置

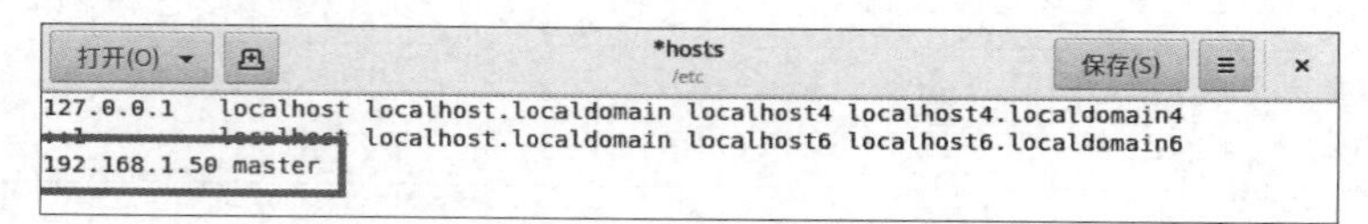

图 A-2　添加 IP 地址与主机名之间映射

A.4　Hadoop 本地(独立)模式的安装

> **注意**
>
> 下面需要 hadoop 用户进行操作。继续使用 root 用户操作可能会导致后期 hadoop 用户无权限修改，进而引起 Hadoop 平台运行错误。

1. 安装

步骤 1：下载 Hadoop 编译后的二进制文件 hadoop-3.3.1.tar.gz。

步骤 2：将 hadoop-3.3.1.tar.gz 移动到/home/hadoop/program 目录下，右击 hadoop-3.3.1.tar.gz 选择“提取到此处”，或使用命令：

```
[hadoop@master program]$tar -zxf hadoop-3.3.1.tar.gz
```

提取出目录 hadoop-3.3.1，为了方便，将该目录重命名为 hadoop-3.3。

2. 配置

若配置了用户的环境变量 JAVA_HOME，Hadoop 本地（独立）模式就安装完成可以运行了。

若未配置 JAVA_HOME 这个用户环境变量，或 Hadoop 需要使用不同于用户环境变量中配置的 Java 版本，可以修改 $HADOOP_HOME/etc/hadoop/hadoop-env.sh 这个文件中的 JAVA_HOME 变量值，将其指向已有特定的 JDK 目录，如图 A-3 所示。如不指定，使用环境变量中 JAVA_HOME 指定的 JDK 版本。

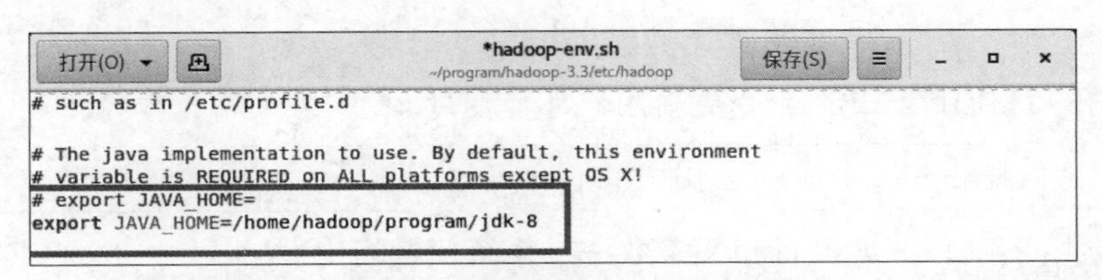

图 A-3　Hadoop 单独指定不同于环境变量 JDK 时需要修改的 JAVA_HOME 变量

至此，就完成了 Hadoop 本地（Local）模式的安装。

3. 补充

为了方便在其他目录使用 Hadoop 系统中的命令和功能，建议在用户环境变量中增加 HADOOP_HOME 这个变量，并修改 PATH 这个变量的值。具体来说，就是修改 hadoop 用户的环境配置文件（其路径为：/home/hadoop/.bashrc），添加如下内容。

```
export HADOOP_HOME=/home/hadoop/program/hadoop-3.3
export PATH=$HADOOP_HOME/bin:$HADOOP_HOME/sbin:$PATH
```

具体操作可以在 home（主文件夹）下选择"显示隐藏文件"命令后，使用文本编辑器打开.bashrc 文件，如图 A-4 所示。

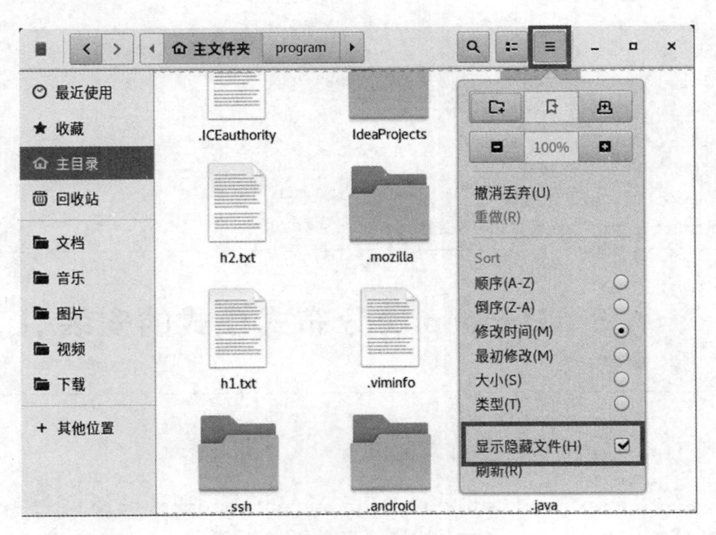

(a) 打开"显示隐藏文件"选项

图 A-4　Hadoop 用户的环境变量配置

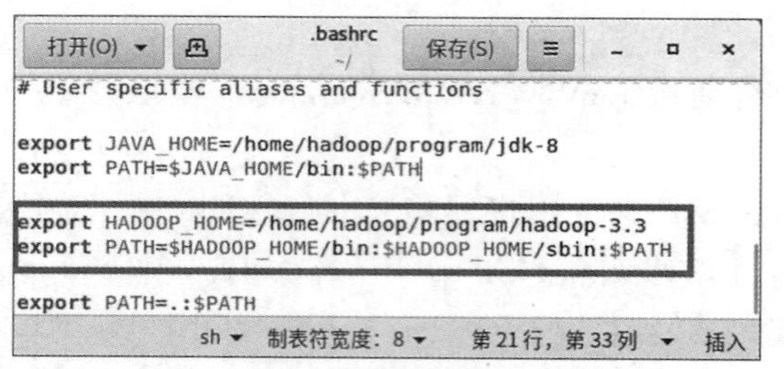

(b) 修改隐藏文件.bashrc的内容

图 A-4 （续）

保存退出后，使用 source 命令更新用户环境变量。

```
[hadoop@master ~]$ source /home/hadoop/.bashrc
```

或者重启 CentOS 8 即可将相关参数注入系统变量当中。

4. 测试

进入 Hadoop 的安装目录 $HADOOP_HOME 的 share/hadoop/mapreduce 子目录中，现阶段绝对路径为：

/home/hadoop/program/hadoop-3.3/share/hadoop/mapreduce

```
[hadoop@ * * * * * * ]$ cd $HADOOP_HOME/share/hadoop/mapreduce
[hadoop@master mapreduce]$ hadoop jar hadoop-mapreduce-examples-3.3.1.jar pi
3 4
```

显示如下内容，即表示配置正确。

```
Number of Maps =3
Samples per Map =4
Wrote input for Map #0
Wrote input for Map #1
Wrote input for Map #2
Starting Job
...
File Output Format Counters
Bytes Written=109
Job Finished in 2.743 seconds
Estimated value of Pi is 3.66666666666666666667
```

A.5 Hadoop 伪分布式模式的安装

> **说明**
>
> 本附录 Hadoop 配置相关内容来源于
>
> https://hadoop.apache.org/docs/current/hadoop-project-dist/hadoop-common/SingleCluster.html
>
> 其中涉及 core-site.xml、hdfs-site.xml、mapred-site.xml、yarn-site.xml 等配置，除少量内容外都可以从网页找到相应部分。建议复制，不建议抄写。

对于 Hadoop 软件本身的安装，在本地模式下已经完成，这里无须改动。伪分布式模式安装的主要工作就是为 Hadoop 各个线程的配置运行参数。具体来说，就是在特定 XML 文件中写入相应设置的 name－value 映射覆盖 Hadoop 中的各种默认设置即可。

1. HDFS 文件系统的安装

第一步：修改 Hadoop 核心配置文件 core-site.xml。core-site.xml 的文件路径为：

$HADOOP_HOME/etc/hadoop/core-site.xml

```
<configuration>
<property>
    <name>fs.defaultFS</name>
    <value>hdfs://master:9000</value>
</property>
<property>
    <name>hadoop.tmp.dir</name>
    <value>file:/home/hadoop/program/hadoop-3.3/hdfs/tmp</value>
</property>
</configuration>
```

通过此处修改，将设定默认 HDFS 文件服务的 IP 地址和服务端口，以及 Hadoop 系统运行时临时文件的存放目录。

第二步：修改 HDFS 文件系统配置文件 hdfs-site.xml。hdfs-site.xml 的文件路径为：

$HADOOP_HOME/etc/hadoop/hdfs-site.xml

```
<configuration>
<property>
    <name>dfs.replication</name>
    <value>1</value>
</property>
<property>
    <name>dfs.namenode.name.dir</name>
    <value>file:/home/hadoop/program/hadoop-3.3/hdfs/name</value>
</property>
<property>
    <name>dfs.datanode.data.dir</name>
    <value>file:/home/hadoop/program/hadoop-3.3/hdfs/data</value>
</property>
</configuration>
```

通过此处修改，将设定文件中块的复本量，因为只有一台机器，这里设定为 1。默认是 3。设定 NameNode 和 DataNode 的文件实际存储路径，Hadoop 系统默认会将它们放入/tmp 目录中，运行一段时间后相关文件会被系统销毁，导致 HDFS 的损坏。

第三步：建立自身到自身的 SSH 免密登录。

需要验证 ssh master 远程登录过程中是否需要输入密码。若需要，则说明 SSH 免密登录未配置。使用两个命令 ssh-keygen 和 ssh-copy-id 即可完成公私钥的生成和公钥的分发来完成 SSH 免密登录的配置工作。对于非对称密钥及 SSH 免密登录的原理，这里暂不做介绍。

在 ssh-keygen 命令中回车三次，生成无密码的 hadoop 用户的公私密钥对，存于默认目

录/home/hadoop/.ssh/ 当中。其中，第一次回车确定公私密钥存储位置与文件名；第二次回车表示输入空密码；第三次回车表示再次输入空密码。

在使用ssh-copy-id发送本机公钥时，在第一次SSH远程连接主机时，需要输入yes将远程主机的IP地址记录下来，后面再使用SSH连接时就不会再询问了。此时，因为还未配置完成免密登录，这里需要输入远程主机用户名匹配的密码。这里因为伪分布式只部署在一台机器上，远程连接的还是master这台主机，所以这里输入你为hadoop用户设定的密码即可。

提示

Linux当中输入密码时，Shell命令行是不回显占位符的。这与Windows系统或网络系统中显示*或·是不一样的，电影当中出现此类的镜头只是为了告诉你：我们已经输入了密码，观众请稍等片刻，接下来有精彩的故事发生……

```
[hadoop@master * *] cd ~
[hadoop@master ~] ssh-keygen
…
Enter file in which to save the key (/home/hadoop/.ssh/id_rsa):
Enter passphrase (empty for no passphrase):
Enter same passphrase again:
…
[hadoop@master ~] ssh-copy-id master
…
Are you sure you want to …(yes/no/[fingerprint])?
hadoop@master's password:
…
```

验证：

```
[hadoop@master] ssh master
```

如果登录过程中不需要输入密码，则SSH免密登录配置成功。如果需要重新建立的密钥对及SSH免密登录，只需要删除/home/hadoop/.ssh文件夹，重复上述创建SSH密钥过程的步骤即可。

第四步：初始化HDFS。

按hdfs-site.xml及core-site.xml中的约定，需要在约定的位置建立相应目录。

```
[hadoop@master ~] cd $HADOOP_HOME
[hadoop@master hadoop-3.3] rm -rf hdfs #删除文件夹
[hadoop@master hadoop-3.3] mkdir hdfs
[hadoop@master hadoop-3.3] mkdir hdfs/name
[hadoop@master hadoop-3.3] mkdir hdfs/data
[hadoop@master hadoop-3.3] mkdir hdfs/tmp
```

在建立完成相应目录后，使用命令hdfs namenode －format来格式化HDFS。

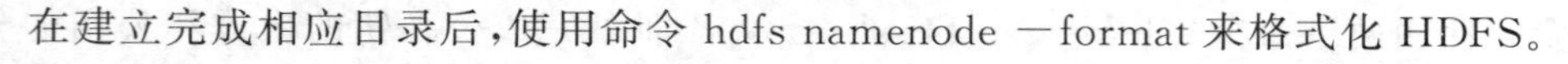

```
[hadoop@master hadoop-3.3] hdfs namenode -format
```

> **注意**
>
> HDFS在目录建立后只能进行一次格式化。再次格式化前，应使用 rm -rf hdfs 清空相应文件夹中的内容。否则，HDFS 中 datanode 和 namenode 会因为 ID 无法匹配，出现主结点 namenode 找不到数据结点 datanodes 的情况，HDFS 无法正常提供服务。

第五步：启动 HDFS。

```
[hadoop@master ~] start-dfs.sh
```

正常运行，无异常且不需要其他输入的情况下，即可通过浏览器在地址为 http://master:9870 的网页的 DataNode 处看到 1 个数据结点（如图 A-5(a)所示）及如图 A-5(b)所示的文件系统。

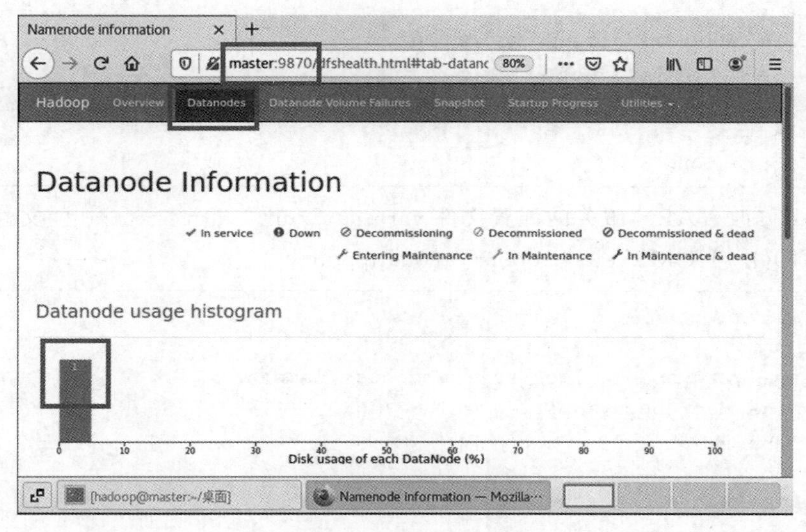

(a) HDFS 中DataNode结点情况

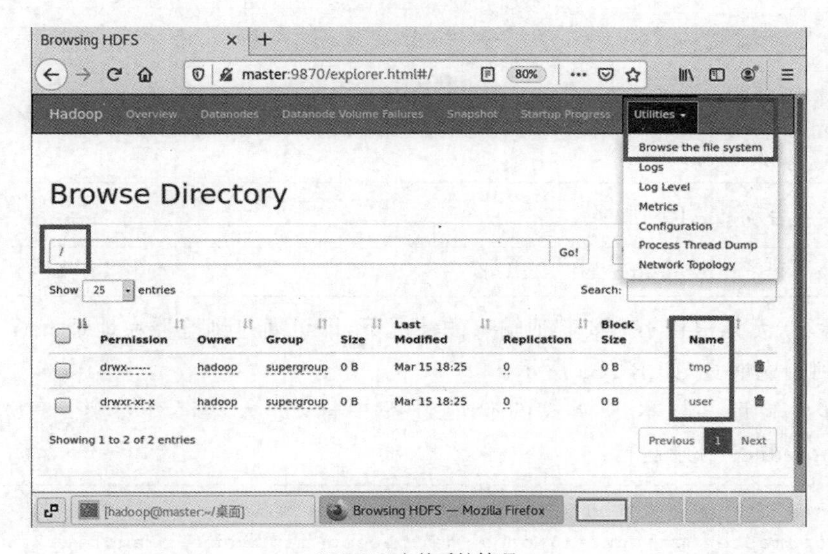

(b) HDFS 文件系统情况

图 A-5　http://master:9870 中 HDFS 系统 Web 界面

2. YARN 服务的配置

第一步：修改 MapReduce 文件系统配置文件 mapred -site.xml。mapred -site.xml 的文件路径为：

$HADOOP_HOME/etc/hadoop/mapred-site.xml

```
<configuration>
<property>
    <name>mapreduce.framework.name</name>
    <value>yarn</value>
</property>
<property>
    <name>mapreduce.application.classpath</name>
    <value>
$HADOOP_HOME/share/hadoop/mapreduce/*:
$HADOOP_HOME/share/ hadoop/mapreduce/lib/*
    </value>
</property>
</configuration>
```

第二步：修改 YARN 服务的配置文件 yarn-site.xml。yarn-site.xml 的文件路径为：

$HADOOP_HOME/etc/hadoop/yarn-site.xml

```
<configuration>
<property>
    <name>yarn.nodemanager.aux-services</name>
    <value>mapreduce_shuffle</value>
</property>
<property>
    <name>yarn.nodemanager.env-whitelist</name>
    <value>
        JAVA_HOME,HADOOP_COMMON_HOME,HADOOP_HDFS_HOME,HADOOP_CONF_DIR,
        CLASSPATH_PREPEND_DISTCACHE,HADOOP_YARN_HOME,HADOOP_HOME,PATH,
        LANG,TZ,HADOOP_MAPRED_HOME
    </value>
</property>
</configuration>
```

第三步：启动 YARN 服务。

```
[hadoop@master ~] start-yarn.sh
```

正常运行，无异常且不需要其他输入的情况下，即可通过浏览器在地址 http://master:8088 处看到相应网页，如图 A-5 所示。

第四步：验证。与本地模式的验证过程一样，进入 $HADOOP_HOME/share/hadoop/mapreduce 目录运行：

```
[hadoop@******]$cd $HADOOP_HOME/share/hadoop/mapreduce
[hadoop@master mapreduce]$hadoop jar hadoop-mapreduce-examples-3.3.1.jar pi
3 4
```

这时 Hadoop 平台已经处于分布式服务状态，程序上的运行过程与全分布式集群的运行过程是一样的，集群所有服务开启。在执行 hadoop-mapreduce-examples-3.3.1.jar 这个测试程序时，Shell 端会出现如下文字的字样：

```
* * * * * INFO mapreduce.Job: map 0% reduce 0%
* * * * * INFO mapreduce.Job: map 100% reduce 0%
* * * * * INFO mapreduce.Job: map 100% reduce 100%
```

用户还可以通过 Web 端的 8088 页面查看 MapReduce 进程运行情况的相关信息，如图 A-6 所示。

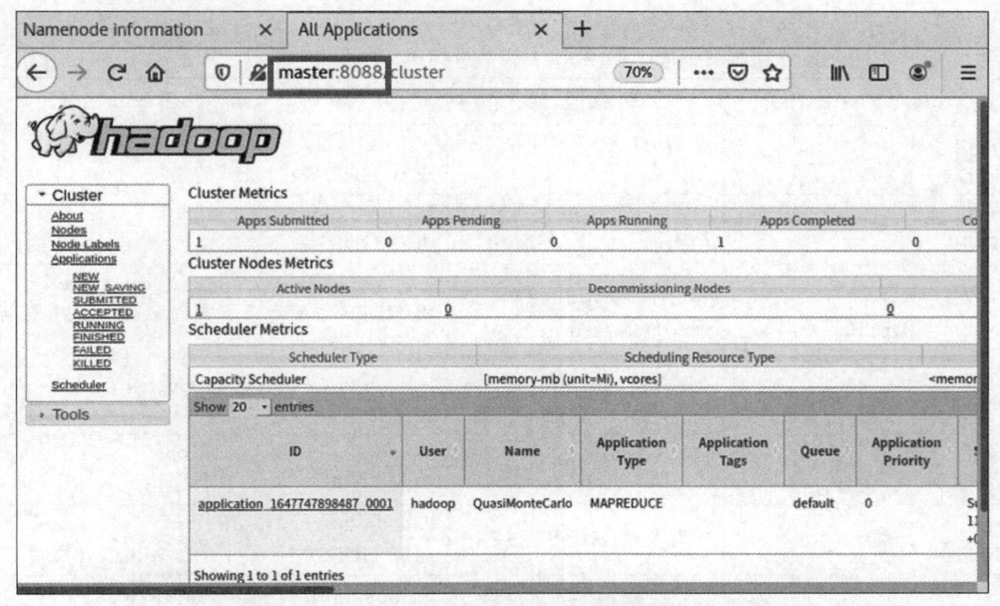

图 A-6　http://master:8088 YARN 服务的 Web 界面

3. 下线 Hadoop 服务

关闭 HDFS：

```
[hadoop@master ~]  stop-dfs.sh
```

关闭 YARN 服务：

```
[hadoop@master ~]  stop-yarn.sh
```

因为之前将 $HADOOP_HOME/sbin 目录加载到系统变量 $PATH 当中，这里可以直接调用。用户也可调用 $HADOOP_HOME/sbin/stop-all.sh 一次全部下线集群中所有 Hadoop 服务，但需要注意，若集群中还安装了 SPARK 服务平台，在 $SPARK_HOME/sbin 目录还有一个 stop-all.sh 文件，容易发生重名冲突。为了保证正确下线 Hadoop 平台服务，一般会分别使用 stop-dfs.sh 和 stop-yarn.sh 两个命令单独下线 Hadoop 两个服务模块。

与之对应地，Hadoop 服务在启动时，也推荐使用 start-dfs.sh 和 start-yarn.sh 两个命令分别上线 Hadoop 两个服务模块，当然如果系统仅需要 HDFS 服务，这里只需要 start-dfs.

sh 即可。

A.6 简单 HDFS 命令

确保集群中已经有一个在运行 HDFS,且操作结点和操作结点上的用户拥有相应的操作权限。在伪分布集群中,该结点的 hadoop 用户作为 Hadoop 系统的创建者,他拥有 HDFS 中相当于 root 的 supergroup 权限。

在 Shell 环境下,输入表 A-2 罗列的常用 HDFS 管理命令,即可完成 HDFS 的文件管理和操作。

表 A-2 HDFS 常用命令

命令	命令功能	示例
hadoop fs -ls HDFSDir	查看 HDFS 下目录 Dir 下情况	hadoop fs -ls/ 查看 HDFS 根目录下的情况
hadoop fs -cat HDFSFile	查看 HDFS 中文件 File 的内容	hadoop fs -cat /readme.txt 查看 HDFS 根目录下文件 readme.txt 的内容
hadoop fs -cp HDFSFile HDFSFile	在 HDFS 内,进行目录或文件的复制	hadoop fs -cp /readme.txt /copy_text/ 将 HDFS 中根目录下文件 readme.txt 复制到目录/copy_text/当中
将 hadoop fs -mkdir -p HDFSDir	创建路径 HDFSDir 上所有不存在的目录	hadoop fs -mkdir -p /copy_text/a/b/ 在 HDFS 中创建多级目录/copy_text/a/b/
hadoop fs -rm -r HDFSDir	删除目录 HDFSDir	hadoop fs -rm -r /copy_text 删除 HDFS 根目录下的 copy_text 目录
hadoop fs -rm HDFSFile	删除文件 HDFSFile	hadoop fs -rm /readme.txt 删除 HDFS 根目录下的 readme.txt 文件
hadoop fs -get HDFSPath localPath	下载 HDFS 中的文件或目录	hadoop fs -get /readme.txt ./read.txt 将 HDFS 根目录下的 readme.txt 文件下载到本机当前目录下,并重命名为 read.txt
hadoop fs -put localPath HDFSPath	向 HDFS 上传文件或目录	hadoop fs -put ./readme.txt/ 将本机当前目录下的 readme.txt 文件上传到 HDFS 的根目录当中